Braunkohle und Umwelt

Europäische Hochschulschriften
Publications Universitaires Européennes
European University Studies

Reihe III
Geschichte und ihre Hilfswissenschaften

Série III Series III
Histoire, sciences auxiliaires de l'histoire
History and Allied Studies

Bd./Vol. 768

PETER LANG
Frankfurt am Main · Berlin · Bern · New York · Paris · Wien

Kerstin Kretschmer

Braunkohle und Umwelt

Zur Geschichte des nordwestsächsischen Kohlenreviers (1900-1945)

PETER LANG
Europäischer Verlag der Wissenschaften

Die Deutsche Bibliothek - CIP-Einheitsaufnahme

Kretschmer, Kerstin:

Braunkohle und Umwelt : zur Geschichte des nordwestsächsischen Kohlenreviers (1900-1945) / Kerstin Kretschmer. - Frankfurt am Main ; Berlin ; Bern ; New York ; Paris ; Wien : Lang, 1998
(Europäische Hochschulschriften : Reihe 3, Geschichte und ihre Hilfswissenschaften ; Bd. 768)
Zugl.: Leipzig, Univ., Diss., 1997
ISBN 3-631-32804-4

15
ISSN 0531-7320
ISBN 3-631-32804-4

Dank

Ein herzlicher Dank gilt neben der Heinrich-Böll-Stiftung, die durch großzügige Förderung meine Arbeit unterstützte, auch allen, die durch Hinweise und Diskussionen an der Entstehung des Textes Anteil haben, insbesondere Herrn Dr. Ulrich Heß und Herrn Prof. Dr. Werner Bramke. Ein besonderer Dank auch an meine Familie, auf deren Verständnis ich auch in schwieriger Zeit rechnen konnte.

Dresden, den 10.9.1997 Kerstin Kretschmer

Inhalt

1 Einleitung ... 9

1.1 Nordwestsachsen heute ... 9

1.2 Umweltgeschichte als neue historische Disziplin ... 10

1.3 Literatur- und Quellensituation - Fragestellungen ... 21

1.3.1 Die Untersuchungsaspekte ... 21

1.3.2 Die Quellensituation ... 23

1.3.3 Die Literaturlage ... 26

2 Zur Geschichte Nordwestsachsens und der Braunkohlenindustrie bis ins erste Jahrzehnt des 20. Jahrhunderts ... 31

2.1 Geographische und geologische Einordnung ... 31

2.2 Landwirtschaft als bestimmender Wirtschaftszweig im 19. Jahrhundert ... 33

2.3 Der sächsische Bergbau und die Gewinnung und Verwendung von Braunkohle ... 37

3 Industrialisierung und Umweltprobleme im Leipziger Südraum ... 45

3.1 Strukturveränderungen ... 45

3.2 Auseinandersetzungen um Wasser ... 48

3.2.1 Die Wassergesetzgebung in Sachsen und ihre Durchsetzung ... 48

3.2.2 Braunkohlenbergbau und Wasserbeeinflussung ... 54

4 Die Ausdehnung der Umweltschäden im Ersten Weltkrieg und in der Weimarer Republik ... 67

4.1 Das Problem der konkurrierenden Bodennutzung ... 67

4.1.1 Landschaftsveränderung durch Tagebau und Landwirtschaft ... 67

4.1.2 Die Abgrenzung von Interessensphären ... 81

4.1.3 Die Veränderung der Siedlungs- und Sozialstruktur ... 85

4.2 Chemische Braunkohlenverwertung und Wasserverschmutzung ... 91

4.2.1 Die Mineralölgewinnung - das Beispiel Regis ... 91

4.2.2 Mechanische Verunreinigungen ... 102

4.2.3 Grundwassersenkungen ... 105

4.3 Elektroenergie und Umwelt - das Großkraftwerk Böhlen ... 107

4.3.1 Der Aufbau der sächsischen Elektroenergieversorgung ... 107

4.3.2 Die Harthdiskussion ... 113
4.3.3 Der Spülkippenbruch in Böhlen ... 124
4.3.4 Luftverschmutzung ... 127
4.3.5. Exkurs. Der Landesverband Sächsischer Heimatschutz ... 136
5 Wirtschaftliche Kriegsvorbereitung und Zweiter Weltkrieg - Probleme und Belastungen für das Industriegebiet ... 143
5.1 Treibstoffe aus Braunkohle - zur nationalsozialistischen Wirtschaftspolitik ... 143
5.2 Konflikte und Konfliktbewältigung ... 149
5.2.1 Exkurs. Der Naturschutz ... 149
5.2.2 Die Flächenaufteilung ... 151
5.2.2.1 Das Reichserbhofgesetz und die Mutterbodenwirtschaft ... 151
5.2.2.2 Landesplanung und Raumordnung ... 156
5.2.2.3 Die Auseinandersetzungen mit Grundbesitzern - das Beispiel der Freiherren von Friesen ... 170
5.2.3 Konkurrierende Wassernutzung ... 181
5.2.4 Interessenbeeinträchtigung durch Luftverschmutzung ... 197
6 Schlußbetrachtungen ... 211
7 Anlagen ... 217
8 Quellen- und Literaturverzeichnis ... 221
8.1 Quellen ... 221
8.1.1 Ungedruckte Quellen ... 221
8.1.2 Gedruckte Quellen ... 223
8.2 Literatur ... 227
8.3 Abkürzungsverzeichnis ... 245

1 EINLEITUNG

1.1 Nordwestsachsen heute

Das nordwestsächsiche Braunkohlerevier gehörte zu den europäischen Gebieten, die die größten Umweltbelastungen aufwiesen. 1989 betrugen die Emissionen z. B. im Bezirk Leipzig (ohne Verkehr) 225 309 t Staub, 935 903 t Schwefeldioxid, 42 826 t Stickoxide und 80 t Schwermetalle. Ursache dieser katastrophalen Situation ist hauptsächlich die hier angesiedelte Braunkohlenindustrie. Allein der Kreis Borna war an den Emissionswerten mit 133 645 t Staub, 690 659 t Schwefeldioxid, 29 948 t Stickoxiden und 64 t Schwermetallen beteiligt.[1]

Die eingeleiteten Strukturveränderungen seit 1990 verringerten den Ausstoß beträchtlich. Das Industriegebiet bleibt dennoch mit Altlasten umfangreichen Ausmaßes behaftet. Industriebrachen und kontaminierte Böden sind hier wie im gesamten mitteldeutschen Braunkohlegebiet zahlreich zu finden. Diese „Altlasten“ betreffen nicht nur die ökologische Situation, sondern auch soziale Spannungen. Denn im wesentlichen sind die in Sanierungsgesellschaften teilweise aufgefangenen ehemaligen Arbeiter der Braunkohleindustrie heute damit beschäftigt, die Stätten ihres Wirkens abzutragen - eine sehr begrenzte Zukunftsperspektive.

Der Zusammenbruch der Karbochemie und der drastische Rückbau der Braunkohleförderkapazitäten zeigten gleichzeitig, daß die gänzlich auf Braunkohle ausgerichtete Struktur des Leipziger Südraumes, die aus der fast ein Jahrhundert währenden einseitigen Entwicklung des Gebietes resultiert, nicht aus eigener Kraft in eine moderne Dienstleistungs- und Industriestruktur verändert werden kann.

Das gigantische Ausmaß der Landschaftszerstörung birgt aber auch ungeahnte Potentiale der Neugestaltung. Zahlreiche Projekte befassen sich mit Beststandsaufnahme und zukünftigen Entwicklungsmöglichkeiten. So brachte der Teamwettbewerb international renommierter Architekten, Stadtplaner und Landschaftsplaner „Tagebau und Tagtraum“ kühne Projekte der Raumgestaltung und Raumnutzung hervor. Die Region wurde sogar als „Zukunftslabor für die zivile Gesellschaft einer sich neu formierenden Moderne“ bezeichnet.[2]

---

1 Umweltbericht für den Freistaat Sachsen 1991, Dresden 1991, S. 71f.

2 G. Uhlig (Hg.), Südraum Leipzig - eine Region im Wandel. Ergebnisse der 3. Regionalkonferenz und des Teamwettbewerbs 1994, Leipzig 1994, S. 15.

Im Gegensatz dazu steht die Tatsache, daß eine Region, die einmal durch energische menschliche Eingriffe ausgebeutet worden ist, offenbar immer ein Anziehungspunkt für gleichartige Projekte bleibt und ihr Negativ-Immage nur schwer verliert. Einmal geschaffene Standortbedingungen, seien es nun Vor- oder Nachteile, wirken über einen längeren Zeitraum. Die Ausdehnung des Tagebaus Schleenhain im Zusammenhang mit einem Kraftwerksneubau in Lippendorf, weitere Devastierungen von Ortschaften, schreiben die bisherige Entwicklung ebenso fest, wie die immer noch betriebene „Rückstandsverbrennungsanlage" des ehemaligen Braunkohlenkombinates „Otto Grotewohl" in Böhlen. Hoffnungen und Ängste halten sich die Waage in dieser Region.

1.2 Umweltgeschichte als neue historische Disziplin

Die moderne Umweltgeschichte ist ein relativ neues Gebiet der historischen Forschung. Sie entstand im Zusammenhang mit dem Bewußtsein, daß anthropogene Umweltbelastungen zur existentiellen Gefährdung der Menschheit führen können, ist also in hohem Maße krisenbetimmt. Insofern unterscheidet sie sich schon im Ansatz von umweltrelevanten Untersuchungen etwa der Kulturraumforschung, der Medizin- und Seuchengeschichte, Klimageschichte oder der historischen Demographie, die teilweise sehr viel älter sind, empfängt daraus aber wesentliche Impulse. Eine Wurzel der Umweltgeschichte stellt diesbezüglich auch die französische Annales-Schule dar, die natürliche Grundlagen der menschlichen Gesellschaft und die Rückwirkung menschlichen Handelns auf diese immer wieder thematisierte.[3]

Moderne umweltgeschichtliche Arbeiten finden sich etwa seit den 70er Jahren. In den USA beispielsweise, suchte Lynn White (schon 1967) die historischen Wurzeln der gegenwärtigen ökologischen Krise in der christlichen Religion.[4] Auch organisatorisch etablierte sich die moderne Umweltgeschichte zuerst in den USA. Schon 1976 gründete sich hier eine Umwelthistorische Gesellschaft, und seitdem wird auch die Zeitschrift „Environmental History

3 C. Honegger (Hg.), M. Bloch/ F. Braudel/ L. Lebvre u.a., Schrift und Materie in der Geschichte. Vorschläge zur systematischen Aneignung historischer Prozesse, Frankfurt/M. 1977.

4 Auf deutsch erschienen unter dem Titel: Lynn White jr., Die historischen Ursachen unserer ökologischen Krise in: M. Lohmann (Hg.) Gefährdete Zukunft. Prognosen angloamerikanischer Wissenschaftler, München 1970, S.20-29; eine Diskussion der umstrittenen These bei: U. Krolzig, Umweltkrise - Folge des Christentums? Stuttgart/Berlin 1980.

Review" herausgegeben.[5] Eine Auswahl englischsprachiger umweltgeschichtlicher Arbeiten stellte Sieferle 1988 in deutscher Sprache vor.[6]

Bemerkenswert ist die relativ frühe Hinwendung zur Umweltgeschichtsforschung in der DDR, obwohl gerade hier versucht wurde, eine öffentliche Diskussion über Umweltprobleme grundsätzlich unmöglich zu machen. Umweltinitiativen wurden sogar kriminalisiert. Andererseits existierte gerade wegen der ökologischen Krisensituation in vielen Teilen der DDR ein ausgeprägtes Problembewußtsein.

Die historische Perspektive dieser Problematik wurde insbesondere durch den Wirtschaftshistoriker Hans Mottek ins Blickfeld gerückt, der sich schon zu Beginn der 70er Jahre mit dem Problem des Verhältnisses von Mensch und Natur beschäftigte.[7] In den folgenden Jahren wurde dieser Ansatz weitergeführt.[8] Mottek initiierte auch die etwa zur gleichen Zeit eingerichtete Umweltklasse an der Akademie der Wissenschaften der DDR, die unter seiner Leitung auch die historische Forschung intensivierte.[9] Die Arbeitsergebnisse der Ökologieforschung waren jedoch ernüchternd, entsprachen nicht den von Staat und SED offiziell vertretenen Aussagen. Da der Umweltschutz als ein weiteres Feld der Systemauseinandersetzung betrachtetet und auch hier eine prinzipielle Überlegenheit des Sozialismus postuliert wurde, waren Restriktionen bei Veröffentlichungen unvermeidlich.[10] Nur die historischen Einleitungsartikel zu Grundproblemen der Umweltgeschichte konnten Mitte

---

5 I. Massa, The paradox of insignificant change. Perspectives on environmental history, in: Environmental History Newsletter 5/1993 S. 3.

6 R. P. Sieferle (Hg.) Fortschritte der Naturzerstörung, Frankfurt 1988.

7 H. Mottek, Zu einigen Grundfragen der Mensch-Umweltproblematik, in: Wirtschaftswissenschaften Nr. 1/1972, S. 36-43;
Ders., Wirtschaftsgeschichte und Umwelt, in: Jahrbuch für Wirtschaftsgeschichte Nr. II/1974, S. 77-82.

8 M. Laschke, Wirtschaftsgeschichte und Umwelt in aktueller und historischer Sicht. Festliches Kolloquium zu Ehren von Hans Mottek am 25. September 1975 in Berlin, in: JBfWG II/1976, S. 241-250. H. Scheel, Gesellschaft und Umwelt. Hans Mottek zum 65. Geburtstag, Berlin 1976.

9 W. Becker, Wirtschaftsgeschichte und Umwelt: „Notgemeinschaft Erde" - Erinnerungen an Hans Mottek, in: H. Behrens, G. Neumann, A. Schikora, Wirtschaftsgeschichte und Umwelt- Hans Mottek zum Gedenken, Marburg, 1996, S. 78.

10 G. Narweleit, Die Entwicklung der historischen Umweltforschung in der DDR, in: Environmental History Newsletter 2/1990, S. 60.

der 80er Jahre erscheinen. Sie sind jedoch theoretisch anspruchsvoll und auch über die DDR hinaus rezipiert worden.[11] Einen Einblick in die neuere ostdeutsche Umweltgeschichtsforschung bieten u. a. die Veröffentlichungen des Instituts für Umweltgeschichte und Regionalentwicklung e. V. bzw. des Arbeitskreises Geschichte des Bundes für Natur und Umwelt e.V.[12]

In der Bundesrepublik erfolgte eine Hinwendung zur historischen Umweltforschung - abgesehen von wenigen früheren Vorleistungen[13] - etwa Ende der 70er[14] und vor allem mit Beginn der 80er Jahre. Ausdruck dessen war z. B. die Tagung der Gesellschaft für Sozial- und Wirtschaftsgeschichte 1981, die unter dem Thema „Wirtschaftsentwicklung und Umweltbeeinflussung vom Mittelalter bis ins 20. Jahrhundert“[15] stand, sowie eine Tagung durch den Bereich Technikgeschichte der VDI-Hauptgruppe im März 1981 unter dem Titel „Technik und Umwelt in der Geschichte“.[16] Troitzsch stellte in seinen einleitenden Bemerkungen fest, daß Fragestellungen noch am wenigsten von Historikern angeregt wurden. Meist kamen die Untersuchungen aus dem

---

11 P. Musiolek/S. Epperlein/H. Fischer/W. Kagel/M. Schattkowsky, Zu Problemen von Gesellschaft und Umwelt in den vorkapitalistischen Produktionsweisen, in: JBfWG IV/1983, S. 105-128; W. Strenz/G. Narweleit/H. J. Rook/H. Thümmler, Zu den Beziehungen zwischen Gesellschaft und Umwelt von der Industriellen Revolution bis zum Übergang zum Imperialismus, in: JBfWG I/1984, S. 81-113.

12 So z. B. H. Behrens/ J. Hopfmann/ K.-H. Hübler u.a., Umweltgeschichte und Umweltzukunft. Schwerpunkt Umweltbewegungs- und Umweltforschungsgeschichte, Marburg 1993.
H. Behrens/ H. Paucke (Hg.), Umweltgeschichte: Wissenschaft und Praxis. Umweltgeschichte und Umweltzukunft II, Marburg 1994.
H. Behrens/ G. Neumann/ A. Schikora, Wirtschaftsgeschichte und Umwelt. Hans Mottek zum Gedenken. Umweltgeschichte und Umweltzukunft III, Marburg 1996.

13 Etwa I. Mieck, "Aerem corrumpere non licet". Luftverunreinigung und Immissionsschutz in Preußen bis zur Gewerbeordnung 1869, in: Technikgeschichte 34(1967), S. 36-78.

14 W. Zorn, Ansätze und Erscheinungsformen des Umweltschutzes aus sozial- und wirtschaftshistorischer Sicht, in: Wirtschaftskräfte und Wirtschaftswege, Bd. 4, Stuttgart 1978, S. 707-723.

15 H. Kellenbenz (Hg.), Wirtschaftsentwicklung und Umweltbeeinflussung (14.-20. Jahrhundert), Berichte der 9. Arbeitstagung der Gesellschaft für Sozial- und Wirtschaftsgeschichte, Wiesbaden 1982.

16 Technikgeschichte 48 (1981), S. 177-273.

medizin- oder technikgeschichtlichen Bereich.[17] Gleiches bedauerte auch Wey 1982.[18]

Eine erfreuliche Popularisierung erhielt die Umweltgeschichte in der Bundesrepublik durch den Schülerwettbewerb Deutsche Geschichte um den Preis des Bundespräsidenten 1986/87. Neben z. T. ernst zu nehmenden Forschungsergebnissen bewirkte er eine Sensibilisierung für umwelthistorische Fragestellungen in der Erziehung von Kindern und Jugendlichen, was eine große Anzahl von einschlägigen Artikeln in fachdidaktischen Publikationen beweist[19]. Daß die Umweltgeschichte bis heute ihre Anziehungskraft in diesem Bereich eher erhöht hat, ist auch daran zu erkennen, daß auf dem 40. Historikertag in Leipzig die umweltgeschichtliche Sektion vom Lehrerverband organisiert wurde.

Umweltrelevante Untersuchungen nahmen in den letzten 10 Jahren sprunghaft zu, doch eine wirkliche Institutionalisierung der Umweltgeschichte in Europa gelang erst in der 2. Hälfte der 80er Jahre, als im März 1988 eine internationale Konferenz zur Europäischen Umweltgeschichte in Bad Homburg stattfand, bei der Teilnehmer aus 11 europäischen Ländern vertreten waren. Dort formierte sich eine Europäische Vereinigung für Umweltgeschichte, die mit der Herausgabe eines Newsletter seit 1989 einen internationalen Austausch ermöglicht.[20]

Dabei ist zu fragen, warum die Fachhistoriker lange Zeit die Brisanz der ökologischen Forschung für die Geschichte nicht erkannten. Sicher ist dabei von Belang, daß dem Wissenschaftsbetrieb eine gewisse Trägheit eigen ist und Finanzierungsprobleme die Etablierung schwierig gestalten, wie es Brüggemeier 1992 treffend analysierte.[21] Es scheint aber auch von Bedeutung

---

17 U. Troitzsch, Historische Umweltforschung: Einleitende Bemerkungen über Forschungsstand und Forschungsaufgaben, in: Technikgeschichte 48(1981), S. 180.

18 K.-G. Wey. Umweltpolitik in Deutschland. Kurze Geschichte des Umweltschutzes in Deutschland seit 1900. Opladen 1982, S. 9.

19 So z. B.: Geschichte lernen 1,1988; Paul Leidinger (Hg.), Historische Ökologie und historisches Lernen im historisch-politischen Unterricht, Paderborn 1986.

20 Environmental History Newsletter, 1/1989 (beim Landesmuseum für Technik und Arbeit Mannheim seither jährlich erschienen). Seit 1995 (Volume 1 February 1995 Number 1, Cambridge) erscheint in jährlich 3 Heften eine neue interdisziplinäre Zeitschrift mit dem Titel "Environment and History", die eine noch breitere internationale Basis hat.

21 F.-J. Brüggemeier/ Th. Rommelspacher, Blauer Himmel über der Ruhr. Geschichte der Umwelt im Ruhrgebiet 1840-1990, Essen 1992, S. 9.

zu sein, daß in der Umweltforschung - auch in der historischen - ein interdisziplinäres oder transdisziplinäres Herangehen unvermeidlich ist. Nun bedienen sich seit langem Historiker auch Methoden, die in anderen Wissenschaftsdisziplinen (z. B. der Soziologie) entwickelt wurden, doch erfordert die Problematik Umwelt zum großen Teil die Kenntnisnahme naturwissenschaftlicher Forschungsergebnisse, wenn nicht direkte Zusammenarbeit der entsprechenden Institutionen. Vor der historischen Umweltforschung steht also die Aufgabe, eine Vielzahl bisher verstreuter wissenschaftlicher Ansätze, Methoden und Ergebnisse zu integrieren,[22] ein wahrhaft nicht in kurzer Zeit zu bewältigendes Problem, das auch mit einem hohen Risiko behaftet ist. Es nimmt daher nicht Wunder, daß eine Vielzahl der sich derzeit mit Umweltgeschichte Beschäftigenden durch Studium und Berufstätigkeit auch auf anderen Gebieten ausgewiesen ist.[23]

Dennoch stellt sich die Frage, wie umfassend das Aufgabengebiet der Umweltgeschichte abgesteckt werden kann. Die Definition der Umweltgeschichte und die Bestimmung ihres Gegenstandes sind noch immer umstritten. So verlangt Paul Leidinger die Konstituierung einer „Historischen Ökologie", die alle Zusammenhänge des Verhältnisses Mensch - Natur in der Geschichte untersuchen soll. Dabei seien sowohl energetische wie technologische Aspekte, politische, wirtschaftliche und soziokulturelle Organisationsformen, ethische Auffassungen als auch natürliche Veränderungen der Lebenswelt des Menschen einzubeziehen.[24] So faszinierend dieser Ansatz erscheinen mag, ist er für den historisch Forschenden doch unpraktikabel und blieb nicht unwidersprochen. Wie Bodo von Borries betonte, sei dann nicht mehr erkennbar was eigentlich nicht zur Umweltgeschichte gehöre. „Es gibt ja keine Struktur und keinen Prozeß, die durch die Abhängigkeit des Menschen von der Umwelt durch den Menschen entlassen wären. Durch eine Fülle innovativer, spannender Themen, bei denen man

---

22 R. P. Sieferle, Perspektiven einer historischen Umweltforschung, in: R. P. Sieferle(Hg.), Fortschritte der Naturzerstörung, Frankfurt 1988 S. 347.

23 F.-J. Brüggemeier/ Th. Rommelspacher (Hg.), Besiegte Natur. Geschichte der Umwelt im 19. und 20. Jahrhundert, 2. Aufl. München 1989, Autorenverzeichnis S. 197f.

24 P. Leidinger, Umwelterziehung im Geschichtsunterricht, in: J. Calließ/ R. E. Lob, Handbuch Praxis der Umwelt- und Friedenserziehung, 2. Bd., Düsseldorf 1987, S. 281-292.

allerdings die 'springenden Punkte' vermißt, kann sich eher eine Desorientierung einstellen.“[25]

Interessant ist, daß für die kaum etablierte Disziplin inzwischen schon die Grenzen aufgezeigt werden. So Sieferle 1993 über den Ziel-Mittel-Konflikt einer universalhistorisch ökologischen Umweltgeschichte: „Einerseits müßte sie die reale Vernetztheit kultureller und natürlicher Systeme in der Weise ernst nehmen, daß sie diese jeweils auf dem Niveau der avanciertesten Wissenschaftler analysiert. Andererseits ist jedoch auszuschließen, daß ein einzelner Forscher imstande sein könnte, dies je wirklich kompetent zu leisten. Ein interdisziplinärer Kontext, welcher eine ökologisch orientierte Umweltgeschichte möglich machen könnte, existiert hingegen nicht. Die neue Umweltgeschichte müßte deshalb mit dem Anspruch auftreten können, selbst eine neue inter- und transdisziplinäre Forschungseinrichtung zu begründen, innerhalb derer kompetente Vertreter der jeweiligen Fachrichtungen bereit wären, ihre Ergebnisse und Perspektiven als bloßen Beitrag zu einem übergreifenden methodischen Zusammenhang zu verstehen.“[26] Auch andere Umwelthistoriker sehen die Gefahr eines „conceptual lag“.[27]

Auf der konstituierenden Konferenz der European Association of Environmental History 1988 in Bad Homburg, die in ihrer Breite noch heute beispielgebend wirkt, wurden für die Umweltgeschichte folgende Zielstellungen formuliert: „In this situation the historian must participate in the debate and try to give an answer to (1) the roots of the present crisis when fundamental thresholds have been crossed, and (2) under which conditions past societies have managed to maintain a dynamic stability in their environments.“[28]

---

25 Bodo von Borries, Umweltgeschichte. Vergessene Einsichten und neuartige Herausforderungen, in: Geschichte lernen 4/1988, S. 8. Siehe auch: F.-J. Brüggemeier, Umweltgeschichte - warum, wozu und wie? Überlegungen zum Stellenwert einer neuen Disziplin, in: W. Isenberg/ G. Mölich, Historische Umweltforschung, Wissenschaftliche Neuorientierung - aktuelle Fragestellungen, Berg. Gladbach 1991, S. 14f.

26 R. P. Sieferle, Die Grenzen der Umweltgeschichte, in: Gaia. Ökologische Perspektiven in Natur-, Geistes-und Wirtschaftswissenschaften 2/1993 S. 17.

27 Etwa G. Jaritz, Umweltbewältigung. Der Beitrag der Geschichtswissenschaften, in: G. Jaritz/ V. Winiwarter, Umweltbewältigung. Die historische Perspektive, Bielefeld 1994, S. 9.

28 P. Brimblecombe/ C. Pfister, The Silent Countdown. Essays in European Environmental History, Berlin, Heidelberg, New York u.a., 1990, S. 1.

Die Beiträge zu dieser Arbeitstagung weisen naturgemäß ein sehr unterschiedliches Herangehen an die Umweltgeschichte auf. Außerordentlich schwierig ist auch eine einheitliche Begriffsbestimmung, wie auch das methodische Vorgehen sehr differenziert ist. Die in der Einleitung vorgenommene Klassifizierung kann daher als ein erster Versuch gewertet werden, Arbeitsgebiet und Methode von Umweltgeschichte zu umreißen auch wenn konstatiert werden mußte: „a coherent theoretical framework is still missing“.

Im wesentlichen wurden hier 2 Konzepte unterschieden: Das holistische Herangehen ist angelehnt an das Konzept der Humanökologie und untersucht den interaktiven Prozeß menschlicher Gesellschaft und natürlicher Umwelt, wobei der Schwerpunkt auf eine möglichst komplexe Ökosystemanalyse gelegt wird. Dies ist ein auf hoher Abstraktionsebene angelegter Ansatz. Konkrete Untersuchungen beziehen sich insbesondere auf den Energiehaushalt verschiedener menschlicher Gesellschaftsformen.[29] Besonders erwähnenswert ist auch das Projekt von Pfister, der sich u. a. der historischen Klimageschichte verschrieben hat und mittels einer flächendeckenden Sammlung von Klimadaten Einblicke in das Verhältnis menschlicher Gesellschaft und Naturbedingungen ermöglicht.[30]

In der ergänzenden Konzeption wird dagegen davon ausgegangen, daß die bisherige historische Forschung mit der faktischen Ausblendung anthropogener Umweltveränderungen einen sehr wesentlichen Aspekt vernachlässigt hat. Dies

---

29 R. P. Sieferle, Der unterirdische Wald. Energiekrise und industrielle Revolution, München 1982. Ch. Pfister, The early loss of ecological stability in an agrarian region, in: P. Brimblecombe/Ch. Pfister, The Silent Countdown. Essays in European Environmental History, Berlin, Heidelberg, New York u.a., 1990, S. 37ff.

30 Ch. Pfister, Klimageschichte der Schweiz 1525-1860. Das Klima der Schweiz von 1525-1860 und seine Bedeutung in der Geschichte von Bevölkerung und Landwirtschaft, Bern, Stuttgart 3. Aufl. 1988; seit 1990 gibt es auch in Deutschland eine Arbeitsgruppe "Historische Klimatologie", die in Verbindung mit Pfister eine Klimadatenbank aufbaut: R. Glaser/ St. Militzer, Perspektiven der regionalen historischen Klimaforschung. Ein Statusbericht der Arbeitsgruppe "Historische Klimatologie" zum Aufbau einer regionalen Klimadatenbank, in: Environmental History Newsletter 5/1993 S. 15ff; R. Glaser/E. Vincelli/St. Militzer, Klima-, Witterungs- und Wettervorstellungen als Ideen- und Naturwissenschaftshistorie - Ein Beitrag zum Problem der historischen Klimawahrnehmung, in: Würzburger Geographische Arbeiten 87/1993, S. 465-490; eine erste quantitative Klimarekonstruktion für die letzten 1000 Jahre in Mitteleuropa liegt inzwischen vor in: R. Glaser, Thermische Klimaentwicklung in Mitteleuropa seit dem Jahr 1000, in: Geowissenschaften 13(1995), S. 302-312.

trifft insbesondere für die Betrachtung der Zeit seit der industriellen Revolution zu und muß daher aus dieser Sicht dringend ergänzt werden. Dabei stehen zum einen sowohl die realen Umweltveränderungen im Vordergrund (wie z. B. Waldrodungen oder Emission toxischer Substanzen) als auch damit verbundene Interessengegensätze und Konflikte, die untersucht werden.

Die o. g. Zweiteilung nimmt im wesentlichen auch Sieferle 1993 vor, indem er einen universalgeschichtlich - ökologischen Ansatz und einen umwelthygienischen Ansatz unterscheidet, wobei der universalgeschichtlich - ökologische weitgehend dem holistischen Herangehen, wie es 1988 in Bad Homburg charakterisiert wurde entspricht, von Sieferle aber theoretisch und methodisch weiterentwickelt wurde. Der umwelthygienische Ansatz, von Sieferle sehr kritisch gesehen, entspricht ebenfalls in weiten Teilen dem 1988 formuliertem Ergänzungsansatz.[31]

Andererseits gehört zur Umweltgeschichte auch die Analyse von sich verändernden Wahrnehmungen von Natur und Landschaft, von Umweltbeeinflussung, dem Stellenwert von Natur und Umwelt in gesellschaftlichen Wertvorstellungen sowie Versuchen alternativer Lebensformen, von Pfister mentalitäts- und kulturgeschichtlich-konstruktivistischer Ansatz genannt. Dies ist ein Feld, das seit längerem bereits bearbeitet wird[32] und in den aktuellen umweltgeschichtlichen Untersuchungen wieder stärker Berücksichtigung findet.[33]

Um zu einem wirklichkeitsnahen Bild zu gelangen, benötigt die Umweltgeschichte jeden dieser einzelnen Ansätze, ohne daß man einem davon grundsätzlich den Vorzug geben könnte. Da sich auf dem Gebiet der umwelthistorischen Forschung Vertreter verschiedener Fachdisziplinen bewegen wird sich schon daraus eine gewisse Vorprägung der Erkenntnisinteressen und Methoden ergeben. Die Zukunft der Umweltgeschichte dürfte kaum in einer Verselbständigung ihrer einzelnen Aspekte liegen, die sich dann als Umweltgeschichte bzw. Historische Ökologie

---

31 R. P. Sieferle, Die Grenzen ... , a. a. O., S. 17.

32 Z. B.: K. Bergmann, Agrarromantik und Großstadtfeindschaft, Meisenheim 1970. J. Frecot, Die Lebensreformbewegung, in: K. Vondung (Hg.), Das wilhelminische Bildungsbürgertum. Zur Sozialgeschichte seiner Ideen, Göttingen 1976; U. Linse, Ökopax und Anarchie. Eine Geschichte der ökologischen Bewegungen in Deutschland, Opladen 1982.

33 A. Andersen, Mentalitäten im Wandel, in: J. Sieglerschmidt (Hg.), Der Aufbruch ins Schlaraffenland. Stellen die Fünfziger Jahre eine Epochenschwelle im Mensch-Umwelt-Verhältnis dar? (Environmental History Newsletter, Special Issue 2/1995) S. 72ff.

usw. auch begrifflich trennen ließen. Vorteilhaft scheint eher ein gleichberechtigtes Miteinander der vorgestellten Modelle. So ist die holistische Herangehensweise schon darum unverzichtbar, weil sie grundsätzlich die Dimension umwelthistorischer Forschungen verdeutlicht und alte Denkschemata aufbricht. Damit markiert sie für den empirisch Forschenden entscheidende Fragestellungen, unter denen Quellen auszuwerten sind und oft sogar, welche Quellen auszuwählen sind.

Der umwelthygienische Ansatz, vom Historiker sicher am ehesten zu greifen, liefert konkrete umweltrelevante Ergebnisse, wenn sie auch räumlich und zeitlich begrenzt sind. Durch eine Fülle der auf diese Weise ermittelter empirischer Daten sind auf dem induktiven Weg neue Denkmodelle möglich, die wiederum die ganzheitliche Sicht verändern werden. Darüber hinaus scheint es sinnvoll, nicht nur die realen Umweltveränderungen vergangener Gesellschaften, sondern auch deren Umgang mit Umweltproblemen zu untersuchen. Dabei sind Erkenntnismöglichkeiten, Handlungsspielräume, Konfliktpotentiale auszuleuchten, die immer auch an andere Gesellschaftsbereiche gebunden sind und deshalb Forschungsgegenstände der politischen Geschichte, der Wirtschafts- und Sozialgeschichte usw. anreißen.

Freilich ist es dann unabdingbar, zu einer konkreten Begriffsbestimmung zu kommen, und den Gegenstand des Fachgebietes deutlich zu umreißen. Ein allgemeiner Umweltbegriff wird so umfassend, daß er für die konkrete Untersuchung nicht handhabbar ist. Deshalb müßte ein Begriff eingeführt werden, der das jeweilige spezifische Erkenntnisinteresse der Umweltgeschichte umreißt. Da die Geschichtswissenschaft eine anthropozentrische Wissenschaft ist, sollte das auch für die Umweltgeschichtsforschung legitim sein. Die bisher meist angewandte Begriffsbedeutung umreißt Jaritz als „ein komplexes System von Variablen ..., die sich auf das Verhältnis Mensch - Natur beziehen.“[34] Selbstverständlich ist zu beachten, daß Natur dabei in der Regel keinen vom menschlichen Tun bisher unbeeinflußten Urzustand darstellt, sondern daß die untersuchten Landschaften durch jahrhundertelange menschliche Nutzung bereits zu Kulturräumen geformt wurden. Dies trifft insbesondere für Studien wie diese zu, die sich mit dem industriellen Zeitalter beschäftigen.

Um umwelthistorische Zielstellungen zu benennen, scheint eine Strukturierung des Umweltbegriffes hilfreich. Eine Gliederung in Teilbereiche der Umwelt wird von dem amerikanischen Umwelthistoriker Donald Worster

---

34 G. Jaritz, Umweltbewältigung. Der Beitrag der Geschichtswissenschaften, in: G Jaritz/V Winiwarter, Umweltbewältigung ... , a. a. O., S. 7.

vertreten, der folgende 3 Ebenen umweltgeschichtlicher Forschung als gleichberechtigte Komponenten beschreibt:

„The first deals with understanding nature itself, as organized and functioning in past times .... The second level in this history brings in the socioeconomic realm as its interacts with the environment. Here we are concerned with tools and work, with the social relations that grow out of that work, with the various modes people have devised of producing goods from natural resources ... Then, forming a third level for the historian is that more intangible and uniquely human type of encounter - the purely mental or intellectual, in which perceptions, ethics, laws, myths, and other structures of meaning become part of an individual's or group's dialogue with nature."[35]

In ähnlicher Form schlägt auch Winiwarter eine Strukturierung vor:[36]

1. Stoffliche Umwelt: Materielle Bedingungen des Lebensraumes
2. Strukturelle Umwelt: Möglichkeiten und Bedingungen der Nutzung der stofflichen Umwelt
3. Geistige Umwelt: Möglichkeiten und Bedingungen des menschlichen Zugang zu Phänomenen
4. Umweltverhältnisse: Orts- und zeitspezifische Kombination von 1-3

Punkt 4 erscheint als Gesamtzielstellung für umweltgeschichtliche Untersuchungen, ohne daß in der einzelnen Studie jeder der genannten Aspekte in gleicher Weise berücksichtigt werden kann.

Insbesondere ist umstritten, ob die stoffliche oder „natürliche" Umwelt überhaupt Gegenstand der Umweltgeschichte sein darf,[37] allerdings stellt m. E. die Kenntnis von Naturvorgängen eine Voraussetzung dar, um die Eingriffe der Menschen in dieses System bewerten zu können. Doch wie Worster feststellt: „However, it would be a mistake to suppose that environmental historians want

---

35 D. Worster, Appendix: Doing Environmental History, in : D. Worster (Ed.), The Ends of Earth. Perspectives on Modern Environmental History, Cambridge, New York, Melbourne 1988, S. 293.

36 V. Winiwarter, Umwelt-en. Begrifflichkeit und Problembewußtsein, in: G. Jaritz/V. Winiwarter Umweltbewältigung ... , a. a. O., S. 155.

37 Siehe z. B. die Kritik Andersens am Ansatz Worsters bzw. Brüggemeiers in: A. Andersen, Umweltgeschichte. Forschungsstand und Perspektiven, in: AfS 33,1993 S. 677 u. 682.

simply to become the pupils of environmental scientists, or their archival assistants digging up documents to supplement their scientific data."[38]

So scheint die grundlegende Frage bei der Differenzierung der Umweltgeschichte zu sein, ob man sie als historische Teildisziplin oder Teildisziplin der Umweltwissenschaften begreift. Diese Einordnung hat wesentlichen Einfluß auf das Erkenntnisinteresse und die Wahl der Methoden. Es kann keinem Zweifel unterliegen, daß sich die vorliegende Arbeit nicht als eine Studie zur historischen Ökologie, sondern zur Umweltgeschichte als historische Teildisziplin versteht, auch wenn der prinzipiell interdisziplinäre Ansatz der Umweltgeschichte damit keinesfalls unterschlagen werden soll. Als Arbeitsgebiet ist somit insbesondere die Interaktion von Mensch - Natur (sozioökonomische Sphäre), die entscheidend durch den Arbeitsprozeß geprägt wird, zu verstehen. Damit lehnt sich der Umweltbegriff dieser Studie an Andersens Begriff von Umwelt als Historische Kategorie des Verhältnisses von Natur- und Produktionskreisläufen an.[39]

Ähnliche Arbeiten liegen für einige andere Regionen bereits vor, auch wenn sie nicht direkt vergleichbar sind.[40] Hier sind insbesondere die Arbeiten zum Ruhrgebiet zu nennen, die mit einer „politischen Umweltgeschichte" eine Synthese von bisher meist getrennter Umweltforschungs- und Umweltbewegungsgeschichte darstellen und den großen Bogen vom Beginn der Industrialisierung bis zur Gegenwart spannen.[41]

---

38 D. Worster, The Two Cultures Revisited: Environmental History and the Environmental Sciences, in: Environment and History 1/1996, S. 9.

39 A. Andersen, Umweltgeschichte - Abschied vom Fortschritt, in: Environmental History Newsletter, 3/1991, S. 11; Später verwendete A. Andersen eine allerdings um die Aspekte kulturelle und mentale Verarbeitung der Produktions- und Reproduktionsbedingungen erweiterten Begriff, z. B. A. Andersen, Zum Heft Umweltgeschichte, in: Werkstatt Geschichte 3/1992, S. 6.

40 Siehe vor allem die Beiträge zum Niederlausitzer Braunkohlengebiet, die aber noch stärker sozialgeschichtlich orientiert sind: N. Knoth, Ich war Bergmann, was wird aus mir. Die Niederlausitzer Braunkohleregion aus umwelthistorischer Sicht, in: Werkstatt Geschichte 3/1992 S. 27ff; Dies., Umwelt. Auf den Spuren einer Erfahrung im sozialistischen Revier, in: Jürgen Kocka (Hg.) Historische DDR- Forschung. Aufsätze und Studien, Berlin 1993, S. 233ff.

41 F.-J. Brüggemeier/ Th. Rommelspacher, Blauer Himmel über der Ruhr. Geschichte der Umwelt im Ruhrgebiet 1840-1990, Essen 1992.

1.3 Literatur- und Quellensituation - Fragestellungen

1.3.1 Die Untersuchungsaspekte

Die vorliegende Arbeit ist als eine Studie zu verstehen, die speziell das in Nordwestsachsen befindliche Braunkohlenrevier, das im Untersuchungszeitraum im wesentlichen die Amtshauptmannschaften Borna und Leipzig umfaßte, in den Mittelpunkt stellt. Es wird ein Stück des Weges untersucht, der dazu führte, daß heute hier enorme Strukturveränderungen anstehen. Neben der Analyse realer Umweltveränderungen wird dabei versucht, den gesellschaftlichen Umgang mit Umweltproblemen nachzuzeichnen und das Verhalten betroffener Personen sowie der Behörden zur Problematik darzustellen. Es wird herausgearbeitet, in welchen Etappen Landschaftsveränderung und Umweltbeeinträchtigungen neue Stufen erreichten, in welchem Maße diese Veränderungen wahrgenommen wurden und wie gesellschaftliche Kräfte auf diese Erkenntnisse reagierten. Es war anzunehmen, daß insbesondere der Zweite Weltkrieg eine deutliche Zäsur in der Umweltgeschichte dieses Gebietes darstellen muß, denn es ist bekannt, daß die Region Mitteldeutschland wirtschaftspolitisch für den Krieg eine bedeutende Rolle einnahm und Braunkohle zu einem wesentlichen Faktor der Treibstoffherstellung wurde.[42]

Da ein dem heutigen Verständnis adäquater Umweltbegriff im Untersuchungszeitraum nicht existierte, sind dafür verschiedenen Ebenen auszuleuchten. Der zeitlich sehr weit gefaßte Untersuchungsraum (immerhin handelt es sich um 3 politische Systeme) schließt aus, daß alle Interaktionen Berücksichtigung finden können. In den Mittelpunkt wird das durch den Braunkohlenbergbau bis heute stark überformte Gebiet Nordwestsachsens gestellt. Ausgehend von der Entwicklung des Braunkohlenbergbaues, der in verschiedenen technikhistorischen Studien teilweise gut erforscht erscheint,[43] sollen dessen Auswirkungen auf die Umwelt untersucht werden. Es ist davon auszugehen, daß die Determination durch die Braunkohle für den Industrialisierungsprozeß in Nordwestsachsen von Beginn an umweltspezifische Probleme hervorbrachte, sowohl was die Gewinnung der Braunkohle als auch deren Verarbeitung betrifft. Herausgearbeitet wird, wann

42 W. Birkenfeld, Der synthetische Treibstoff 1933-1936. Ein Beitrag zur nationalsozialistischen Wirtschafts- und Rüstungspolitik, Göttingen 1964.

43 Siehe dazu insbesondere die Freiberger Forschungshefte wie z. B. E. Rammler/ E. Wächtler, Zur Entwicklung der Braunkohlenbrikettierung in der Zeit von 1889 bis 1918, in: ebenda Heft D 153, Leipzig 1983.

und in welchem Umfang die Umwelt in Mitleidenschaft gezogen wurde. Soweit verfügbar, wurden für die Untersuchung umweltrelevante Daten der stofflichen Ebene erfaßt (Wasseranalysen etc.), auch wenn festgestellt werden muß, daß sie in ihrer Dichte nicht für generalisierende Aussagen ausreichen und für den Historiker ohnehin nur begrenzt auswertbar sind.

Es war weiterhin zu untersuchen, in welchem Maß die Umweltbeeinträchtigungen von den Zeitgenossen wahrgenommen wurden und welche Handlungsspielräume sich für sie aus den existierenden Gesetzen, Vorschriften usw. ergaben, wobei auch das Problem der jeweiligen Möglichkeiten sowohl zur Schadenserkennung als auch zur Abstellung von Mängeln zu beachten ist. Da anzunehmen war, daß sich Konfliktpotential anhäufte, das mindestens aus konkurrierenden Nutzungsinteressen der Umweltmedien bestand, ist die Art der Konfliktbewältigung ein weiteres Feld der Analyse, wobei die im Untersuchungszeitraum unterschiedlichen politischen Systeme ebenfalls Beachtung finden, und zwar insoweit, als sie den wirtschaftspolitischen Rahmen und auch Konfliktstrategien beeinflußten. Der Einfluß von Religion, Philosophie oder anderer geistesgeschichtlicher Aspekte auf das prinzipielle Mensch - Umweltverhältnis bleibt dagegen weitgehend ausgeklammert und wird nur dort berücksichtigt, wo daraus konkreter Handlungsantrieb, der für das Untersuchungsgebiet von Belang ist, erwächst.

Eine wesentliche Aufgabe besteht vor allem darin, historische Kontexte, die für umweltrelevante Entscheidungen in der Vergangenheit von Bedeutung waren, zu rekonstruieren. Wie Brüggemeier betonte, ist das für umweltgeschichtliche Arbeiten von besonderer Bedeutung. „Mehr noch als sonst besteht hier die Gefahr, heutige Vorstellungen und Konzepte der Vergangenheit überzustülpen."[44] Dabei ist besonders darauf zu achten, daß sowohl analythische, technologische und wissenschaftliche Möglichkeiten der Zeitgenossen als auch der gesellschaftliche Grundkonsens zu dieser Problematik berücksichtigt werden müssen. Vorschnelle Urteile über Unkenntnis bzw. mangelndes Umweltbewußtsein in dieser Zeit können so vermieden werden.

Um die damals bekannten Tatsachen in Beziehung zu heutigem Wissen setzen zu können, sind außerdem moderne Fachpublikationen naturwissenschaftlich - technischer Art herangezogen worden, jedoch ist deren Auswertung durchaus als problematisch zu betrachten. So ist beispielsweise die

44 F.-J. Brüggemeier, Umweltgeschichte - Warum, wozu und wie? Überlegungen zum Stellenwert einer neuen Disziplin, in: W. Isenberg/ G. Mölich (Hg.), Historische Umweltforschung. Wissenschaftliche Neuorientierung - Aktuelle Fragestellungen, Berg. Gladbach 1991.

Ursache des immer weiter voranschreitenden Waldsterbens bis heute umstritten. Dem Historiker dürfte es schwer fallen, in diesem Streit Stellung zu beziehen.[45]

Eine Sonderstellung nimmt der Abschnitt zur Konfliktaustragung zwischen Braunkohlenindustrie und den Freiherren von Friesen ein. Die Tatsache, daß anhand dieses Verhältnisses die Beziehungen von alteingesessener Bevölkerung zum Industrialisierungsprozeß veranschaulicht werden können, beruht darauf, daß die Friesens zu den begütertsten und einflußreichsten Familien in Sachsen zählten. Gerade deren Stammsitz in Rötha mit einem beträchtlichen Grundbesitz lagen aber in einem Gebiet, das geologisch in besonderen Maße für die Braunkohlengewinnung prädestiniert war. Gerade hier wurde das bedeutendste Braunkohleverarbeitungszentrum Sachsens geschaffen. Freilich können die Friesens schon aufgrund ihrer sozialen Stellung nicht als stellvertretend für andere Interessenkonflikte angenommen werden, doch vertraten sie zumindest zu einem Teil allgemeine Interessen der von der Braunkohlenindustrie geschädigten Bewohner dieses Gebietes, die über die Friesenschen guten gesellschaftlichen Verbindungen eine Plattform erhielten. Denn es zeugt wohl beispielsweise von Beeinträchtigungen, die weit über das Interesse des Großgrundbesitzers hinausgehen, wenn sich seine Landarbeiter weigern, auf den in Smog gehüllten Feldern zu arbeiten.

Die vorliegende Studie ist als ein Einstieg in die regionale Umweltgeschichte Sachsens zu verstehen, greift teilweise über den nordwestsächsischen Teil hinaus, wenn dies zur Klärung spezifisch sächsischer Verhältnisse nötig erscheint. Andererseits wird sie naturgemäß nicht alle aufgeworfenen Fragen beantworten können, auch wenn sie das engere Untersuchungsgebiet betreffen. Inwieweit das gelingt, hängt auch von der umweltspezifischen Quellensituation ab, die im Folgenden kurz charakterisiert werden soll.

1.3.2 Die Quellensituation

Allgemein kann von einer ausreichenden Quellenlage gesprochen werden, deren spezifisches Problem aber die ausgesprochene Streulage darstellt. Umweltschutz war im Untersuchungszeitraum als Begriff noch nicht allgemein eingeführt. Umweltschutz im heutigen Sinn setzt sich aus einer Vielzahl von verschiedenen Belangen zusammen. Deshalb existieren diesbezüglich keine geschlossenen Bestände. Da für das zu untersuchende Gebiet nur punktuell

---

45 Siehe z. B.: H. Stratmann, Wirkung von Luftverunreinigungen auf die Vegetation. Bewertung der Luftanalyse auf der Grundlage weiterentwickelter Dosis-Wirkungsbeziehungen für Schwefeldioxid und Ozon zur Ursachenaufklärung der neuartigen Waldschäden, Essen 1984.

wirtschaftsgeschichtlich relevante Arbeiten vorliegen (s.o.), war auch dieses Feld, soweit nötig, quellenmäßig abzudecken.

Um einen Einblick in die Situation der realen Umweltveränderungen, die durch Braunkohlengewinnung und -verarbeitung hervorgerufen wurden, zu erhalten, war es notwendig, sich einen Überblick über die Produktionszahlen dieser Industriezweige zu verschaffen, die zeitliche Veränderungen widerspiegeln. Dazu waren insbesondere die Zeitschrift des sächsischen statistischen Landesamtes, die auch Informationen zur Bodennutzung sowie Industrie- und Gewerbeverteilung enthält und das Handbuch für das Berg- und Hüttenwesen für das Königreich (den Freistaat) Sachsen, das neben Belegschafts- und Produktionszahlen Angaben zu Besitzverhältnissen und spezifischem Technikeinsatz enthält, aussagefähig. Darüber hinaus wurden Druckschriften des Braunkohlenindustrievereins sowie weitere Veröffentlichungen der Braunkohlenindustrie auf ihren Gehalt an umweltspezifischen Informationen ausgewertet.

In dem Maße, wie die Umweltschäden größeren Umfang annahmen, wurde das Problem auch auf der Ebene der sächsischen Ministerien und des Landtags oder auch für Institutionen auf Reichsebene relevant, so daß für ausgewählte Probleme auch diese Quellen herangezogen werden. Grundsätzlich von Interesse waren umweltrelevante Gesetzestexte etwa zum Bergbau, Wasserrecht, Naturschutz.

Da die Konflikte der unterschiedlichen Nutzungsinteressen sich auch bei der Etablierung der Landesplanung bemerkbar machten, wurden die Mitteilungen der Westsächsichen Landesplanung herangezogen. Die Vermutung, daß auch die Jahresberichte der Gewerbeaufsichtsbeamten wesentliches Material enthielten, bestätigte sich indessen nicht. Über die zeitgenössischen technischen und wissenschaftlichen Möglichkeiten wurden entsprechende Fachpublikationen herangezogen, insbesondere mehrere Jahrgänge der Zeitschrift „Rauch und Staub“.

Umweltrelevante ungedruckte Quellen sind in der Regel in den Bestandsübersichten nicht als solche ausgewiesen, ganz abgesehen davon, daß es keine Spezialinventare zu dieser Thematik gibt, wie sie z. B. für die Arbeiterbewegung, Judaica usw. bekannt sind. Selbst die in Findbüchern verzeichneten Aktentitel und Inhaltsangaben lassen nur in wenigen Fällen deutliche Rückschlüsse zu, so daß nach grundsätzlicher Vorüberlegung bezüglich der auszuwählenden Quellenkategorien bei der konkreten Auswahl im wesentlichen nach der Methode trial and error verfahren werden mußte. Die Einarbeitungsphase geriet daher besonders lang und aufwendig. Man muß jedoch festhalten, daß dadurch Quellenkategorien ausgewertet werden konnten, die in der historischen Forschung bisher kaum Beachtung fanden. Besonders auffällig ist dies bei den Betriebsarchiven der Braunkohlenindustrie. Sie beinhalten aussagefähiges Material zur Umweltbeeinträchtigung selbst, wie z. B. Abwasserproben, Statistik zu Bodenbeanspruchung, Analysen der angewandten Verfahren usw. Auch die Auseinandersetzungen mit Anwohnern bzw. anderen Interessengegnern sind hier dokumentiert. An der Seriosität dieser Quellen besteht kein Zweifel, da es sich größtenteils um Betriebsinterna handelt, die nicht der zeitgenössischen Öffentlichkeit zugänglich waren und somit „Klartext" enthalten. Insbesondere ist es reizvoll, die offiziellen Stellungnahmen mit innerbetrieblichen Wertungen zu vergleichen.

Über den größten der zu untersuchenden Betriebe, die Aktiengesellschaft Sächsische Werke (ASW) insgesamt, gab es mit Ausnahme der Geschäftsberichte, kaum aussagefähiges Material zur Problemstellung, da das Gebäude der Hauptverwaltung der ASW Opfer des Dresdener Infernos vom 13./14. Februar 1945 geworden ist. Jedoch bieten die Quellen der Betriebsteile Böhlen und Espenhain eine sehr gute und noch nicht erschöpfte Grundlage. Insbesondere die sorgfältigen statistischen Erhebungen sowie chemische und Verfahrensanalysen könnten bei weiterführenden Untersuchungen ausgewertet werden.

Konflikte mit betroffenen Gemeinden, Betrieben und Einzelpersonen waren in der Regel ebenfalls über die bei den Braunkohlenwerken eingegangen Beschwerden, sofern sie in den Betriebsarchiven erhalten waren, zu rekonstruieren. Mehrfache erfolglose Intervention bei den Werken hatte meist eine Beschwerde der Anwohner bei den zuständigen Verwaltungsbehörden zur Folge, so daß deren einschlägige Quellen herangezogen werden konnten. Auf der unteren Ebene waren dabei nur die Quellen von Borna und Regis-Breitingen von Aussagewert.

Die Probleme des gesamten sächsischen Teils des Leipziger Südraumes[46] verdichten sich in den Beständen der Amtshauptmannschaften Borna und Leipzig, wo auch bei Neuaufschlüssen und Bauvorhaben Einwände gegen die Planungen geltend gemacht werden konnten. Die Quellenbestände der Kreishauptmannschaft Leipzig, die unter anderem auch die Unterlagen der

---

46 Der Begriff Südraum Leipzig entstand aus dem Problembewußtsein um die industriellen Folgewirkungen des vom Braunkohleabbau geprägten Gebietes südlich von Leipzig, das sich über die sächsischen Landesgrenzen hinaus erstreckt und etwa das Dreieck Leipzig-Zeitz-Bad Lausick bildet. Siehe: Problemlandschaft Südraum Leipzig- Kulturlandschaft Südraum Leipzig, Leipzig o. J. (1994), S. 6. In dieser Studie wird der Begriff auf den sächsischen Teil dieses Gebietes (= nordwestsächsisches Braunkohlengebiet) bezogen, da die Quellenauswertung auf Sachsen beschränkt bleibt, grundsätzlich die Problemlage aber ähnlich ist.

westsächsischen Landesplanung beinhaltet, war ebenfalls von außerordentlichem Interesse, besonders für die Zeit nach 1933. In besonderen Einzelfällen waren die Vorgänge in den sächsischen Ministerialakten oder anderen Institutionen auf Landesebene dokumentiert. Hier ist vor allem der Entwicklungsweg von umweltrelevanten Gesetzen gut nachzuvollziehen, wie er am Beispiel der Wassergesetzgebung dargestellt wird.

Inwieweit die in einzelnen Beschwerden aufgestellten Behauptungen berechtigt erscheinen, war sehr vom konkreten Kontext abhängig zu machen, denn es besteht natürlich die Gefahr, daß man unkritisch in jedem Fall das vom Geschädigten beschuldigte Werk der Braunkohlenindustrie verantwortlich macht, ohne die Argumente überprüft zu haben. Hier war es hilfreich, die zumindest teilweise ebenfalls überlieferten zeitgenössischen Gutachten heranzuziehen, auch wenn zu beachten ist, daß auch sie kein absolut objektives Kriterium sind. Doch ließ sich über die Einordnung in weitere Zusammenhänge, zwischen Auftraggeber, Gutachter und zahlreichen weiteren Details ein genaueres Bild der Interessenlagen ermitteln.[47]

Zwei geballte Interessenkonflikte sind besonders gut überliefert. Das sind einerseits die Auseinandersetzungen um den Harthwald, die einen großen Teil der Öffentlichkeit erfaßten und sowohl in gedruckten wie ungedruckten Quellen widergespiegelt werden und sogar den sächsischen Landtag wiederholt beschäftigten. Zum anderen ist durch das noch existierende Archiv der Grundherrschaft Rötha der Konflikt der Braunkohlenindustrie mit den auf agrarischen Strukturen beharrenden Friesens gut nachzuvollziehen. Im Gegensatz zu einer Vielzahl von kleineren Grundbesitzern oder Besitzloser waren hier die Vorgänge gut dokumentiert und der Benutzung im wesentlichen gut zugänglich.

1.3.3 Die Literaturlage

Eine Darstellung zur Wirtschaftsgeschichte Sachsens gibt es noch nicht. Während für das 19. Jahrhundert eine Anzahl bemerkenswerter Studien (auch zeitgenössischer) vorliegt,[48] klammern die bisher zur sächsischen Geschichte

---

47 Vgl. hier die Gutachterdiskussion zur Rauchschädenfrage unter 4.3.4.

48 H. Gebauer, Die Volkswirtschaft im Königreich Sachsen. Historisch, geographisch und statistisch dargestellt, 3 Bde., Dresden 1893; R. Koetzschke/ H. Kretzschmar, Sächsische Geschichte, 2 Bde., Dresden 1935; R. Forberger, Die industrielle Revolution in Sachsen, 2 Bde., Berlin 1982: H. Kiesewetter, Industrielle Revolution in Sachsen 1815-1914, Frankfurt 1989; Ders. Industrialisierung und Landwirtschaft. Sachsens Stellung im regionalen Industrialisierungsprozeß Deutschlands im 19. Jahrhundert, Köln, Wien 1988.

erschienenen Arbeiten diesen Aspekt gerade für das 20. Jahrhundert weitgehend aus.[49] Erst in jüngster Zeit ist diese Problematik stärker in das Blickfeld historischer Forschung gerückt.[50]

Dies gilt erst recht für umweltgeschichtliche Studien, die gerade für Sachsen, einer früh- und hochindustrialisierten Region, von besonderer Bedeutung wären und reiche Ergebnisse erwarten lassen, wie erste Arbeiten zum 19. Jahrhundert zeigen.[51] Es erstaunt daher nicht, daß auch eine historische Darstellung zur Entwicklung des nordwestsächsischen Braunkohlengebietes bislang völlig fehlt. Allerdings hat der politische und damit auch wirtschaftliche Umbruch 1989/90 dazu geführt, daß eine große Anzahl von aktuellen Bestandsaufnahmen vorgenommen wurde, um den Ausgangspunkt für die weitere Entwicklung dieser Region zu bestimmen.[52] Gleichzeitig ist viel, wenn auch

---

49 K. Czock(Hg.), Geschichte Sachsens, Weimar 1989.

50 W. Bramke, Die Industrieregion Sachsen 1800-1945. Eine sozialgeschichtliche Studie, in: R. Schulze(Hg.) Strukturwandel in alten Industrieregionen - Historische Voraussetzungen und Verlaufsmuster im europäischen Vergleich, Essen 1992; W. Bramke u.a., Sachsens Wirtschaft im Wechsel politischer Systeme im 20. Jahrhundert. Strukturelle Entwicklung und soziale Problemfelder vom Ausgang der Ersten Weltkrieges bis in die frühen 60er Jahre, Leipzig 1992; Projekt "Sachsen im 20. Jahrhundert. Politische, wirtschaftliche und soziale Wandlungen in einer alten Industrieregion" Jahresbericht September 1993/ August 1994; Leipzig 1994, W. Bramke/ U. Heß, Sachsen und Mitteldeutschland. Politische, wirtschaftliche und soziale Wandlungen im 20. Jahrhundert, Weimar, Köln. Wien 1995.

51 Zur Problematik des Hüttenrauches im 19. Jahrhundert z.B.: A. Anderen/ R. Ott/ E. Schramm, Der Freiberger Hüttenrauch 1849-1865. Umweltauswirkungen, ihre Wahrnehmung und Verarbeitung, in: Technikgeschichte Bd. 53(1986) S. 170ff.

52 Ökologisches Sanierungskonzept für den Kreis Borna. Erfassung, Bewertung und zusammenhängende Darstellung des Ausgangszustandes, Borna 1990; H. Neumeister (Hg.): Ausgewählte geoökologische Entwicklungsbedingungen Nordwestsachsens (ehemaliger Bezirk Leipzig), Leipzig 1991; Aktionsprogramm ländlicher Raum als Beitrag zur landschaftgestalterischen agrarökonomischen und dörflich-siedlungsstrukturellen Erneuerung für einen ländlichen Raum mit Zukunft. Dorfentwicklung, Land- und Forstwirtschaft in Braunkohlelandschaften. Bereich Delitzsch, Bereich Borna, Bereich Oberlausitz, Dresden 1993.
Einen kurzen historischen Rückblick bietet: U. Bischoff u.a., Soziale Brüche und ökologische Konflikte in einer ländlichen Industrieregion: Der Südraum Leipzig, UFZ-Bericht 2/1995.

vorzugsweise publizistisch, über die Umweltverschmutzung in der DDR und eben auch im Leipziger Südraum veröffentlicht worden. Die historische Perspektive dieser Diskussion reichte aber jeweils nur wenige Jahre oder günstigstenfalls 2-3 Jahrzehnte zurück.

Es ergibt sich die Frage, unter welchen Bedingungen im Verlauf der Industrialisierung tatsächlich Umweltbelastungen auftraten und welche Periodisierung man unter dem Aspekt der Umweltgeschichte vornehmen müßte. Historische Arbeiten, die empirisch fundiert diesen Aspekt untersuchen, existieren bisher nicht. Gegenstand der historischen Forschung ist das Gebiet nur bezüglich der Arbeiterbewegung sowie aus wirtschaftsgeschichtlicher Sicht bezüglich der Zentralisation und Konzentration von Arbeit und Kapital gewesen.[53]

Macht man sich allerdings die Mühe, in anderen Wissenschaftsbereichen nach einschlägigen Arbeiten zu suchen, ist man erstaunt, welche Fülle an Untersuchungen vorliegt, die bisher von Historikern nicht wahrgenommen worden ist. Der größte Teil dieser Studien bezieht sich zwar auf die Zeit nach 1945[54], dennoch liegen auch aus den Jahren zuvor Untersuchungen zu verschiedenen Teilgebieten vor. Es entstanden außerdem in den 50er Jahren Arbeiten, deren Datengrundlage auch vor 1945 liegt.[55]

---

53 H. Czihak, Zur Geschichte der Konzentration und Zentralisation des Kapitals und der Produktion im Braunkohlenbergbau von 1902 bis 1939, Diss., Berlin 1963;
R. Kornprobst, Leben und Kampf im nordwestsächsischen Braunkohlerevier in der Zeit der relativen Stabilisierung des Kapitalismus (1924-1927), Diss. Leipzig 1964;
S. Pach, Einige Aspekte der Herausbildung des Staatseigentum an Produktionsmitteln im Imperialismus - dargestellt an der Entstehung und Rolle der Aktiengesellschaft Sächsische Werke, Diss., Freiberg 1974;
S. Zimmermann, Die Geschichte des Kombinatsbetriebes "Otto Grothewohl" Böhlen im VEB Petrolchemischen Kombinat Schwedt, Diss., Freiberg 1970.

54 R. Holzapfel, Der Braunkohlenbergbau im Bezirk Leipzig, sein Einfluß auf die sozialistische Landwirtschaft unter Beachtung der Entwicklung einer den territorialen Bedingungen entsprechenden Bergbaufolgelandschaft, Halle 1988.

55 J. Seidemann, Der Einfluß des Bergbaues in Nordwestsachsen auf die landwirtschaftlichen Erträge insbesondere durch Wiederzufüllung der Tagebaue und durch Rauchschäden, Diss., Leipzig 1952;
W. Hermann, Das Kapital im mitteldeutschen Braunkohlenbergbau, Leipzig 1930;
A. Frh. v. Hammerstein, Die Entwicklung der Landwirtschaft in Nordwestsachsen und ihre Beziehungen zum Braunkohlenbergbau, Diss., Leipzig 1933;
W. Sinkwitz, Die mitteldeutsche Braunkohlenlandschaft, Diss., Leipzig 1935.

Bei der Literaturzusammenstellung ist zu beachten, daß nicht nur das engere Untersuchungsgebiet Berücksichtigung finden muß, sondern darüber hinaus reichende Analysen zum gesamten Halle - Leipziger Industriegebiet oder ggf. zu anderen Gebieten Mitteldeutschlands, die ebenfalls monostrukturell auf der Grundlage der Braunkohle entwickelt sind und großenteils ähnliche Probleme aufweisen.[56] Spezielle umweltrelevante Abhandlungen finden sich z. B. in der geographischen Forschung. Hier wurden teilweise schon sehr früh Auswirkungen der industriellen Entwicklung auf die Umwelt sowie deren zeitgenössische Perzeption reflektiert.[57]

Einige der genannten Arbeiten (ein Anspruch auf Vollständigkeit soll damit nicht erhoben werden) weisen eine wertvolle Materialfülle auf. Allerdings darf nicht unbeachtet bleiben, daß sie teilweise stark durch den jeweils herrschenden „Zeitgeist" geprägt sind und ihre Deutungsmuster heutigen Ansprüchen nicht genügen können. Neben deutlichen Zugeständnissen an politisch gesetzte Richtlinien ist dabei zu erkennen, daß Umweltbeeinträchtigungen in den historischen Arbeiten beispielsweise gar nicht reflektiert worden sind. In den (z. B. geographischen) Arbeiten, die Umweltprobleme thematisieren, werden sie als solche zwar wahrgenommen und beschrieben, ihre Existenz aber als praktisch unabwendbar angesehen, bzw. jeweils als anderen politischen Umständen geschuldet betrachtet. Die Frage nach alternativen Entwicklungs möglichkeiten wurde darin nicht gestellt.

---

56 H. Barthel, Braunkohlenbergbau und Landschaftsdynamik. Ein Beitrag zur Beeinflussung der Kulturlandschaft in Braunkohlenrevieren am Beispiel des Zeitz-Meuselwitzer Reviers, Gotha 1962.
H. Bodenschatz/ H. Brückner/ H. Kegler/ M. Stein, Industrielles Gartenreich Dessau-Bitterfeld-Wittenberg, in: Stadtbauwelt 24/1991, S. 1284-1293.

57 F. Hönsch, Der Industriekomplex Böhlen - eine ökonomisch-geographische Untersuchung unter besonderer Berücksichtigung der historisch-geographischen Entwicklung, Diss., Potsdam 1968.

2 ZUR GESCHICHTE NORDWESTSACHSENS UND DER BRAUNKOHLENINDUSTRIE BIS INS ERSTE JAHRZEHNT DES 20. JAHRHUNDERTS

2.1 Geographische und geologische Einordnung

Die Entwicklung der Braunkohlengewinnung und Braunkohlenverarbeitung rief in der Kulturlandschaft des Leipziger Südraumes immense Veränderungen hervor. Um diesen Prozeß deutlich zu machen, ist es unerläßlich, einiges zur Vorgeschichte zu bemerken und das Gebiet näher zu charakterisieren. Zum besseren Verständnis sollen geographische und geologische Besonderheiten Erwähnung finden. Vor allem aber wird ein kurzer Abriß der Geschichte des betreffenden Gebietes und der historischen Entwicklung der Braunkohlenindustrie bis zu ihrem Durchbruch im Borna - Leipziger Revier vorangestellt.

Das für die Arbeit herangezogene Gebiet liegt im Nordwesten des ehemaligen Königreiches Sachsen bzw. des Freistaates Sachsen. Nach seiner politischen Gliederung ist es der ehemaligen Amtshauptmannschaft Borna und dem südlichen Teil der Amtshauptmannschaft Leipzig zugeordnet. Landschaftsgeographisch gehört es zur Leipziger Tieflandsbucht bzw. zum Übergangsgebiet des sächsischen Hügellandes zur Leipziger Tieflandsbucht. Die geologische Besonderheit dieses Gebietes, die im 20. Jahrhundert so enorm landschaftsverändernden Charakter entwickeln sollte, besteht in der geschlossenen Verbreitung ausgeprägter tertiärer Ablagerungen, der Braunkohle.

Die Lagerstätten dieses Gebietes entstanden etwa im Obereozän bis Mitteloligozän. Sie sind Bestandteil großer Braunkohlenvorkommen, die vom Harz und Thüringer Wald aus bis zur Elbe reichen. Im geologischen Bau weist das nordwestsächsische Revier weitgehende Übereinstimmung mit den angrenzenden Lagerstätten auf.[58] Die Einteilung in verschiedene Reviere richtet sich mehr nach der politischen Gliederung des Landes bzw. ist eine Verwaltungsfrage.

Im Norden grenzt das nordwestsächsische oder Borna - Leipziger Braunkohlenrevier genannte an das Hallesche Revier, im Westen an das Zeitz - Weißenfelser und im Süden an das Meuselwitz - Altenburger Revier. Östlich sind die Lagerstätten etwa durch die Linie Frohburg - Lausick -

---

58 F. Etzold, Die Braunkohlenformation Nordwestsachsens Leipzig 1912, S. 32.

Naunhof - Brandis - Wurzen - Eilenburg zu begrenzen, wobei Eilenburg bereits zu preußischem Territorium gehörte.

Die Braunkohlenvorkommen in der Leipziger Tieflandsbucht erstrecken sich über eine Fläche von ca. 2 500 bis 2 700 km². Die Braunkohle lagert hier in 3 Schichten, dem Ober-, Haupt- und Unterflöz. Diese sind durch Sand-, Kies- oder Tonablagerungen voneinander getrennt. Die Flöze, die größtenteils flach gelagert sind, fallen nach Norden hin allmählich ab. Wirtschaftlich am bedeutsamsten ist das ca. 14-16 m mächtige Hauptflöz. Das nur im Süden vorkommende Unterflöz von nur geringer Mächtigkeit reicht etwa bis zur Linie Pegau - Lobstädt und wurde vor dem 2. Weltkrieg nur in Regis und Deutzen abgebaut.[59]

Die Oberfläche des Gebietes wird charakterisiert durch 2 große Flußauen, die der Weißen Elster, die südlich von Pegau in sächsisches Gebiet eintritt und die der Pleiße, die von Altenburg kommend über Rötha und Markleeberg Leipzig erreicht. Beide Flüsse vereinigen sich im Stadtgebiet Leipzigs. Das von Elster und Pleiße beschriebene Dreieck, einschließlich ihrer zahlreichen Nebenarme wie Schnauder, Eula oder Wyhra bildet das engere Untersuchungsgebiet.

Abgesehen von der Braunkohle verfügt das Gebiet kaum über nennenswerte Bodenschätze. Mit Ausnahme einiger Ton- und Kiesgruben, die lokal durchaus bedeutsam sein konnten und der Sandgewinnung (u. a. auch Formsand für die Eisengießerei), wurde das Land überwiegend landwirtschaftlich genutzt. Die Voraussetzungen hierfür waren ausgezeichnet. Die vorherrschende Bodenart des nordwestsächsischen Raumes war Geschiebelehm. An zweiter Stelle rangierten Löß- und Lößlehmböden.

Südlich von Borna zeigte sich z. B. dieses Bild: Unter einer 30 cm starken Lößlehmschicht befanden sich 1,10 m Geschiebelehm. Das obere Braunkohlenflöz wurde bei 4,85 m erreicht, das allerdings nicht einmal 2 m dick war. Nach einem starken Zwischenmittel aus Ton lagerte das Hauptflöz bei 22 m bis 35,10 m Tiefe.

Die Bohrung bei Gestewitz (Rötha) ergab eine 4 m dicke Auenlehmschicht. Unter Ablagerungen aus Meeressand und Ton erreichte man bei einer Tiefe von 31,80 m das Braunkohlenflöz von 11 m Stärke.[60]

---

59 K. Pietzsch, Geologie von Sachsen, Berlin 1963 S. 430.

60 J. Seidemann, Der Einfluß des Bergbaues ... , a. a. O., S. 4f.

Die hier zu findenden Kohle wies etwa folgende Zusammensetzung auf:[61]

54 %	Wasser
4 %	Asche
42 %	brennbare Substanz

Letztere setzte sich zusammen aus etwa:

70 %	Kohlenstoff
6 %	Wasserstoff
21 %	Sauerstoff und Stickstoff
3 %	Schwefel

Die Analyse der Rohkohle des Tagebaus Böhlen ergab ähnliche Werte.[62]

Der relativ hohe Schwefelgehalt der Braunkohle in diesem Gebiet[63] sollte besonders bei deren massenhaften Verbrauch noch zu großen Problemen führen, denn eine wirksame Rauchgasentschwefelung wurde im Untersuchungszeitraum nicht einsatzfähig entwickelt.

2.2 Landwirtschaft als bestimmender Wirtschaftszweig im 19. Jahrhundert

Jahrhundertelang gehörte das Gebiet südlich von Leipzig zu den fruchtbarsten Sachsens. Die Bodenverhältnisse waren gut, auch wenn sie sich nicht mit denen der Lommatzscher Pflege messen konnten. Der Landeskulturrat Sachsens zählte die Amtshauptmannschaften Leipzig und Borna noch Mitte der

---

61 Handbuch für den deutschen Braunkohlenbergbau 1. Bd. Halle 1927, S. 198.

62 Rohkohle Tagebau Böhlen:

Wasser	53 %
Asche	5 %
Kohlenstoff	29,5 %
Wasserstoff	2,5 %
Schwefel	1,25 %
Sauerstoff und Stickstoff	8,75 %

sowie einen oberen Heizwert von 3 000 kal/kg bzw. einen mittleren Heizwert von 2 500 kal/kg; Sächsisches Staatsarchiv (SStA) Leipzig , ASW Böhlen 1187.

63 Zum Schwefelgehalt der Braunkohle aus verschiedenen Revieren: Handbuch für den deutschen Braunkohlenbergbau, 1. Bd., Halle 1927, S. 99;123; 149; 166; 198.

20er Jahre zu den 6 von der Natur besonders begünstigten des Landes.[64] Große Flächen waren mit Lößlehm bedeckt, der vor allem westlich der Elster sowie im Süden von der Landesgrenze her bis Bösdorf und Eythra vorkam.[65] Deshalb befand sich hier eines der bedeutendsten Getreideanbaugebiete Sachsens. Zwischen 30 und 40 % der landwirtschaftlich genutzten Fläche wurden für Brotgetreide genutzt. Nach der Lommatzscher Pflege, wo auf über 28 % der landwirtschaftlichen Nutzfläche Weizen angebaut wurde, war die Gegend das zweitgrößte Weizenanbaugebiet mit immerhin über 20 % Anteil. Die Spitzenerträge im Leipziger Tiefland lagen bereits in den 20er Jahren bei 30 Dezitonnen pro Hektar.[66]

Durch die Mitteldeutsche Landesplanung wurden die Amtshauptmannschaften Leipzig und Borna nach ihren landwirtschaftlichen Verhältnissen etwa an der Linie Leutzsch - Leipzig - Liebertwolkwitz - Rötha - Borna - Frohburg getrennt und der westliche Teil einschließlich der genannten Orte dem Halleschen Rübenanbaugebiet und der östliche Teil dem Sächsischem Flachland zugeordnet. Im Westen gedieh die anspruchsvolle Zuckerrübe gut, insbesondere westlich der Elster, wo sich die Vorzüge des guten Bodens mit dem der geringen Niederschlagsmenge von durchschnittlich weniger als 600 mm im Jahr paarten. Darüber hinaus produzierte das mitteldeutsche Gebiet, auf den großen Nahrungsmittelbedarf durch die hohe Bevölkerungsdichte eingestellt, erhebliche Überschüsse, besonders an Getreide.[67]

Auch der durch die zahlreichen Flüsse - besonders der Elster und Pleiße - verbreitete Auelehm war ein wertvoller Boden. Durch die jährlichen Überschwemmungen war er außerordentlich nährstoffreich. Ob seiner Feuchtigkeit eignete er sich allerdings nicht zum Getreideanbau und wurde vorwiegend als Wiese genutzt. Die Weiden dienten vor allem der Rinderhaltung, machte doch die Nähe zur Großstadt Leipzig die Milchwirtschaft zu einem einträglichen Geschäft. Dies hatte um so mehr Bedeutung, als die sächsische Großstadt Leipzig seit 1815 in nördlicher und westlicher Richtung kein Hinterland mehr besaß und sich ihre Beziehungen dadurch vorwiegend auf den Südraum konzentrierten. Etwa 70 % des

---

64 B. W. Schöne, Die sächsische Landwirtschaft bis zum Jahre 1925 sowie Einrichtungen und Tätigkeit des Landeskulturrates Sachsen, Dresden 1925, S. 54.

65 A. Frh. v. Hammerstein, Die Entwicklung der Landwirtschaft in Nordwestsachsen ..., a. a. O., S. 9.

66 E. Neef, Studien zur Landwirtschaftsgeographie von Sachsen, Dresden 1935, S. 31ff.

67 Vgl.: Landesplanung im engeren mitteldeutschen Industriebezirk. Ihre Grundlagen, Aufgaben und Ergebnisse, Merseburg 1932, Karte 8.

Rinderbestandes der Amtshauptmannschaft Leipzig waren Milchkühe. Der Anteil lag in der Amtshauptmannschaft Borna immerhin noch bei 63 %, wobei vor allem verkehrsgünstig gelegene Höfe sich der Milcherzeugung zuwandten.[68]

Auch für den Absatz von Gemüse war die Lage der landwirtschaftlichen Betriebe günstig, doch bedingten die klimatischen Verhältnisse einen etwas verzögerten Eintritt der Vegetation, so daß nur einige bevorzugte Insellagen aussichtsreiche Chancen boten. Das waren vor allem die Gebiete um Rötha - Gaulis und Borna. Aber auch über das weiter nördlich gelegene Rüben wird berichtet: „Der Boden brachte den Bauern einst gute Ernten. Im 18. Jahrhundert baute man in Rüben noch Wein an. Den Hauptanteil hieran hatte das Rittergut, das einst einen 16 m langen Weinkeller besaß.“[69]

Die sächsische Landwirtschaft war insgesamt in der Mitte des 19. Jahrhunderts bereits auf einem hohen Niveau. Die relativ frühe Industrialisierung Sachsens hatte einen entsprechend geringen Anteil von Erwerbstätigen in der Landwirtschaft zur Folge. 1882 betrug der Anteil der Berufszugehörigen der Land- und Forstwirtschaft in Sachsen nur noch 20 %, im Reich dagegen durchschnittlich 42,5 %. Bis 1907 sank er in Sachsen auf 10,7 %. Der Reichsdurchschnitt lag mit 28,6 % immer noch höher als der Wert Sachsens 25 Jahre früher.[70]

Gleichzeitig wuchs die Bevölkerung beträchtlich. Mit einem durchschnittlichen Bevölkerungswachstum von jährlich 1,48 % in den Jahren 1830 bis 1871 wies Sachsen den höchsten Wert innerhalb der deutschen Staaten auf. Dies mußte eine intensive Bewirtschaftung des Bodens anregen. Unter dem Druck steigender Bevölkerungszahlen wandte sich die sächsische Landwirtschaft früh der künstlichen Düngung sowie der Verwendung von Maschinen zu. So wurde 1845 an der Landwirtschaftlichen Akademie in Tharandt z. B. ein Lehrstuhl für Agrikulturchemie eingerichtet. Sächsische Landwirte verwendeten mehr Maschinen als im übrigen Reich. 1882 waren es

---

68 A. Frh. von Hammerstein, Die Entwicklung der Landwirtschaft ... , a. a. O., S. 15. Es wurden auch spezielle Produktionsnischen besetzt, die eine besonders hohe Qualität voraussetzten. So war das Rittergut Rüben auf die Kindermilchproduktion spezialisiert. Die Kühe wurden durch das Hygienische Institut der Universität Leipzig untersucht: Sächsisches Hauptstaatsarchiv Dresden, Wirtschaftsministerium Nr. 1236, Bl. 48.

69 O. Fritzsche, Rüben und Stöhna im Landkreis Borna. Aus Vergangenheit und Gegenwart, Böhlen 1956, S. 7.

70 H. Kiesewetter, Industrie und Landwirtschaft ... , a. a. O., S. 243.

9,74 % (7,4 %) der Betriebe und 1895 bereits 19,8 % (16,4 %).[71] Der Ausnutzungsgrad des Bodens lag Mitte des 19. Jahrhunderts höher als die Durchschnittswerte Deutschlands 20 Jahre später.[72] Diese Aussagen treffen für Nordwestsachsen, wo im Gegensatz zu Erzgebirge und Erzgebirgsvorland mittel- und vor allem großbäuerlicher Besitz eindeutig überwog, in besonderem Maße zu. In der Kreishauptmannschaft Leipzig ergaben sich 1925 folgende Anteile der Betriebsgrößen an der landwirtschaftlichen Nutzfläche:[73]

bis 5 ha	8,6 %
5 - 20 ha	33,8 %
20 - 100 ha	36,8 %
über 100 ha	20,8 %

Daß diese intensive Landwirtschaft perspektivisch ebenfalls ökologische Probleme mit sich brachte, die aus heutiger Sicht untersucht werden müssen, soll hier angemerkt werden. Sie können aber in dieser Arbeit nicht analysiert werden, da sie im Untersuchungszeitraum noch nicht relevant waren. Außerdem hat der prägende Einfluß des Braunkohlenbergbaus diese Problemstellung stark überlagert.

Neben der intensiven Landwirtschaft, die im Leipziger Südraum vorherrschend war, umgaben die Stadt Leipzig eine ganze Anzahl von Städten mit einer jahrhundertelangen Kulturtradition wie z. B. Borna, Groitzsch, Frohburg, Pegau und Zwenkau. Letztere war im Mittelalter als große Konkurrentin Leipzigs aufgetreten. Ende des 17. Jahrhunderts hielt Zwenkau noch eigene Messen ab.[74]

Neben diesen bedeutenderen Städten wurde die Landschaft vor allem von überaus zahlreichen kleinen Dörfern bestimmt, deren Existenz und Lebensrhythmus insbesondere von dem weitverzweigten natürlichen und künstlich angelegten Wassersystem abhing. Obwohl die Bevölkerungsdichte in diesem Raum im Vergleich mit anderen sächsischen Gebieten nicht sehr hoch war, finden sich außerordentlich viele, aber eben sehr kleine Ortschaften. Siedlungen mit 100 bis 200 Einwohnern, die häufig nur 1 km voneinander entfernt waren, reihten sich perlenschnurartig entlang der Wasserläufe.

---

71 F. Wünsch, Strukturveränderungen in der sächsischen Landwirtschaft seit der Mitte des 19. Jahrhunderts, Bleicherode 1936, S. 44f. In () Anteil im Reichsdurchschnitt.

72 H. Kiesewetter, Industrielle Revolution in Deutschland ... , a. a. O., S. 101.

73 B. W. Schöne, Die sächsische Landwirtschaft ... , a. a. O., S. 65.

74 Dr. Buschik/ H. Ulbricht, Die Leipziger Tieflandsbucht, Meißen 1906, S. 54.

Das ortsansässige Gewerbe hier trug traditionell handwerklichen Charakter und war auf den lokalen Absatz ausgerichtet. In den größeren Orten, besonders den Städten war die Produktion bereits spezialisiert und für ein breiteres Absatzgebiet gedacht. Um 1800 stellte man in Frohburg z. B. Wollzeug, Kamelhaarzeug, Leinwand, Barchent, Strümpfe und Hüte her. Auch in Rötha gab es Wollspinnerei und Zeugweberei.[75] In Borna arbeiteten 1849 u. a. 21 Webermeister und 100 Schumachermeister, Frohburg wies zur gleichen Zeit 143 Webermeister und eine Tuchfabrik auf.[76]

Vor allem seit der zweiten Hälfte des 19. Jahrhunderts wurde durch den steigenden Bedarf der wachsenden Großstadt Leipzig Baumaterial zu einem beachtlichen Wirtschaftsfaktor dieser Gegend, zumal hier eine gute Rohstoffsituation bestand. Der zähe Auelehm eignete sich vorzüglich für die Ziegeleien, in besseren Lagen auch für die Tonwarenherstellung.

2.3 Der sächsische Bergbau und die Gewinnung und Verwendung von Braunkohle

Der Bergbau hat in Sachsen bekanntermaßen eine große Tradition. Der Silbererzbergbau des 15. und 16. Jahrhunderts im oberen Erzgebirge brachte solche Städte wie Marienberg, Schneeberg oder Annaberg zu großer Blüte.[77] Innerhalb weniger Jahre wuchsen sie zu den größten Sachsens heran und hoben sich in ihrer Sozialstruktur wesentlich von mittelalterlichen Städten ab. Auch der Zinn- und Eisenerzbergbau wurde umfangreich betrieben.

Schon zu dieser Zeit machte sich aber auch der schädliche Rauch der Erzverhüttung bemerkbar. „... es ist der wilde giftige Rauch von Brenn-Oefen weg in die freye Lufft geflogen/ dabey aber denen anliegenden Feldern und Vieh-Weiden mercklicher Schaden geschehen.“, heißt es in einer Schrift aus dem Jahr 1700.[78] Die Metallurgie war es auch, die einen bedeutenden Ansatz für die Verwendung von Steinkohle schuf, die etwa seit der Mitte des 18. Jahrhunderts das knapper werdende Holz ersetzte. Ob es allerdings der allgemeine Holzmangel war, der um die Wende vom 18. zum 19. Jahrhundert

---

75 Zeitschrift des Sächsischen Statistischen Landesamtes (ZSStLA) 1902, S. 35.

76 Ebenda, S. 40ff.

77 Dazu: M. Bachmann (Hg.), Der silberne Boden - Bergbau und Kunst in Sachsen, Stuttgart, Leipzig 1990.

78 Zitiert nach: A. Andersen/ R. Ott/ E. Schramm, Der Freiberger Hüttenrauch ... , a. a. O, S. 172.

den Übergang zur umfassenden Kohlennutzung bewirkte, ist umstritten. Insbesondere Joachim Radkau wies nach, daß die Klagen über Holzmangel oft „als Argument fast so vielfältig zu verwenden“ gewesen seien, wie der Rohstoff selbst.[79] Andererseits muß für Sachsen in Betracht gezogen werden, daß das Land 1815 ausgedehnter waldreicher Gebiete verlustig ging, die an Preußen fielen. So kann es nicht erstaunen, daß der sächsische Staat gerade zu Beginn des 19. Jahrhunderts die Verwendung von Holzsurrogaten besonders förderte.

Das Montanwesen war auch der erste Wirtschaftszweig, der stark von der Wissenschaft durchdrungen wurde. 1765 wurde in Freiberg die Bergakademie gegründet, die erste montanwissenschaftliche Hochschule der Welt. Unterlag der Erzbergbau dem Bergregal, d. h. nur der Staat hatte das Abbaurecht, traf dies zunächst für den Kohlenbergbau nicht zu. Laut sächsischem kurfürstlichem Mandat vom 19. August 1743 lag die Kohle in der Verfügung des Grundeigentümers. Machte dieser von seinem Vorzugsrecht keinen Gebrauch, konnten andere Interessenten um eine Abbaukonzession nachsuchen. Eine Mutung beim zuständigen Bergamt war dafür nicht erforderlich. Schon hieran wird deutlich, daß der Staat daran interessiert war, die Kohleförderung zu beleben. Rechtlich wich der Kohlenbergbau in Sachsen auch in anderen Fragen ab. So waren keine wie im Regalbergbau üblichen Abgaben zu leisten, und die Bergarbeiter unterstanden der zivilen Gerichtsbarkeit.[80] Das Allgemeine Berggesetz für das Königreich Sachsen vom 16.06.1868 hob die faktische Abbaupflicht für den Grundeigentümer wieder auf. Das Interesse an der Kohle war bereits so groß, daß keine staatliche Förderung mehr notwendig erschien. Die Folge des Grundeigentümerbergbaus waren zahlreiche sogenannte Bauerngruben, mittels derer sich die Grundeigentümer mit Brennmaterial für ihren eigenen Bedarf versorgten.

Wie lange Braunkohle in Sachsen bereits als Brennmaterial Verwendung fand, läßt sich heute nicht mehr mit Bestimmtheit feststellen. Die erste urkundliche Erwähnung einer Grube in Mitteldeutschland stammt aus dem Jahr 1672, in dem der Altenburger Arzt Pilling das Recht des Kohlenabbaus erhielt. Dieser hatte bereits 1670 bei Meuselwitz (Seit 1554 Herzogtum Sachsen - Altenburg) „brennbare Erde“ gefunden und am 4.8.1671 um ein Privileg auf Schwefelvitriol und Alaunerze nachgesucht. Er erhielt das gewünschte Privileg, das am 2.12.1672 auf Steinkohlen und alle „Terras

---

79 J. Radkau/I. Schäfer, Holz, ein Naturstoff in der Technikgeschichte, Hamburg 1987, S. 155.

80 H. Baumgärtl, Bergbau und Absolutismus. Der sächsische Bergbau in der zweiten Hälfte des 18. Jahrhunderts und Maßnahmen zu seiner Verbesserung nach dem Siebenjährigen Krieg, in: Freiberger Forschungshefte D44 Leipzig 1963, S. 15f.

sulphureas bituminosas" erweitert wurde. Der Begriff Steinkohle wurde allerdings nicht im heutigen Sinne des Wortes verwendet.[81] Außerdem tauchen bis in das 19. Jahrhundert hinein für Braunkohlen die vielfältigsten Bezeichnungen auf, die bei einem modernen Leser viel Irritation hervorrufen können. Als Beispiele seien genannt: fossile Holzkohle, Erdkohle, Moorkohle, schwarze Kreide, Braunerdkohle, Bergkohle, fossiles Holz, Kohle sowie Steinkohle und Torf.[82] Eine genaue Analyse der Energiegrundlage von einzelnen Betrieben ist daher erschwert.

Bedenkt man diese - hier nur auszugsweise wiedergegebene - Vielfalt von Bezeichnungen, so ist zumindest fraglich, ob die von Rudolf Forberger getroffene Aussage, daß in Sachsen zwischen 1800 und 1830 keine Verwendung von Braunkohle für die Feuerung von Dampfmaschinen nachgewiesen sei, aufrecht erhalten werden kann. Er selbst belegt immerhin von 17 ausgewiesenen Dampfmaschinen 2 mit den Brennmaterial „Torf" mit einen Verbrauch von täglich 1200 Ziegel, die 1802 bzw. 1805 in den Eisenwerken des Grafen Detlev von Einsiedel in Lauchhammer zum Wasserheben verwendet wurden.[83] Die frühzeitige Verbindung von Braunkohlen und Dampfmaschinen könnte als Indiz dafür gewertet werden, daß die Braunkohle bereits für den Beginn der industriellen Revolution in Sachsen eine gewisse Bedeutung besaß.

Unumstritten ist, daß Braunkohle in dieser Zeit bereits auf lokaler Ebene in Handwerksbetrieben wie Bäckereien, Brauereien, Kalkbrennereien, Papiermühlen, Schmieden oder Ziegeleien Verwendung fand. Forberger berichtet von Prämienzahlungen, für den Einsatz von Braunkohle in der Branntweinbrennerei und in einer Kalk- und Ziegelbrennerei.[84]

Wenn die Verwendung von Braunkohle staatlicher Förderung bedurfte, scheint deren Benutzung keinesfalls unumstritten gewesen zu sein. Die Anfänge des Braunkohlenbergbaus wurden von Protesten begleitet. Das Bergwerk des o. g. Arztes Pilling z. B. war Gegenstand eines langwierigen

---

81 Die unterschiedlichen Erdzeitaltern angehörenden Stoffe von Holz bis Graphit unterscheiden sich u. a. im Grad der Inkohlung, wobei Torf, Braunkohle, Steinkohle und Anthrazit entsteht. Dabei handelt es sich um einen Prozeß, der unter Reduzierung von Sauerstoff, Stickstoff und Wasserstoff zu einer Zunahme an Kohlenstoff führt.

82 H. Wilsdorf, Zur Theorie und Praxis der Braunkohlenverwertung um 1800, in Freiberger Forschungshefte A 60, Berlin 1957, S. 159.

83 R. Forberger, Die Industrielle Revolution in Sachsen 1800-1861, Bd. 1, 1. Hb., Die Revolution der Produktivkräfte in Sachsen 1800-1830, Berlin 1982, S. 248ff.

84 Ebenda, S. 372.

Prozesses. Dessen Ergebnis war es, daß das Werk 1678 stillgelegt wurde. In diesem Prozeß wurde u. a. auch über die schädigende Wirkung des Kohlenstaubes geklagt.[85] 1674 beschwerten sich die Mäher der Auewiesen über Verschlammung. Ein Schäfer sagte aus, 18 Jahre lang in der Schnauder gefischt und Krebse gefangen zu haben. Seit aber der „Grubendreck die Krebslöcher verstopfe und das Wasser vergifte", sei seine ursprünglich ertragreichste Stelle nicht mehr lohnend.[86]

Auch die älteste Braunkohlengrube auf Leipziger Gebiet, wo seit 1743 nach Kohlen gegraben und 1786 ein Versuchsschacht niedergebracht wurde, konnte ihren Betrieb nicht lange aufrechterhalten. Der reguläre Abbau in der sogenannten Ratsherrenkiesgrube im Bereich der heutigen Liebigstraße/ Johannisallee begann am 14.7.1800. Die Braunkohle wurde in einer Tiefe von 6 bis 7 m auf einer Fläche von fast 9 ha im Tiefbau abgebaut. Anfangs war die Förderung recht beträchtlich. Innerhalb der ersten 16 Wochen wurden 5 000 Scheffel Knorpelkohle und erdige Braunkohle für 325 000 Doppelziegel sowie ein Vorrat für weitere 100 000 Stück abgebaut. Die Förderleistung ging später zurück. Neben Problemen der Wasserhaltung machte dieser Grube insbesondere der mangelnde Absatz zu schaffen. Die Kohle wies einen hohen Eisenkiesgehalt auf. Bei ihrer Verbrennung entstand ein stechender Schwefeldioxidgeruch, weswegen es in einer Schrift aus dem Jahr 1800 heißt, es würde „für die Gesundheit der Einwohner, welche solcher Kohlen sich zum Heizen bedienen wollen, zuträglicher seyn, wenn solche abgeschwefelt werden, um die Bestandteile des Schwefels und der Vitriolsäure diesen Kohlen dadurch zu benehmen."[87] Die Belästigung durch die Kohlefeuerung empfand man damals als so außerordentlich, daß noch Jahre erforderlich waren um nach Erliegen des Abbaus im Jahre 1809 die restlichen Kohleziegel zu verkaufen.[88] Ähnliches wird über die erste Bornaer Braunkohlengrube (seit 1798) berichtet, wo besonders die Ableitung der Grubenwasser in den Breiten Teich zu Auseinandersetzungen führte.[89]

---

85 H. Wilsdorf, Zur Theorie und Praxis ... , a. a. O., S. 161.

86 H. Meyer, Die Geschichte des Meuselwitzer Braunkohlenbergbaus in: Braunkohle H. 10/1913/14, S. 151.

87 Zitiert nach: Franz Etzold, Die Braunkohlenformation ... , a. a. O. S. 124.

88 H. Rast, Der älteste Leipziger Braunkohlenbergbau, dargestellt unter Berücksichtigung der Ergebnisse von Grundgrabungen für das neue Anatomische Institut der Karl-Marx-Universität in: WZ KMU math.- naturw. Reihe, Heft 4 /1954/55 S. 489. Zum Teil abweichende Angaben bei F. Etzold, Die Braunkohlenformation ... , a. a. O., S. 122ff.

89 Dr. Wenk, Borna im Wandel der Zeiten, Leipzig 1922, S. 95f.

Wurde noch zu Beginn des 19. Jahrhunderts die Braunkohle hauptsächlich als Holzersatz zu Heizungszwecken für Haushalt oder Handwerk eingesetzt, so war ca. 50 Jahre später eine neue Qualitätsstufe erreicht. Zunächst nahm der Verbrauch natürlich durch die vermehrte Ansiedlung von Betrieben rein quantitativ zu. Eine besondere Bedeutung kam in diesem Zusammenhang der Zuckerindustrie zu, die in Mitteldeutschland bereits zur Zeit der Kontinentalsperre einen großen Aufschwung erlebt hatte. Nach kurzem Rückgang wurde seit den 30er Jahren wegen des Getreidepreisverfalls der Zuckerrübenanbau wieder lukrativ. Zwischen 1834 und 1836 wurden in der Kreishauptmannschaft Leipzig 2 Zuckerfabriken gegründet.[90]

Für das benachbarte Hallesche Revier kann die Bedeutung der Zuckerindustrie für die Entwicklung der Braunkohleförderung und -verwendung kaum hoch genug eingeschätzt werden. In Nordwestsachsen spielte dieser Industriezweig jedoch nur eine untergeordnete Rolle, wobei die Entwicklung der Braunkohlenindustrie im Nachbarrevier immer auch einen mittelbaren Einfluß auf das sächsische Gebiet hatte. 1860 fanden bereits 58 % der mitteldeutschen Rohkohleförderung in der Zuckerindustrie Verwendung.[91] Für die nordwestsächsische Braunkohle sind aber erst die 1883 gegründeten Zuckerfabriken in Döbeln und Markranstädt von Bedeutung.[92]

Nachdem jedoch in der Mitte des 19. Jahrhunderts die technische Absonderung des Bitumens aus der Braunkohle realisierbar geworden war, ergaben sich völlig neue Möglichkeiten ihrer Verwendung. Zahlreiche Betriebe widmeten sich nachfolgend der Herstellung von Solaröl und Paraffin, wie z. B. die 1855 gegründete Sächsisch - Thüringische Aktiengesellschaft für Braunkohlenverwertung mit Sitz in Halle. Allerdings eigneten sich nicht alle Arten von Braunkohle dafür. Entscheidend war der Bitumengehalt der Kohle. Deshalb kam eine chemische Verwertung der nordwestsächsischen Kohle zu diesem frühen Zeitpunkt auch noch nicht in Betracht. Auch im Halleschen Revier kam es durch Fehlspekulationen zu Rückschlägen. Gegen Ende des Jahrhunderts wurde die Weltmarktkonkurrenz durch Erdöl immer stärker. Die chemische Verwertung von Braunkohle verlor vorübergehend wieder an Gewicht. Durch die amerikanische Produktion von Petroleum wurde seit den 60er Jahren die Solarölherstellung in Deutschland unattraktiv. Die zunehmende Weltmarktbeherrschung durch amerikanische Ölprodukte wurde seit den 70er

---

90 H. Kiesewetter, Industrie und Landwirtschaft ... , a. a. O. S. 163.

91 G. v. Geldern-Crispendorf, Die deutschen Industriegebiete, ihr Werden, ihre Struktur, Karlsruhe 1933, S. 83.

92 G. Röllig, Die Wirtschaft Sachsens. Eine geographische Studie, Diss., Leipzig 1928, S. 22.

und 80er Jahren noch durch rumänisches Erdöl verschärft, so daß die mitteldeutsche Kohleveredlungsindustrie nur noch unter weitgehender Abschottung vom Weltmarkt bestehen konnte. 1879 wurde dann auch für die Einfuhr von Petroleum ein Schutzzoll von 6 M pro Doppelzentner eingeführt, eine Entscheidung, die 1885 auf alle Mineralöle ausgedehnt wurde. Für Schmieröle und Paraffin erhöhte sich der Betrag sogar auf 10 M.[93] Selbst unter diesen Bedingungen hatte die Braunkohlenveredlung in den 80er Jahren Probleme. Erst die dramatisch steigende Nachfrage nach Mineralölen infolge der Entwicklung von Verbrennungsmotoren gab ihr wieder Auftrieb.

Eine andere, die mechanische Aufbereitungsart sollte für den sächsischen Teil des mitteldeutschen Braunkohlengebietes zunächst noch größere Bedeutung erlangen. Mit der Entwicklung einer Torfpresse durch Carl Exter (1816-1870) im Jahre 1856 war der Grundstein gelegt, die Braunkohle für Industrie und Hausbrand attraktiver und konkurrenzfähig für Steinkohlen und böhmische Braunkohlen zu machen. Die erste Exterpresse fand 1858 im Halleschen Revier auf der Grube Theodor (seit 1861 Grube von der Heydt) in Ammendorf Anwendung. In Sachsen wurde die erste Presse nachweislich 1867 auf der Grube Heinrich in Langenöls (Oberlausitz) errichtet. Vorher soll es bereits eine in der Nähe von Bautzen gegeben haben, was aber nicht belegt werden kann.[94]

Im Bornaer Revier konnte zu dieser Zeit von Braunkohlebrikettierung noch keine Rede sein. Im Jahre 1865 wurde auf der Grube Gottessegen in Dittmansdorf gerade die erste Naßpreßsteinanlage installiert.[95] Die Herstellung von Naßpreßsteinen war bis dahin die gängige Technologie der mechanischen Verarbeitung. Es wurde ungetrocknete, zerkleinerte Kohle einem Preßzylinder zugeführt und dort verdichtet, der heraustretende Strang wurde dann zerkleinert. Die so produzierten Steine hatten immer noch einen Wassergehalt von 25-30 %.

Erst 20 Jahre später wurde in Altengroitzsch die erste Trockenpresse im Bornaer Revier in Betrieb genommen. Noch bis Ende der 30er Jahre kann man

93 W. Grosse, Die volkswirtschaftliche Bedeutung der sächsisch-thüringischen Braunkohlenteer- und Montanwachsindustrie, Halle 1923, S. 15.

94 E. Rammler/F. Böhme/G. Krumbiegel, Einige Kapitel aus den ersten 30 Jahren der Braunkohlenbrikettierung unter besonderer Berücksichtigung des Pressenbaues, 1. Teil: Über die von 1858-1888 errichteten Brikettfabriken, in: Freiberger Forschungshefte D 125 Leipzig 1980 S. 40.

95 A. Frh. von Hammerstein, Die Entwicklung der Landwirtschaft ... , a. a. O., S. 18.

im Bornaer Revier Naßpreßsteinproduktion nachweisen[96]. Das späte Einsetzen der Brikettierung im nordwestsächsischen Revier dürfte vor allem damit zusammenhängen, daß hier bis in die 90er Jahre Kleinbetriebe vorherrschend waren, für die die Investition in eine Brikettfabrik unerschwinglich war, kostete doch eine Trockenpresse ca. 250 000 Mark.[97] Eine Naßpreßanlage dagegen lohnte sich schon bei einer Jahresförderung von 200 t.[98]

Die Neuerung der Brikettpresse bestand darin, daß die grubenfeuchte, zerkleinerte Kohle zunächst getrocknet und in den Pressen mit sehr hohem Druck gepreßt wurde. Das so hergestellte Produkt hatte nicht nur einen geringeren Wassergehalt und höheren Brennwert, es konnte jetzt auch über wesentlich weitere Strecken transportiert werden.

Dazu trug vor allem auch die rasche Entwicklung des Eisenbahnnetzes bei. In dieser Hinsicht hatte Sachsen eine Vorreiterrolle auf deutschem Territorium inne. 1871 besaß Sachsen nach Hessen - Darmstadt das zweitdichteste Streckennetz Deutschlands. Auf 1 000 Quadratkilometer entfielen 71,7 km Eisenbahnstrecke. Das nur 7 688,4 km² große Hessen - Darmstadt hatte 87,5 km pro 1 000 km²[99]

Bereits am 19.09.1842 war die Strecke Leipzig-Altenburg eröffnet worden, mit der u. a. die Ortschaften Böhlen, Kieritzsch, und Regis-Breitingen Bahnanschluß an die spätere Strecke Leipzig-Hof erhielten. Ab 15.07.1851 war diese Strecke durchgehend befahrbar. Mit dem Anschluß Bornas an Kieritzsch (14.01.1867) und der Fertigstellung der Strecke Borna-Chemnitz über Neukirchen-Wyhra und Frohburg am 08.04.1872 waren die Voraussetzungen für gute Absatzchancen geschaffen. Da die Braunkohlenindustrie zu dieser Zeit jedoch hier noch wenig entwickelt war, konnten diese Vorteile gar nicht genutzt werden und kamen so hauptsächlich den benachbarten Revieren zugute. Außerdem erweiterte sich durch die durchgehende Verbindung von Zwickau über Werdau nach Leipzig das Absatzgebiet der westsächsischen Steinkohlen, was die Absatzbedingungen der Braunkohle eher verschlechterte. Gerade die zunehmende Konkurrenz der sächsischen Steinkohle sowie der Braunkohle aus

96 Jahrbuch für das Berg- und Hüttenwesen des Freistaates Sachsen (JBfBHW) 1938.

97 A. Kleinebeckel, Unternehmen Braunkohle. Geschichte eines Rohstoffs, eines Reviers, einer Industrie im Rheinland, Köln 1986, S. 112.

98 J. Bohl, Historisch ökonomisch-geographische Untersuchung zur räumlichen und chronologischen Entwicklung des Braunkohlenbergbaues in der AH Borna und Teilen des ehemaligen Altenburger Ostkreises im Zeitraum von 1880 bis 1930, Diss., Halle 1987, S. 105.

99 H. Kiesewetter, Industrie und Landwirtschaft ... , a. a. O. 1988, S. 610.

dem Altenburger oder dem Hallenser Raum auf dem bisher sicheren lokalen Markt dürfte aber auch einen gewissen Zwang zu Innovationen ausgeübt haben.

Hinzu kam, daß sich mit zunehmender Industrialisierung auch eine insgesamt steigende Nachfrage nach Brennstoffen ergab, so daß eine beträchtliche Anzahl von Betrieben entstand. Neben der traditionellen Form des Kleinbetriebes, die weiterhin existierte und in Sachsen wegen des Grundeigentümerbergbaus besonders ausgeprägt war, entstanden jetzt auch einige größere Werke. Insbesondere nach dem Deutsch-Französischen Krieg drang das Großkapital in diesen Produktionszweig vor. Die kleinen, nicht mehr konkurrenzfähigen Betriebe wurden aufgekauft und mit dem Einsatz größerer Kapitalmengen gelang es, sie technisch besser auszurüsten und wieder wirtschaftlich zu machen. Dieser Prozeß setzte allerdings wieder zuerst in der Provinz Sachsen und auf Altenburger Gebiet ein, und dauerte im nordwestsächsischen Revier besonders lang.[100]

Die Auswertung der Braunkohlenwerke der Amtshauptmannschaft Borna gemäß ihrer Jahresförderung ergab, daß 1880 hier 29 Bergwerke mit einer Gesamtförderung von 129 231 Tonnen Rohbraunkohle im Jahr existierten. Das waren 21,95 % der Förderung des Königreiches Sachsen. Von ihnen lagen 18 Werke unter einer Jahresförderung von 2 000 Tonnen. Nur 1 Werk ist in die Größenklasse bis 50 000 Tonnen einzuordnen.[101]

---

100 H. Czihak, Zur Geschichte der Konzentration und Zentralisation des Kapitals und der Produktion im Braunkohlenbergbau von 1902-1939, Diss., Berlin 1963, S. 184.

101 J. Bohl, Historisch ökonomisch-geographische Untersuchung ... ,a. a. O., S. 18, 29ff.

3 INDUSTRIALISIERUNG UND UMWELTPROBLEME IM LEIPZIGER SÜDRAUM

3.1 Strukturveränderungen

Die geologischen Bedingungen waren ausschlaggebend dafür, daß sich der Braunkohlenbergbau im nordwestsächsischen Revier in den östlichen Gebieten der Amtshauptmannschaften Leipzig und Borna und der Amtshauptmannschaft Grimma entwickelte. Aufgrund der muldenförmigen Ablagerung der Kohle, die dort, wo sie das mächtigste Flöz entwickelt hatte auch am tiefsten lag, war sie zuerst in den Randbecken des Kohlevorkommens entdeckt worden und konnte mit sehr einfachen Mitteln im Tagebau gewonnen werden. Diese Kohle, die zu Streichziegeln oder (ab 1865 auch) zu Naßpreßsteinen verarbeitet wurde, hatte ausschließlich für den lokalen Markt Bedeutung. Die Gruben waren entsprechend klein, Abraum auch wegen der geringen Deckgebirgsschicht kaum vorhanden oder bestand zumindest aus kulturfähigem Material. Die Beeinträchtigung der Umwelt war demgemäß nicht von besonderer Bedeutung.

Da überdies in der Regel der Grundeigentümer den Bergbau betreiben ließ und der Kapitaleinsatz damit gering bleiben mußte, war eine entscheidende Veränderung in der Technologie auch nur schwer möglich. Noch 1896 gab es unter den Werken der beiden Amtshauptmannschaften nur 2 Aktiengesellschaften. Das waren die Leipziger Braunkohlenwerke AG in Kulkwitz mit 167 Arbeitskräften und einer Förderung von 141 787 t sowie der Glückaufschacht in Blumroda mit 80 Arbeitskräften und 84 532 t geförderter Kohle. Dagegen gehörten von den 28 betriebenen Gruben 21 einem persönlichem Besitzer. 5 davon beschäftigten nur einen Arbeiter. Die Förderung dieser Werke betrug zwischen 20 und 450 t/a.[102] Der Anteil der beiden Aktiengesellschaften an der Gesamtförderung des Gebietes lag bei 64 %. Außerdem gab es noch 2 Gewerkschaften und zwar in Gnandorf und Borna - Lobstädt. Der Anteil dieser beiden Werke an der Förderung betrug aber nur 9,77 %.

Innerhalb der 90er Jahre setzten sich hier auch die einschneidenden Veränderungen durch, die etwa 20 Jahre vorher bereits in den benachbarten Revieren begonnen hatten. Mit dem allgemeinen Übergang zum Abbau unter Tage ließen sich auch Lagerstätten erschließen, deren Deckgebirge zu mächtig war, um es im Handbetrieb abzuräumen. Die unter Tage fördernden Gruben -

102 Jahrbuch für das Berg- und Hüttenwesen im Königreiche Sachsen (JBfBHW) 1897, S. B 12ff.

1896 waren es 12 und ein gemischter Betrieb - stellten im Durchschnitt mehr Arbeiter ein und hatten eine größere Förderleistung. Da der unterirdische Abbau qualifizierter Bergleute bedurfte, stellte sich schon bald ein erheblicher Mangel an Arbeitskräften ein. Die Werke sahen sich veranlaßt, „besondere Maßregeln" zu ergreifen, worunter man den Bau von Mannschaftsräumen verstand; d. h.. es wurden Massenquartiere errichtet, um die zugezogenen Arbeitskräfte, die in den Ortschaften sonst keinen Wohnraum fanden, in der Nähe der Gruben unterzubringen.[103]

Die Braunkohlenförderung im Königreich Sachsen steigerte sich in der zweiten Hälfte der 90er Jahre auf ca. 150 %.[104] Daran hatte das Borna-Leipziger Revier einen überproportionalen Anteil. Im Jahre 1896 förderten 28 Werke 353 322 t. 1900 dagegen waren es bereits 901 306 t, von 21 Werken gefördert. Weitere 4 Betriebe befanden sich im Aufschluß. Dabei dominierte bis ins erste Jahrzehnt des 20. Jahrhunderts der Abbau unter Tage, sowohl in der Anzahl der Werke als auch in der Förderleistung. Die Kleintagebaue in den leichter zugänglichen Lagen hatten weiterhin nur lokal begrenzte Bedeutung.

Um die Jahrhundertwende ergab sich für den Tagebau mit der an Bedeutung gewinnenden Mechanisierung des Abraumbetriebes eine neue Perspektive. Jetzt war es möglich, selbst starke Deckgebirgsschichten abzutragen. Als 1898 auf der Grube Wyhra ein Tagebau aufgeschlossen wurde, konnte der Abraum (der damals noch nicht vom Braunkohlenwerk sondern von besonderen auf Abraum spezialisierten Betrieben vorgenommen wurde) mittels Bagger abgeräumt und im Zugbetrieb abgefahren werden.[105] Damit wurde das Verhältnis von Deckgebirgs- und Flözmächtigkeit, bei dem sich ein Tagebau noch lohnte, verschoben. Im Handbetrieb war nur ein Verhältnis von etwa 1:1 lohnend.[106] Das Verhältnis veränderte sich infolge der Mechanisierung bis 1930 auf mindestens 3:1 aber auch bis ca. 5:1, so daß der ausschlaggebende Kostenfaktor des Braunkohlentagebaues mit etwa 60-70 % der Gesamtkosten der Abraumbetrieb war.[107]

---

103 Ebenda, 1898 S. B 158.

104 Ebenda, 1905.

105 Ebenda, 1898, S. B 157.

106 K. Pietzsch, Die Braunkohlen Deutschlands, Handbuch der Geologie und der Bodenschätze Deutschlands, III. Abtlg., 1. Bd., Berlin 1925, S. 411.

107 A. Ziehmann, Die Entwicklung des Abraumbetriebes im deutschen Braunkohlenbergbau unter besonderer Berücksichtigung des mitteldeutschen Braunkohlenbergbaus, Diss., Leipzig 1930, S. 16.

Die technologischen Veränderungen seit der Jahrhundertwende machten nicht nur Produktionssteigerungen möglich, sondern zerstörten auch die Landschaft in einem vorher nicht gekannten Maße. Auch die jahrhundertelang gewachsenen Strukturen der Kulturlandschaft wurden rasant verändert. Darüber gibt sehr anschaulich die Entwicklung des Ortes Großzössen Aufschluß. Im Jahr 1875 lebten hier 303 Einwohner und bis 1900 gab es keine wesentlichen Veränderungen (302 Einwohner). Dann wurde Großzössen Standort des ersten Großtagebaues, der von vornherein als solcher konzipiert war. Seit 1907 wurde die Dorfflur vom Tagebau angeschnitten. 1935 reichte er vom Osten her unmittelbar an den Dorfkern heran. Infolge der Zerstörung der Erdoberfläche hatten die Öd- und Unlandflächen dauernd zugenommen und machten 1930 mit 172,4 ha 52 % der Gemeindefläche aus. Das Ackerland dagegen sank auf 18 %, die gesamte landwirtschaftliche Nutzfläche auf 31 %. Im Süden des Dorfes entstand die Doppelbrikettfabrik Dora und Helene, ein Werk mit 24 Pressen. In Zeiten guter Konjunktur waren in Fabrik und Bergbau ca. 1 000 Personen beschäftigt.[108] 1925 hatte das Dorf 1083 Einwohner. Großzössen gehört wie Borna und Lobstädt zu dem sich seit dem ersten Jahrzehnt dieses Jahrhunderts entwickelnden Zentrum der Braunkohlenförderung des Reviers. Der Neuaufschluß von Gruben verlagerte sich nunmehr nach Westen, wo die Kohle wesentlich tiefer lag, sich aber auch reichere Vorkommen befanden.

Neben den Orten, die durch die Ansiedlung von Bergarbeitern eine Metamorphose erlebten, blieben die Strukturen in den Randgebieten weitgehend bestehen. Das führte schon sehr bald dazu, daß mit der gewachsenen territorialen Mobilität nicht nur gewaltige Pendlerströme hin zu den Braunkohlewerken zu verzeichnen waren, sondern die Randgemeinden wie Bad Lausick, Geithain, Kohren-Sahlis und Pegau aufgrund von Abwanderungen zu regelrechten Notstandsgemeinden wurden. Die Dominanz der Braunkohle zerstörte die tradierten Beziehungen der Orte. Es zeigt sich, daß Umweltfaktoren durchaus ein Grund dafür waren, daß die genannten Orte mit Strukturproblemen zu kämpfen hatten. Vor dem ersten Weltkrieg sollen die Gemeindepolitiker von Kohren-Sahlis einer Industrieansiedlung grundsätzlich negativ entgegengestanden haben, indem sie argumentierten: „Die Ruhe des Städtchens könnte gestört oder die Luftverhältnisse verunreinigt werden."[109] Aus der Sicht der Kommunalpolitiker von 1941 „lag es am spießbürgerlichen Charakter überhaupt. Die angeführten Gründe sind zwar lächerlich, es verhält sich aber tatsächlich so." Wie in Kohren- Sahlis rangen auch die Stadtväter von Bad Lausick in den 40er Jahren um Ansiedlung von Industrie, beharren aber

---

108 W. Sinkwitz, Die mitteldeutsche Braunkohlenlandschaft .. , a. a. O. S. 63f.

109 SStA Leipzig, AH Borna Nr. 5435.

noch immer darauf: „Die Industrie müßte natürlich eine solche sein, die den Charakter des Kurortes nicht beeinträchtigt oder stört."[110]

3.2 Auseinandersetzungen um Wasser

3.2.1 Die Wassergesetzgebung in Sachsen und ihre Durchsetzung

Wasser und Wasserbenutzungen stellten schon immer für menschliche Gesellschaften einen bedeutenden Gegenstand öffentlichen Interesses dar und wurden u. U. gesetzlich geregelt. Im mitteleuropäischen Siedlungsraum ergaben sich seit dem Mittelalter zunehmend Probleme mit der Wasserversorgung und der Abwasserbeseitigung insbesondere in den Städten. Doch erst die Bevölkerungsexplosion, wie sie mit der industriellen Revolution einsetzte sowie der Wasserverbrauch der Industrie selbst zeigten endgültig die Grenzen herkömmlichen Umgangs mit dieser Ressource. Gleichzeitig wurde die Wasserversorgung und Abwasserbeseitigung selbst Bestandteil dieser immer stärker technisierenden Gesellschaft. Nach englischem Vorbild entstanden auch in Deutschland zentrale Wasserwerke und Rohrleitungssysteme (Hamburg 1848, Berlin 1856)[111]

Auch in Sachsen haben die Bemühungen um eine effektive Wasserwirtschaft eine lange Tradition. Mit dem Einsetzen der industriellen Revolution in Sachsen erlangte jedoch das Recht der Wasserbenutzung eine besondere Bedeutung. Bereits 1836/37 erreichte den Landtag eine Petition betreffs der Rechtsverhältnisse der Mutungsberechtigten an fließenden und stehenden Gewässern. Im Landtag 1843/44 wurde der gleiche Gegenstand beraten. Die Regierung legte am 27.10.1845 einen Gesetzentwurf zur Benutzung der fließenden Gewässer vor, der aber auf Antrag der Kammern wieder zurückgezogen wurde. Schon im Landtag von 1851/52 wurde wiederum eine solches Gesetz angeregt. „Die Vorlage unterblieb jedoch mit Rücksicht auf den Umfang der hierzu erforderlichen Vorarbeiten, sowie wegen der Regelung anderer, dem Gebiete der Volkswirtschaft angehörigen Verhältnisse.", heißt es lapidar in einem Bericht des Ministeriums des Innern.[112] Auch 1863/64 und 1871/73 wurden solche Vorlagen wieder angeregt.

---

110 Ebenda; siehe auch die Diskussion um die Ansiedlung einer Schwelerei in Kap. 5.2.2.2.

111 Th. Kluge/E. Schramm, Wassernöte. Umwelt- und Sozialgeschichte des Trinkwassers, Aachen 1986, S.41.

112 SHStA Dresden, MdI Nr. 13537, Bl. 29.

Inzwischen hatte in anderen europäischen Staaten die Flußverunreinigungsfrage bereits ein außerordentliches Ausmaß angenommen. Insbesondere bekannt geworden sind die Zustände in England, die 1857 zum „great stink" der Themse führten. Daraufhin wurde eine „Rivers Pollution Commission" eingesetzt, die erstmals umfangreiche Untersuchungen durchführte und für das 19. Jahrhundert Maßstäbe setzte.[113]

Die wiederholte Thematisierung der Wasserfrage deutet bereits auf die auch im stark industrialisierten Sachsen auf der Tagesordnung stehende Problematik der Wasserläufe hin. Im Landtag 1873/74 wurde im Antrag des Abgeordneten Dr. Meischner ausdrücklich „auf Vorlegung eines Gesetzentwurfs gegen das Einwerfen und Zuführen von den fließenden Gewässern schädlichen und diese verunreinigenden Stoffen" gedrungen.[114] Da die Sache sich als außerordentlich langwierig erwies, forderte derselbe im Landtag 1875/76 wenigstens ein Polizeigesetz gegen die Verunreinigung der fließenden Gewässer. Nachdem die Gesetzgebungsdeputation ein entsprechendes Ersuchen an die Regierung gerichtet hatte, wurden die dafür notwendigen Vorarbeiten angegangen. Es wurde nämlich gefragt, ob überhaupt ausreichende Kenntnisse über die Verunreinigung der Flüsse sowie über deren Ursachen sowie Möglichkeiten zu ihrer Verhinderung oder Milderung vorhanden sind. Da man dies verneinte, wurde am 9.4.1877 für die Amtshauptmannschaften und Stadträte eine Generalverordnung erlassen, wonach folgende Fragen zu beantworten waren:

„1. Bei welchen Wasserläufen und auf welchen Strecken derselben ist eine den gemeinen Gebrauch wesentlich beeinträchtigende oder gesundheitsschädliche Veränderung des Wassers wahrzunehmen?

2. Worin besteht das Schädliche oder Belästigende dieser Verunreinigungen?

3. Welche gesundheitlichen, gewerblichen, landwirtschaftlichen oder sonstigen Interessen und beziehentlich welche Interessenten wurden durch die gedachten Verunreinigungen verletzt?

4. Durch wen oder durch welche Anlagen, Bergwerke, Schleusenanlagen oder sonstigen Anlagen behufs Abführung von Abfallwässern und Kloakenstoffen aus Städten und Dörfern werden die fraglichen Verunreinigungen hervorgerufen?

---

113 Th. Rommelspacher, Das natürliche Recht auf Wasserverschmutzung, Geschichte des Wassers im 19. und 20 Jahrhundert, in: F.-J. Brüggemeier/Th. Rommelspacher, Besiegte Natur. Geschichte der Umwelt im 19. und 20. Jahrhundert, München 1989, S. 43.

114 SHStA Dresden, MdI Nr. 13537, Bl. 30b.

5. Welche Beschwerden sind wegen dieser Verunreinigungen zur Cognition der zuständigen Behörden gelangt und welche Entschließungen sind darauf gefaßt worden?“

Gleichzeitig waren die Behörden angewiesen, den genannten Anlagen besondere Aufmerksamkeit zu widmen und Anordnungen zu treffen, denen durch Androhung hoher Strafen Nachdruck zu verleihen war. Dabei sollte es der Behörde vorbehalten bleiben, inwieweit einzuschreiten ist. Gestattet war, die Zuführung schädlicher Substanzen ganz zu untersagen oder auch die Behandlung der Abwässer zu verlangen.[115]

Die Untersuchung ergab schon damals ziemlich weit verbreitete Verschmutzungen, ohne daß jedoch größere Flüsse schon sichtbar in Mitleidenschaft gezogen worden wären. Dagegen wiesen kleinere Gewässer vor allem mit geringen Gefälle schon bedeutende Verschmutzungen auf, namentlich genannt wurden die Zustände unterhalb Leipzigs. In einem Gutachten des Landesmedizinalkollegiums zu den vorgelegten Erörterungen wird allerdings hervorgehoben, „daß ein nachteiliger Einfluß auf den allgemeinen Gesundheitszustand an solchen Orten, wo das Übel einen ungewöhnlich hohen Grad erreicht habe, wie unterhalb Leipzigs in Böhlitz-Ehrenberg und Gundorf nicht wahrscheinlich sei.“[116]

Überhaupt waren die Ergebnisse der Untersuchung nicht so alarmierend, wie es erwartet worden war. Hauptsächlich beschwerten sich Fischerbetriebe sowie Besitzer gewerblicher Anlagen wobei hervorgehoben wurde, daß sie selbst „eine erhebliche Verunreinigung der Wasserläufe verursachen.“ Es wurde herausgearbeitet, daß die Hauptverursacher der Gewässerverschmutzung im industriellen Bereich zu suchen seien, da die Abwässer der Städte sich eben auch zum größeren Teil aus Industrieabwasser zusammensetzten. Um die Analyse zu vertiefen, wurden weitere Untersuchungen eingeleitet. Die technische Deputation des Innenministeriums empfahl wegen der bisher noch mangelhaften Untersuchungen der Wasserläufe zunächst eine Verordnung zu erlassen, die die gröbsten Verunreinigungen sofort unterbinden würde und gleichzeitig die Möglichkeit offen ließe, „die fließenden Gewässer allmählich wieder auf einen normalen Zustand zurückzuführen, ohne die Industrien empfindlich zu schmälern“.

Daß dieses Ziel Utopie bleiben mußte, beweisen schon die angestellten Überlegungen darüber, wie die Reinhaltung erreicht werden könne. Per Gesetz Reinigungsmethoden vorzuschreiben, hielt die Technische Deputation für einen

115 Ebenda, Bl. 32.

116 Ebenda, Bl. 36b.

nicht gangbaren Weg, weil in diesem Falle der Staat bei Mißerfolg verantwortlich wäre. Um dem zu entgehen, solle nach dem Vorbild der englischen Gesetzgebung das Einleiten von „Effluminien von einer bestimmten Beschaffenheit und von gewissen Industriezweigen" verboten werden. Konsequent angewandt, hätte dies natürlich bedeutet, ganze Produktionszweige stillzulegen. Da das nicht das erklärte Ziel der Gesetzgebung sein konnte, sollte dann ein Unternehmer nicht belangt werden können, „wenn er der zuständigen Behörde den Nachweis überzeugend führt, daß er die bewährtesten und wirksamsten Mittel bemüht hat, die in die Wasserläufe eingeleiteten Flüssigkeiten unschädlich zu machen".[117]

Damit wurde hier das auch später zugrunde gelegte und andere Umweltkompartimente betreffende Prinzip der Vorsorge nach dem „Stand der Technik" in Sachsen bereits begründet. Die Formulierung, daß der Unternehmer die bewährtesten Mittel verwenden müsse, bedeutete, daß nur bereits erprobte und demzufolge gebräuchliche Verfahren anzuwenden waren. Damit aber war die Einführung neuer Verfahren erschwert, da dies immer einen bedeutenden finanziellen Einsatz erfordert hätte und demzufolge nicht als wirtschaftlich betrachtet werden konnte. Immerhin ließ aber der damals gesteckte Rahmen doch auch noch weitergehende Interpretationsmöglichkeiten zu, denn nach einer Generalverordnung vom 18.03.1882 an die Kreishauptmannschaften sollten zumindest neue Anlagen nur dann zugelassen werden, wenn der Unternehmer nachweisen konnte daß „der gemeine Gebrauch des Wassers nicht beeinträchtigt" würde.

Bereits bestehende Betriebe sollten solche Vorkehrungen treffen, „welche nach dem jeweiligen Stand der Wissenschaft getroffen werden können". Dabei wurde jedoch als selbstverständlich vorausgesetzt, daß nur derartige Anforderungen gestellt werden, „welche mit einem nutzbringenden Betriebe vereinbar sind".[118] Das bedeutete für die bestehenden Betriebe auf jeden Fall, daß der Stand der Technik, nicht der Stand der Wissenschaft maßgeblich war, sonst hätten die Unternehmen wegen mangelnder Rentabilität schließen müssen.

Interessant sind die Reaktionen der verschiedenen Institutionen und Organisationen auf das Vorhaben der Regierung, die Verunreinigung der fließenden Gewässer zum Gegenstand gesetzlicher Regelung zu machen. So befürwortete der Landeskulturrat eine gesetzliche Regelung, regte darüber hinaus aber an, diese Frage nicht nur von eingehenden Beschwerden abhängig

---

117 Ebenda, Bl. 39.

118 Ebenda, Bl. 41.

zu machen, sondern regelmäßige Untersuchungen der Wasserläufe vorzunehmen.

Die Handels- und Gewerbekammern reagierten dagegen wesentlich zurückhaltender. Zum Teil wurde gebeten, von einer Gesetzgebung völlig abzusehen. Die Handels- und Gewerbekammer Dresden verlangte sogar, daß jeder weitergehenden Belastung der Industrien bezüglich der Benutzung von Wasserläufen entgegenzutreten sei.[119] Nach ausgiebiger Diskussion erließ das MdI eine Verordnung aufgrund der Tatsache, daß die Beschwerden über Wasserverunreinigungen zwar rückläufig, aber der Zustand mancher Wasserläufe „indessen noch immer nicht als ein befriedigender, ja kaum als ein erträglicher zu bezeichnen" sei. Darin wurden die Behörden angewiesen, die Anlagen, welche die Wasserqualität beeinträchtigen, weiter zu kontrollieren sowie sich mindestens einmal im Jahr vom Zustand der Wasserläufe zu überzeugen. Die Einführung fester Verunreinigungen war danach zu verbieten, die Einleitung flüssiger Schadstoffe durch geeignete Anlagen so weit als möglich auszuschalten. Da ein nutzbringender Betrieb trotzdem gewährleistet werden mußte, waren die Behörden angehalten sich vor Entschließung mit amtlichen Organen, Sachverständigen sowie „Männern der praktischen Lebens" in Verbindung zu setzen. Neue Anlagen sollten nur zugelassen werden, wenn eine entsprechende Reinigungsmethode nachgewiesen war.[120]

Da die Möglichkeiten industrielle Abwässer unschädlich zu machen ganz offensichtlich unzureichend waren, war auf der 1880 in Berlin stattfindenden internationalen Fischereiausstellung vom sächsischen König ein Ehrenpreis für die beste Arbeit über die Verunreinigung der Flüsse und deren Abhilfe[121] ausgesetzt worden, der zunächst nicht vergeben werden konnte.[122] Später erhielt ihn Josef König, Leiter der Agrikulturchemischen Versuchsstation

119 Ebenda, Bl. 45f.

120 Ebenda, Bl. 46bff.

121 Es war der Nachweis der gesundheitlichen, industriellen, landwirtschaftlichen u. a. Interessen, die durch Benutzung von Wasserläufen oder Einführung von Abfallstoffen geschädigt wurden zu erbringen, außerdem chemische und technische Vorkehrungen zu erläutern mit dem Nachweis ihrer ökonomischen und technischen Ausführbarkeit: SHStA Dresden, MdI Nr. 13535.

122 SHStA Dresden, MdI Nr. 13537, Bl. 52b.

Münster, der öfter als Gutachter tätig gewesen war und sich auch mit Grenzwertbestimmungen befaßte.[123]

Trotz ministerieller Verordnungen besserte sich der Zustand der Wasserläufe kaum, denn bereits im Landtag 1891/92 wurde von einem Rittergutsbesitzer ein weiteres Mal ein Antrag eingebracht „in wirksamerer Weise als bisher die zum Schutze der fließenden Gewässer erlassenen gesetzlichen Bestimmungen zur Geltung zu bringen.“ Von den konservativen Eliten in der ersten Kammer wurde dieser Antrag angenommen, in der zweiten Kammer fand sich dafür jedoch keine Mehrheit, so daß er letztlich fallengelassen wurde.[124]

Die Beschwerden über den Zustand einiger Flüsse ließen indes kaum nach. Im Brennpunkt der Kritik standen insbesondere die erzgebirgischen Wasserläufe, die von holzverarbeitender Industrie mit organischem Material belastet wurden, aber auch die Textilbranche verursachte zahlreiche Auseinandersetzungen. So häuften sich seit den 80er Jahren die Probleme in der Oberlausitz, wo zahlreiche Färbereien ihre Abwässer in die Spree einleiteten. Zwar wurden in den meisten Betrieben Kläranlagen eingebaut, doch beobachtete man trotz behördlicher Kontrollen vor allem an arbeitsfreien Tagen eine auffällige schwarze Färbung des Wassers sowie Schlammablagerungen am Ufer. Tatsächlich gelang der Gendarmerie in einem Betrieb der Nachweis von verborgenen Zuflüssen, die dem Betreiber der Anlage das regelmäßige Räumen der Klärbassins ersparte, indem nachts oder an arbeitsfreien Tagen die Abwässer ungeklärt eingeleitet wurden. Als dies bekannt wurde, nahm man eine generelle Prüfung der dortigen Betriebe vor.[125]

Nur ein Beispiel konnte ausfindig gemacht werden, wo behördliche Anordnungen die Ansiedlung eines Industriebetriebs verhinderten. 1900 hatte eine Firma die Errichtung einer Holzschleiferei und Zeitungspapierdruckerei auf Kammergut Pratzschwitz geplant. Am 3.10.1900 wurde die Entnahme von 425 Liter pro Sekunde Wasser aus der Elbe bei Rückgabe von 175 Litern pro Sekunde beantragt.[126] Die Prüfung des Betriebsplanes erfolgte durch die Technische Deputation, die zu dem Ergebnis kam, daß eine Genehmigung nur unter Vorbehalt des jederzeitigen Widerrufs erteilt werden könne, falls „durch

---

123 J. König, Die Verunreinigung der Gewässer, deren schädliche Folgen, nebst Mitteln zur Reinigung der Schmutzabwässer, Bl. 1887; siehe auch Th. Kluge/E. Schramm, Wassernöte ... , a. a. O., S. 85f.

124 SHStA Dresden MdI Nr. 13537, Bl. 54.

125 Ebenda, Bl. 77ff.

126 SHStA Dresden MdI Nr. 13532, Bl. 135.

Veränderung im Betriebe der Fabrik oder durch ungenügende Behandlung der Abgangswasser derselben eine unzulässige Verunreinigung der Elbe herbeigeführt würde oder befürchtet werden müsse." Die Probenentnahme aus dem offenen Abfluß sei jederzeit zu ermöglichen.[127] Die Firma wurde auf die eingereichten Unterlagen festgelegt. So durfte sie nur Zeitungspapier herstellen (ohne Bleiche) und sollte die Zellulose fertig beziehen.[128] Die Erörterungen waren für die Antragsteller zu langwierig und ungünstig abgelaufen. Am 28.2.1901 wurde das Projekt aufgegeben, „weil die Verzögerung bei Erteilung der behördlichen Bescheide die rechtzeitige Fertigstellung der Anlage unmöglich gemacht hat. Auch würde die widerrufliche Genehmigung des Königlichen Finanzministeriums uns nicht genügt haben, um daraufhin eine Anlage ins Leben zu rufen, deren Errichtung weit über 2 Millionen Mark kosten würde."[129]

Die überlieferten Probleme beschränkten sich bis zur Jahrhundertwende fast ausschließlich auf ähnliche Gewerbebetriebe sowie auf Abwässer der menschlichen Siedlungen. Von Interesse ist hier das Beispiel Leipzigs, dessen „Verseuchung der benachbarten preußischen Wasserläufe" lebhaft im preußischen Landtag kritisiert worden war.[130]

3.2.2 Braunkohlenbergbau und Wasserbeeinflussung

Die ersten dokumentierten Beschwerden über sächsische Braunkohlenwerke betreffen ebenfalls die Verschmutzung preußischer Gewässer und zwar durch die Lausitzer Grube Skaska, die ihre Abwässer in die schwarze Elster leitete. Hier jedoch handelte es sich bereits um Vorgänge aus dem Jahre 1901.[131]

Ein neues Phänomen machte sich etwa um die Jahrhundertwende in Sachsen bemerkbar, das neben der steigenden Gewässerverunreinigung zu einem ernsthaften Problem wurde. Der stark angestiegende Bedarf an Wasser durch die Industrie sowie durch die explodierende Bevölkerungszahl konnte in einigen Gebieten kaum noch gedeckt werden. Das hing natürlich auch damit zusammen, daß die Oberflächenwasser für zahlreiche industrielle Unternehmungen nicht nur in quantitativer Hinsicht, sondern auch qualitativ nicht mehr ausreichten. Die ebenfalls durch die industrielle Entwicklung

---

127 Ebenda, Bl. 143.

128 Ebenda, Bl. 146b.

129 Ebenda, Bl. 155.

130 SHStA Dresden, MdI Nr. 13537 Bl. 124.

131 Ebenda, Bl. 212.

hervorgerufene Bevölkerungsagglomeration in einigen Zentren führte zu weiterem erhöhten Wasserbedarf, der durch die Fortschritte in hygienischer Hinsicht, vor allem durch reines Trinkwasser aus grund- oder quellwassergespeisten Anlagen gedeckt werden sollte. Die Gemeinden selbst scheinen ursprünglich wenig Interesse an den modernen Anlagen gehabt zu haben, denn zur Verbreitung zentraler Wasserversorgungsanlagen bot das sächsische MdI in einer Verordnung vom 13.6.1908 kostenlose Beratung, Planung und Kostenvoranschläge und Wasseranalysen durch dafür unter Vertrag genommene Sachverständige an. Als Vorbild für dichtbesiedelte Gebiete wurde ausdrücklich Bergheim a. d. Erft erwähnt, wo 72 Gemeinden mit 50 000 Einwohnern von einer Stelle aus versorgt wurden.[132]

Die Anlage von zentralen Wasserversorgungen brachte all jene in Nachteil, die noch nicht über eine solche verfügten. Das ist durch Beschwerden, die beim Innenministerium eingingen, dokumentiert. So lagen Klagen über Wasserentziehung z. B. durch die Trinkwasserversorgung von Markranstädt und der dortigen Zuckerfabrik vor, oder auch die Beschwerde eines Fabrikbesitzers über die Stadt Limbach.[133] Die Gemeinde Lichtenberg widersetzte sich dem Verlegen von Wasserleitungen für Freiberg durch seine Straßen hauptsächlich, weil sie sich durch die Ableitung der Quellen „in Ihren Erwerbs- und wirtschaftlichen Verhältnissen schwer geschädigt" sah.[134] Klagen über Schädigung durch Wasserentziehung stellen keine Einzelfälle dar, sondern wurden aus allen Teilen des Landes laut.[135] Die Ableitung von Grundwasser oder Quellen war in der Gesetzgebung noch nicht berücksichtigt worden.

Die Wasserentziehung war auch eines der ersten größeren Probleme, die im Zusammenhang mit dem nordwestsächsischen Braunkohlenbergbau nachweisbar sind. Um an die Kohle heranzukommen, war es notwendig, das Gebiet großflächig zu entwässern. Die Folgen dieser Arbeiten spürten die Anlieger schon bald. Bereits die größeren Tiefbaugruben hatten ihrer Umgebung soweit das Wasser entzogen, daß es zu zahlreichen Beschwerden kam. Nach der Eröffnung des Ramsdorfer Braunkohlenwerks (1899) sowie der Regiser Kohlenwerke (1903) sank der Wasserstand in den Brunnen der Gemeinde und des Rittergutes Breitingen ganz deutlich. Der Rittergutshof in Breitingen besaß einen Brunnen, dessen Wasser in Röhren dem Gutshof

---

132 StA Leipzig, AH Leipzig Nr. 4356.

133 SHStA Dresden, MdI Nr. 13538 Bl. 158f und 177.

134 Ebenda, Bl. 201b.

135 Ebenda, Bl. 266.

zugeleitet wurde, sowie drei weitere Brunnen. Nach der Eröffnung der Werke ging der Wasserstand in allen zurück. Das nötige Wasser war nur noch durch 4stündiges Pumpen zu erhalten. Außerdem wurden die Brunnen vertieft. Nach vollem Anlaufen der Förderung verschlechterte sich die Situation immer mehr. „1906 stellte sich heraus, daß die sämtlichen sonst vorhandenen Brunnen eine genügende Quantität brauchbaren Wassers nicht mehr liefern konnten. Das Wasser reichte nicht mehr aus und es war zum Teil so schlecht geworden, daß es das Vieh nicht mehr annahm und daß es auch zum Kochen und sonst zum Genuß für Menschen nicht verwendbar war ...“ heißt es in einer Bergschädenklage gegen die genannten Werke.[136] Der einzige Brunnen, der noch Aussicht auf Ertrag bot, wurde vertieft. Zunächst kam man bei der Wasserbeschaffung noch mit einer Handpumpe aus, Ende 1906 mußte bereits ein Pferdegöpel betrieben werden. Nachdem ein Fischteich auszutrocknen drohte, wurde ein Bach dorthin umgeleitet. Das hatte den Erfolg, daß alle Fische eingingen, da ihnen das Wasser nicht bekam. Neben dem Austrocknen der Quellen, Brunnen und Teiche bewirkte die Grundwasserabsenkung auch Schäden im Waldbestand.

Die Gemeinde und das Rittergut erhoben 1909 Bergschädenklage. Aussicht auf Erfolg versprach insbesondere die Neufassung des Allgemeinen Berggesetzes, die von der Regierung ins Auge gefaßt worden war. Der Entwurf dieses Änderungsgesetzes war von den Ministerien zur gutachterlichen Äußerung an alle Beteiligten gesandt worden. Insbesondere die Gemeinden und Amtshauptmannschaften der betroffenen Gebiete, wie Leipzig, Borna und Zittau drängten auf schärfere Bestimmungen. So berichtete die Amtshauptmannschaft Borna: „Am wesentlichsten sind die durch Wasserentziehung eingetretenen Schäden. In ganzen Dörfern geht hier infolge des Bergbaus der Wasserstand bedenklich zurück. Die Werke sind fast nie zur Tragung der Kosten einer Wasserleitung zu bestimmen. Von den gegen sie seitens der Geschädigten angestrengten Prozessen aber, die seit 6 und mehr Jahren im Gange sind, ist bis jetzt noch keiner zu Ende geführt.“[137]

Noch drastischer drückte es der Gemeindevorstand von Breitingen, Lochmann, aus: „Nach hierorts und in der Nachbarschaft gemachten Erfahrungen leiden die meisten Gemeinden durch die in ihrem Bezirke entstehenden Kohlenbergwerke Gewalt. In den seltensten Fällen wird es gelingen, sämtliche von Bergschäden betroffene Grundstücksbesitzer zu einem Zusammenschluß und zur Wahrung ihrer Interessen durch eine Rechtsbeistand zu bringen. Dazu sind große Geldopfer nötig, viele Gemeinden und in noch

---

136 SStA Leipzig, AH Borna Nr. 5514, Bl. 40ff.

137 SHStA Dresden, MdI Nr. 17554, Bl. 313b.

höherem Grade die einzelnen Grundstücksbesitzer sind wegen des Mangels an Geldmitteln den einzelnen Grubenbesitzern oder gar den Kohlensyndikaten gegenüber machtlos und darum auch rechtlos. Denn nur wer die Macht hat, hat das Recht. Wir haben hier die bittersten Erfahrungen gemacht."[138]

Insgesamt wurden 42 Anträge zum Gesetz eingereicht. Wo den Gemeinden und der Landwirtschaft der Entwurf nicht weit genug ging, hielten die bergbaulichen Vereine u. a. Bergbauinteressenten den Entwurf für „völlig unannehmbar" und für den „Ruin des Braunkohlenbergbaus"[139] Bei einer Besprechung des Gesetzentwurfs am 12.7.1909 äußerte Bergdirektor Hofmann (Kulkwitz), daß die geplante Rechtsänderung gegen Treu und Glauben verstoße und „die gänzliche Vernichtung dieser Industrie und die Abwanderung des Kapitals nach außersächsischen Bergbaugebieten" drohe.[140]

Die Angriffe richteten sich hauptsächlich gegen den Entwurf des § 150, der für den Fall, daß sich mit Sicherheit voraussehen ließe, daß durch den Bergbaubetrieb die weitere zweckmäßige Nutzung des Oberflächengrundstückes gefährdet sei oder ein erheblicher Bergschaden eintreten würde, auf Forderung des Eigentümers beim Bergamt eine entsprechende Entschädigungssumme zu hinterlegen sei.[141]

Im „Gesetz zur Abänderung der Vorschriften des Allgemeinen Berggesetzes vom 16. Juni 1868 über das Bergschadenrecht vom 8. Juni 1910"[142] ist eine solche Bestimmung dann auch nicht mehr enthalten. § 139 des Sächsischen Allgemeinen Berggesetzes legte aber immerhin fest: „Der Schaden, der dem Eigentümer ... durch einen unterirdisch oder mittels Tagebau betriebenen Bergbau zugefügt wird (Bergschaden), muß durch den ... Bergbauberechtigten vollständig ersetzt werden, ohne Unterschied, ob der Betrieb unter dem beschädigten Grundstück stattgefunden hat oder nicht." Damit war für die Problematik der Wasserentziehung, die über das eigentliche Bergbaugelände hinausging, das Bergschadenrecht anwendbar.

Allerdings endete der o. g. Rechtsstreit zwischen der Gemeinde Breitingen und den Braunkohlenwerken erst 10 Jahre später mit einem Vergleich. Insgesamt hatten die Werke die nicht unbeträchtlichen Summe von 73 700 M zu

---

138 Ebenda, Bl. 315.

139 Ebenda, Bl. 237.

140 Ebenda, Bl. 397.

141 Ebenda, Bl. 88.

142 Gesetz- und Verordnungsblatt für das Königreich Sachsen (GVBl) 1910, S. 120ff.

zahlen.[143] Freilich kam die Höhe des Betrages dadurch zustande, daß damit weitere, eventuell in Zukunft auftretende Schäden abgegolten waren. Die Werke waren in einer sehr guten wirtschaftlichen Position, der Standort Regis-Breitingen - Ramsdorf war ein sehr günstiger. Versuchsbohrungen von 1900 hatten in Regis Flözmächtigkeiten von 13,65 m bis 24,13 m nachgewiesen, die Ramsdorfer Braunkohlenwerke förderten 1906 bereits 174640 t.[144] Zudem waren die Preise zu dieser Zeit relativ stabil, so daß bei sinkenden Selbstkosten die Gewinne garantiert waren und anstiegen. [145] Durch den Kohlenmangel während des Krieges und in der Nachkriegszeit war der Absatz gesichert. Die Zahlung der Entschädigung dürfte also keine Schwierigkeiten bereitet haben. Die Entschädigungssumme, die außerdem auch noch in Ratenzahlungen bis zum 3.1.1923 zu leisten war[146] wurde dagegen, wenn nicht sofort wertbeständig angelegt, von den inflationären Tendenzen der Nachkriegsjahre verschlungen.

Durch die immer stärkere Absenkung des Grundwasserspiegels waren die Gemeinden gezwungen, zu einem neuen System der Wasserversorgung überzugehen. Ein Gemeindeverband von Regis und Umgebung errichtete z. B. eine zentrale Wasserversorgungsanlage für 21 Gemeinden und 5 Gutsbezirke. 16 davon wurden als von Kohlenwerken geschädigt geführt. Problematisch daran war, daß das neue Wasserwerk 1911/12 in unmittelbarer Pleißenähe entstand, was in den folgenden Jahren mit Ausdehnung der Braunkohlenindustrie nicht als Qualitätsgarantie gelten konnte.[147]

Die Grundwasserabsenkung, die bereits beim Betrieb von Tiefbaugruben eine große Rolle spielte, verschärfte sich noch beim Übergang zu Großtagebauen, für den große Flächen trockengelegt werden mußten. Nach einer Studie von 1935, die alle Tagebaue mit einer Fläche >50 ha zu den Großtagebauen rechnet, gab es zu dieser Zeit 8 im Revier und zwar die Gruben

---

143 Vgl.: SStA Leipzig, AH Borna Nr. 5514 und 5515.

144 JBfBHW 1901, S. B 157 und 1906, S. B 14ff.

145 Die Preise lagen im ersten Jahrzehnt des Jahrhunderts etwa bei 2,50 bis 2,80 Mark pro geförderte Tonne Rohkohle 1917 bei 3,64 Mark, 1918 bei 4,89 Mark und 1919 bei 10,48 Mark. Zusammengestellt nach: ebenda 1905 bis 1910 und 1918 bis 1920.

146 SStA Leipzig, AH Borna Nr. 5515, Bl. 168.

147 Ebenda, Nr. 2477.

Neukirchen - Wyhra (1897), Regis (1905), Kraft I (1907), Großzössen (1907) Borna AG (1911), Kraft II (1911) Witznitz (1911), Böhlen (1921).[148]

Nicht nur die Wasserentziehung, sondern zunehmend auch die Gewässerverschmutzung erlangten im Leipziger Raum Relevanz. Eindeutige Aussagen über den Gesamtumfang der Wasserverschmutzung durch den Braunkohlenbergbau lassen sich leider für diesen frühen Zeitpunkt nicht machen, da keine entsprechenden zeitgenössischen Untersuchungen vorliegen. Die überlieferten Vorgänge reichen aber aus, eine Vorstellung vom Ausmaß damaliger Wasserverunreinigungen zu vermitteln. Beispielsweise hatten die von Einsiedelschen Braunkohlenwerke in Benndorf im Mai 1912 eine Eintragung ins Wasserbuch beantragt. Es sollten durch eine Dampfpumpe täglich etwa 800 m^3 Wasser gehoben werden, die der Kohlenschicht entnommen wurden. „Sie werden im Werk durch Klärbehälter und 1 Teich vor ihrem Einlauf in den Bach gut geklärt. Ein Nachteil durch die Wasserentnahme entsteht anderen Flurstücken nicht."[149]

Der Hinweis auf die Unschädlichkeit der Wasserentnahme (und auch die ist zumindest fraglich) markiert deutlich die bis dahin hauptsächlichen Konfliktfelder bei der Braunkohlengewinnung. Inzwischen handelte es sich bei den Umweltbeeinträchtigungen aber auch um weitergehende Schäden. So wurde bei einer Besichtigung der Wyhra am 18.9.1913 an der Vertreter der Amtshauptmannschaft Borna, der Berginspektion Leipzig, des Straßen- und Wasserbauamtes Leipzig, der Gewerbeinspektion Wurzen und der Flußmeisterei sowie der Bornaer Bezirksarzt und der Bornaer Stadtbaumeister teilnahmen, dagegen ein gänzlich anderes Problem festgestellt: „Die Abwässer aus dem Benndorfer Kohlenwerke waren hellbraun verfärbt, mit zahlreichen feinen Schwebeteilchen durchsetzt, nicht völlig genügend geklärt."[150] Zwar behielt sich die Bergbehörde weitere Schritte vor, doch kam es - wahrscheinlich wegen der geringen Bedeutung des Werkes - nicht zu entsprechenden Auflagen. Das Werk hatte 1910 nur eine Förderung von 81 941 t und stellte 3 584 Streichziegel her, zu einer Zeit, da z. B. die Gewerkschaft in Regis bereits fast 120 000 t Briketts produzierte. Außerdem meldete der Betrieb noch im Jahre 1913 Konkurs an.[151]

---

148 W. Sinkwitz, Die mitteldeutsche Braunkohlenlandschaft ... , a. a. O., S. 10 und 33. in () Beginn des Aufschlusses.

149 SStA Leipzig, AH Borna Nr. 7351, Bl. 1.

150 Ebenda, Bl. 2.

151 JBfBHW 1911, 1916.

Die Einleitung von Abwässern der Braunkohlenbetriebe in die örtlichen Vorfluter muß spätestens seit der Jahrhundertwende stärker Anlaß zu Beschwerden gegeben haben. Im „Jahrbuch für das Berg- und Hüttenwesen im Königreiche Sachsen“ werden solche immer wieder erwähnt. 1904 heißt es ausdrücklich: „Wegen Verunreinigung fließender Gewässer wurde namentlich die Frage der Klärung der Abwässer von Braunkohlengruben nach mehrerlei Richtung hin erörtert.“[152] In der Folge finden sich dann auch Berichte über die Neuanlage bzw. Erweiterung von Kläranlagen oder -teichen. 1903 dehnten 3 Werke ihre Klärsümpfe aus, darunter die AG Leipziger Braunkohlenwerke in Kulkwitz auf mehr als das doppelte ihrer bisherigen Fläche.[153]

Auch in den folgenden Jahren wurde das System an Klärteichen und -sümpfen weiter ausgebaut.

1906 verfügten die Werke über folgende Einrichtungen:[154]

Werk	**Anlage**	**Fläche in m²**	**Tiefe in m**
Breunsdorf	4 Sümpfe	900	2,0
Regis	2 Sümpfe	15000	1,5
Bubendorf	4 Sümpfe	12	
	1 Sumpf (für Brikettfabrik)	800	
Lobstädt	1 Teich	7000	3,0
	3 Sümpfe	500	1,5
Blumroda	1 Anlage	240	1,2
Espenhain	1 Anlage	288	1,5
Borna-Lobstädt	4 Sümpfe	58	
	mehrere größere Teiche		

Die trotzdem noch auftretende Verunreinigung wurde von den zuständigen Behörden als nicht gefährlich und im allgemeinen als unerhebliche Belästigung eingestuft. Dabei handelte es sich hauptsächlich um eine durch feinste Schwebeteilchen hervorgerufene Braunfärbung des Wassers. Tatsächlich enthielten die von dem Gerichtschemiker Dr. Bach aus Leipzig im Herbst 1905

---

152 Ebenda, S. B 98.

153 Ebenda, S. B 160.

154 SStA Leipzig, AH Borna Nr. 6939, Bl. 26ff.

untersuchten Wasserproben keine mit damaligen Mitteln nachzuweisenden Mengen an Ammoniak, Salpetersäure und Eisen.[155]

Man kann durchaus davon ausgehen, daß die Kohlenwerke etwa bis zum ersten Weltkrieg nicht eindeutig die stärksten Wasserverschmutzer darstellten. Vielmehr war bereits seit dem Ende des 19. Jahrhunderts das Leipziger Kanalisationssystem hart attackiert worden.[156] Obwohl seit 1894 eine umfangreiche Kläranlage aufgebaut wurde, verschlechterte sich nach vorübergehender Besserung insbesondere der Zustand der Weißen Elster und der Luppe. Bereits 1896 hatten die Gemeinden Möckern, Wahren, Stahmeln, Lützschena, Hänichen und Böhlitz- Ehrenberg in einer Petition an die Zweite Kammer geklagt: „Die Luppe, welche allein mindestens 75 % sämtlicher Schleusenwässer der Stadt Leipzig in sich aufnehmen muß, verbreitet nach wie vor, hauptsächlich aber in den heißen Sommermonaten einen infernalisch stinkenden Geruch und verpestet im wahren Sinne des Wortes die Luft."[157] Das städtische Abwassersystem war derart überlastet, daß es zu massiven Beschwerden auch der preußischen Unterlieger an der Weißen Elster und der Luppe kam. „Die Stadt Leipzig und die Vororte von Leipzig senden in die Preußische Weiße Elster und in die Preußische Luppe fäulniserregende Stoffe in solcher Menge und solcher Beschaffenheit, daß die Wohnverhältnisse in den unterliegenden preußischen Landesteilen auf das Allerschlimmste gefährdet werden. Es besteht bereits seit Jahren eine Klage der dortigen Bevölkerung darüber, in welcher Weise sie unter den Abflüssen der Stadt Leipzig zu leiden hat." Neben den unzweifelhaft großen Mengen häuslichen Abwassers dürften hier auch industrielle Abwässer eine bedeutende Rolle gespielt haben, u. a. auch die weltbekannte Leipziger Rauchwarenindustrie, die allerdings selbst mit der Zeit durch die sich verschlechternde Wasserqualität ihren Standort flußaufwärts verlagern mußte.

Der Anschaulichkeit halber sei auch auszugsweise wiedergegeben, welchen Eindruck die Weiße Elster machte, als wegen Bauarbeiten deren Wasserstand gesenkt werden mußte.: „Der Fluß hatte bei normalem Stau eine kaffeebraune Färbung. Beim allmählichen Absenken des Wasserspiegels kam eine tintenartig aussehende, dicke, schwammige Schlammasse zu Tage, die zunächst träge hin- und herwogte. Blasen stiegen auf. Die Schlammasse schien zu leben; sie verbreitete einen pestilenzartigen Gestank."[158]

---

155 Ebenda, Bl. 24.

156 SHStA Dresden, MdI Nr. 13537, Bl. 124.

157 SStA Leipzig, AH Leipzig Nr. 3963, Bl. 46.

158 SStA Leipzig, AH Leipzig Nr. 3965, Bl. 116f.

In einem Bericht der Unterhaltungsgenossenschaft für die Weiße Elster vom 31.07.1918 ist allerdings bereits die Rede davon, daß sehr viel Kohlenschlamm beobachtet wurde. Quantifizierbares Material über mechanische Verunreinigungen, die durch Braunkohlewerke hervorgerufen wurden, ist bis zu dieser Zeit nur in geringem Umfang erhalten.

Die sichtbare Beeinträchtigung der Wasserläufe durch den Bergbau beschränkte sich auf die zahlreichen kleineren Gewässer, wie Mühlgräben u. ä., da auch die Werke zunächst von noch geringer Größe waren. Allerdings muß beachtet werden, daß letztlich alle diese Nebenarme des Flußsystems in Pleiße oder Elster mündeten. Die Belästigung und Behinderung anderer Wassernutzungen war aber auf die direkten Nachbarn begrenzt. So wird 1903 über den Zustand des Haidegrabens durch das Werk in Breunsdorf geklagt und im Gemeindeteich Zöpen Fischsterben beobachtet. Weitere Kreise zieht die Wasserverschmutzung damals im wesentlichen noch nicht, wenn die Betroffenen auch zu dieser Zeit über die Zustände und die Verfahrensweise berechtigterweise erzürnt waren. So faßte auf die Beschwerde der Zöpener Einwohner und des Rittergutsbesitzers die Amtshauptmannschaft am 13.10.1903 den Beschluß, nicht gegen das Braunkohlenwerk vorzugehen. Die bis dahin entstandenen Kosten hatten die Beschwerdeführer zu tragen.[159]

2 Jahre später kam es zwischen den Beteiligten doch zu einem Vergleich, wobei die Abwässer jedoch lediglich einem anderen Graben zugeführt wurden.[160] Um allen Beteiligten die gewohnheitsmäßigen Rechte zur Nutzung der Gewässer zu sichern, reichte es noch aus, das Problem wenige Meter weiter zu verlagern. Der zur „Entsorgung" nun benutzte Oetzschgraben, war dann aber einige Jahre später Gegenstand schärfsten Protestes, als das Werk Kraft II in Deutzen ebenfalls die Ableitung seiner Abwässer dorthin plant. Im Einspruch des Rittergutsbesitzers von Kahnsdorf heißt es diesbezüglich 1911: „Schon jetzt ist der Oetzschgraben durch die hineingelassenen Kohlenwässer sehr verunreinigt; das Wasser ist ganz braun, zum Teil fließen ölige Substanzen oben auf; zum Viehtränken, Baden oder Waschen ist das Wasser gar nicht mehr zu gebrauchen; an Stellen, an denen das Wasser staut, bildet sich vom Kohlenschlamm oben eine Haut, welche so stark ist, daß die Bachstelzen vergnügt darauf herumspazieren können, in den Mühlen werden die Turbinen verschlämmt. Und dies alles geschieht, trotzdem das neue Wassergesetz die Verunreinigung der fließenden Gewässer verbietet. Die bisherige Erfahrung hat gelehrt, daß alle gesetzlichen Bestimmungen, alle Aufsichtsbeamten, alle Vorschriften über Klärvorrichtungen nicht genügen, um das Flußwasser so rein

159 SStA Leipzig, AH Borna Nr. 7372, Bl. 10.

160 Ebenda. Bl. 49.

zuhalten, daß dem Publikum wenigstens notdürftig ein gemeiner Gebrauch des Wassers übrig bleibt."[161]

Sporadisch traten auch immer wieder einige spektakuläre Verschmutzungen auf. So wird über ein großes Fischsterben 1903 berichtet, dessen Ursachen allerdings ungeklärt blieben. Als sich im Februar 1905 in der Gösel wiederum ein Fischsterben größten Ausmaßes ereignete, gelang es, den Verursacher ausfindig zu machen. Die aus dem Gewässer entnommenen verendeten Fische rochen nach übereinstimmenden Beobachtungen der Anlieger nach Schwefel und Teer. Die Spur führte zu einem Braunkohlenwerk. Nun ist von chemischer Kohleverarbeitung im Leipzig - Bornaer Revier zu dieser Zeit noch keine Rede. Ähnliche Schadensbilder werden erst während des Ersten Weltkrieges hier wieder beobachtet. Die fragliche giftige Substanz war das für die Imprägnierung der Grubenhölzer vorgesehene Holzschutzmittel Karbolineum. Bei einer Reinigung war den Arbeitern der Behälter zu schwer gewesen, weswegen sie die Flüssigkeit in die Klärgrube des Werkes abgelassen hätten. Da diese Kläranlage nach den Gegebenheiten des Werkes nur ein Absetzbecken für Kohlenschlamm darstellte und keine chemische Reinigungsanlage, gelangte das Gift ungehindert in den Wasserlauf.[162] In einem Vergleich wurden dem Kläger 750 M gezahlt. Auflagen der Amtshauptmannschaft ergaben sich nur insoweit, als die Einleitung öliger Substanzen nochmals ausdrücklich untersagt und die rechtzeitige Räumung der Kläranlage angewiesen wurde.

Die rasch voranschreitenden Probleme von Wasserversorgung und Abwasserbeseitigung, die seit längerem diskutiert worden waren, sollten mit dem Erlaß des Wassergesetzes vom 12.03.1909 einer Lösung zugeführt werden.[163] Trotz der langwierigen Entstehungsgeschichte erfolgte die Gesetzgebung im Vergleich mit anderen deutschen Staaten noch relativ früh. So folgte das preußische Wassergesetz erst 1913.

Für die Wasserbenutzung wurde folgendes festgelegt: Im § 22 wurde der Gemeingebrauch des Wassers für häusliche und wirtschaftliche Zwecke weiterhin erlaubt. Darunter sollten insbesondere Waschen, Schöpfen, Tränken, Schwemmen, Kahnfahren, Eislaufen u. a. verstanden werden. Allerdings war auch festgelegt, daß die Verwaltungsbehörden den Gemeingebrauch u. U. einschränken konnten. Besondere, also darüber hinausgehende Benutzungen waren von behördlicher Zustimmung abhängig (§ 23). Dazu zählten z. B.:

---

161 SStA Leipzig, AH Borna Nr. 7373, Bl. 15.

162 SStA Leipzig, AH Leipzig Nr. 3087, Bl. 13.

163 GVBl. 1909, S. 227ff.

- die unmittelbare oder mittelbare Einführung von Stoffen, die den Gemeingebrauch beeinträchtigen oder sonst das Gewässer oder die Ufer in schädlicher Weise verunreinigen
- eine wesentliche Änderung des Bettes oder der Ufer
- die Errichtung oder wesentliche Änderung von Stauanlagen
- Be- und Entwässerungsvorhaben, die erhebliche Auswirkungen auf öffentliche Interessen und Rechte anderer haben
- das Ableiten von Wasser, so daß der Wasserstand erheblich gemindert wird.

Bei Verletzung öffentlicher Interessen oder der Belästigung und Beeinträchtigung anderer Grundstücke konnte die Erlaubnis versagt oder an Bedingungen oder Einschränkungen gebunden werden. Außerdem war die Erlaubnis bei Anlagen, die gesundheitsschädliche Stoffe verarbeiten nur unter dem Vorbehalt des jederzeitigen Widerrufs zu erteilen. Wenn um eine besondere Benutzung nachgesucht wurde, war dies öffentlich bekannt zu machen, damit Beteiligte ihre Einwände vorbringen konnten. Bei wesentlicher Änderung der Benutzung war ein erneutes Verfahren notwendig. Außerdem konnte eine erteilte Erlaubnis zur Einführung schädlicher Stoffe jederzeit ohne Entschädigung beschränkt oder ganz aufgehoben werden, wenn die auferlegten Bedingungen nach mehrfacher behördlicher Ermahnung nicht erfüllt wurden. Diese Bestimmungen galten auch für Quellen und Grundwasser. Über die im jeweiligen Bezirk vorhanden fließenden Gewässer sowie die an ihnen bestehenden besonderen Benutzungsrechte waren die sogenannten Wasserbücher zu führen. (§§ 27-50)

Die Betrachtung der Gewässer als öffentliches Gut brachten dem neuen Wasserrecht nicht nur Freunde ein. Insbesondere für Grundbesitzer brachte es Einschränkungen mit sich, da bisher Grund- und Quellwasser, sowie kleinere Wasserläufe zur privaten Verfügung gestanden hatten. So kritisierten gerade die Konservativen, die ansonsten für einen Schutz der Gewässer eintraten, im Landtag 1914, daß durch die Eintragspflicht in das Wasserbuch auch für „die geringsten Befugnisse“ viele Umstände und hohe Kosten verursacht würden.[164] Um eine effektive Kontrolle durchführen zu können, war es aber durchaus notwendig, die einzelnen Wassernutzer sorgfältig festzuhalten, wenn dies auch nur ein erster Schritt zur Reinhaltung sein konnte. Die Entscheidungsbefugnis lag bei den Amtshauptmannschaften. Außerdem wurde nach § 158 noch ein Wasseramt gebildet, das sich aus dem Amtshauptmann,

164 SStA Leipzig, AH Borna Nr. 6951, Bl. 237.

einem Vertreter der Straßen- und Wasserbauinspektion sowie 3 weiteren Mitgliedern zusammensetzen sollte. Entsprechend gesetzlicher Regelung hatten die Behörden mindestens jährlich eine Besichtigung der Wasserläufe vorzunehmen, die allerdings vorher bekanntgegeben wurde. Die Kommissionen machten dann auch die Erfahrung, daß dies durchaus Täuschungsmanöver begünstigt hat. Bei diesen Besichtigungen waren oft weniger Verunreinigungen beobachtet worden als sonst, was den Schluß nahe legte, daß Abwässer kurzfristig im Betrieb zurückgehalten oder bestimmte Anlagen außer Betrieb gesetzt wurden.[165]

Zuständig für die Unterhaltung der Wasserläufe waren Unterhaltungsgenossenschaften, die aus den jeweiligen Uferanliegern zu bilden waren. Sogenannte Dammgemeinden und Wasserlaufberichtigungsgenossenschaften waren bereits nach den Gesetzen von 1819 und 1855 gebildet worden. Das Wassergesetz hatte diesbezüglich eine gewisse Zentralisierung und organisatorische Verbesserung im Sinn.[166]

In der Amtshauptmannschaft Borna wurden demzufolge bis 1913 7 solcher Genossenschaften gegründet. Ihre Aufgabe war es, für die Reinhaltung des Wasserlaufbettes und den Schutz der Grundstücke vor Uferangriff, Überschwemmung, Eisgang und Versumpfung Sorge zu tragen. Die meisten Unterhaltungsgenossenschaften hatten in den ersten Jahren ihres Bestehens noch keine großen Lasten zu tragen. Namentlich der Zustand der Pleiße, Wyhra, Schnauder, Eula und Gösel wurden 1913 noch als „zum Teil sogar in gutem Zustand beschrieben“[167]

Innerhalb der nächsten Jahre muß sich dieser allerdings außerordentlich verschlechtert haben. Dazu dürften die gestiegenen Anforderungen an die Industrie in den Kriegsjahren, Arbeitskräftemangel sowie eingeschränkte Kontrollmaßnahmen durch die Behörden in dieser Zeit erheblich beigetragen haben. Im Bericht von 1919 heißt es: „Die Elster, die Pleiße, die Schnauder und die Wyhra sind ohne Instandsetzung übernommen worden und leiden in höchstem Maße unter der Verschlämmung der sächsischen und außersächsischen Kohlenwerke, so daß die Mühlenbetriebe vielfach kaum aufrecht zu erhalten sind. Die Reinigung der Flußbetten erfordert Hunderttausende, und die Kohlenwerke sind nur zur Gewähr unzulänglicher Beihilfen bereit.“[168]

---

165 SStA Leipzig, AH Borna Nr. 6939, Bl. 91.

166 SStA Leipzig, AH Borna Nr. 6951, Bl. 16ff.

167 Ebenda, Bl. 50.

168 Ebenda, Bl. 122.

Im Laufe des Jahres 1919 sollten alle Flußläufe eingehend untersucht werden, „zumal während der langen Kriegszeit bei mangelnder Beaufsichtigung, weitgehender Nachsicht und fehlenden Arbeitskräften Vielerlei zugelassen oder unterblieben ist, was nunmehr nach Eintritt geordneter Verhältnisse gebessert werden möchte."[169]

Schon seit langem gab es Bestrebungen nach einem reichseinheitlichen Abwassergesetz.[170] Der Entwurf, die grenzüberschreitenden Flüsse betreffend, lag 1913 vor, wurde aber nur von Braunschweig vorbehaltlos begrüßt. Sachsen, dessen Flüsse zumeist anderen Staaten zuflossen, fühlte sich benachteiligt. Bei Streitfragen sollte ein Schiedsgericht entscheiden. Auch das war für das sächsische Innenministerium unannehmbar. Die Verhandlungen kamen überdies während des Krieges zum Erliegen. Nach dem Krieg gehörte Sachsen zu den Befürwortern eines solchen Gesetzes, da es durch die beschleunigte Industrialisierung durch den Ersten Weltkrieg die Mißstände wachsen sah. „Es ist wirtschaftlich geboten, das Fließwasser von der Quelle bis zur See als zusammengehöriges Ganzes zu betrachten ...", äußerte sich das Wirtschaftsministerium. Der im Frühjahr 1925 erneut vorgelegte Entwurf fand Befürwortung bei den Unterliegern wie Bremen, Hamburg, Lübeck, Braunschweig und Hessen. Das beim Gesetzentwurf von 1913 noch führende Preußen hatte aber jetzt kein Interesse mehr daran.

169 Ebenda Nr. 6939, Bl. 123.

170 Zur Diskussion der Entwürfe zum Abwassergesetz: SHStA Dresden, Außenministerium Nr. 7267.

4 DIE AUSDEHNUNG DER UMWELTSCHÄDEN IM ERSTEN WELTKRIEG UND IN DER WEIMARER REPUBLIK

4.1 Das Problem der konkurrierenden Bodennutzung

4.1.1 Landschaftsveränderung durch Tagebau und Landwirtschaft

Die sinnlich am besten wahrnehmbare Zerstörung liegt beim Braunkohlenbergbau zweifellos in der beim Tagebau üblichen Abtragung der über den Flözen lagernden Bodenschichten. Wie bereits erwähnt, entwickelte sich das wirtschaftlich lohnende Verhältnis von Kohle zu Abraum bis zu den 30er Jahren auf 1:5. Das Problem wird klar wenn man z. B. eine Flözmächtigkeit von 10 m annimmt, was zumindest für das Bornaer Hauptflöz eher untertrieben ist. Der Einsatz solcher Großtechnik, die diese Eingriffe erlaubte, war wirtschaftlich gesehen natürlich nur sinnvoll, wenn sie auf entsprechend großen Flächen vorgenommen werden konnte. So dehnten sich die Tagebaue immer weiter in der Landschaft aus.

Das soll ein Vergleich der Bodennutzungen verschiedener Amtshauptmannschaften in der Kreishauptmannschaft Leipzig zeigen, der nach den Erhebungen des Sächsischen Statistischen Landesamtes von 1913, 1927 und 1935 zusammengestellt worden ist. Dabei werden die vom Braunkohlenbergbau betroffenen Amtshauptmannschaften Leipzig und insbesondere Borna der davon nicht berührten Amtshauptmannschaft Oschatz gegenübergestellt. Aufgrund unterschiedlicher Erhebungsmethoden gibt es zwar geringfügige Abweichungen, die aber für die hier zu treffenden Aussagen unerheblich sind. Demnach ergeben sich für ausgewählte Bodennutzungen folgende Flächen (in ha):[171]

171 Zusammengestellt aus: Zeitschrift des sächsischen statistischen Landesamtes (ZSStLA) 1916, 1917, 1928, 1929, 1935/1936.

Jahr	Gesamtfläche	landw. genutzt	Forste u. Holzungen	Un- und Ödland
AH Leipzig				
1913	42386,54	35598,66	3038,74	581,58
1927	37839,59	32317,94	1903,68	685,97
1935	36457,24	29344,97	2583,88	722,62
AH Borna				
1913	54757,70	48385,46	3446,17	615,77
1927	55113,07	46962,14	3530,01	1905,66
1935	55049,47	45443,02	3591,22	2244,49
AH Oschatz				
1913	56088,53	43103,18	9888,78	180,10
1927	55565,12	43962,14	9535,75	304,60
1935	55549,88	42603,06	9458,79	367,79

Zunächst ist der außerordentlich geringe Wald- oder Forstbestand der Amtshauptmannschaft Leipzig (7,09 %) und der Amtshauptmannschaft Borna (6,52 %) gegenüber der Amtshauptmannschaft Oschatz mit 17,03 % besonders hervorzuheben (Stand 1935). Darüber hinaus stieg der Anteil des Un- und Ödlandes in der Amtshauptmannschaft Borna von 1,12 % auf 4,08 % der Gesamtfläche an, während er in der Amtshauptmannschaft Oschatz auch 1935 erst bei 0,66 % lag.

Deutlicher als im Gesamtüberblick der Amtshauptmannschaften wird das Problem, wenn die einzelnen Ortsfluren betrachtet werden, die besonders durch den Braunkohlenbergbau geprägt wurden. Dabei ergaben sich für das Jahr 1927 in der Amtshauptmannschaft Borna z. B.:[172]

172 Berechnet nach: ZSStLA 1928/29, S. 122.

Flur	**landw. genutzt** in %	**Forste und Holzungen** in %	**Öd- und Unland** in %
Borna	74,2	1,0	10,5
Witznitz	60,8	2,5	31,8
Wyhra	69,7	0,2	28,5
Regis-Breitingen	77,0	0,7	12,7
Blumroda	73,2	1,2	22,0
Deutzen	79,9	0,4	16,7
Görnitz	46,2	0,9	49,9
Großzössen	41,7	0,9	40,7
Lobstädt	53,7	0,2	38,2
Rötha	86,0	6,3	0,4
Espenhain	92,4	0	4,4

Bemerkenswert ist hier, daß die seit den 30er Jahren arg in Mitleidenschaft gezogenen Fluren Rötha und Espenhain hier noch völlig intakte agrarische Strukturen aufweisen.

Die Zerstörung dieses fruchtbaren Ackerlandes, das sich über Jahrhunderte als relativ stabil erwiesen hatte, war natürlich nicht mit der Einstellung eines beliebigen Tagebaues wieder rückgängig zu machen. Zum einen wurde dem Boden eine Schicht unwiederbringlich genommen (Flöz), so daß auch nach Beendigung der direkten Eingriffe der alte Zustand nicht wieder hergestellt werden konnte. Allerdings hätte mit einer sorgfältigen Aushaltung kulturfähigen Materials und einer konsequenten Rekultivierung des Bodens innerhalb einiger Jahre eine land- oder forstwirtschaftliche Nutzung wieder ermöglicht werden können. Doch wurden die einzelnen über dem Flöz lagernden Bodenschichten oder die Zwischenmittel nicht getrennt abgetragen und ausgehalten, sondern in 2 oder 3 manchmal sogar nur in einem Schnitt entfernt und in der Nähe des Tagebaues auf Halde geschüttet. In manchen Fällen bewegte man den Abraum auch noch mehrfach hin und her.

Die Berginspektion berichtete am 26.07.1920 nach einer Besichtigung der im Inspektionsbezirk gelegenen Braunkohlenwerke an das Bergamt in Freiberg u. a. über den Abraumbetrieb der Brikettwerke Dora & Helene in Großzössen: „Hier wurde der Abraum zunächst auf Kipphalde gestürzt, welche schon seit Jahren nicht mehr benutzt wird. Die Fläche des bis Gelände Höhe verstürzten

Tagebaues kann jedoch vorläufig noch nicht mit Mutterboden überdeckt werden, da man dieselbe nochmals überkippt, weil die durch die 6 Abraumbagger gewonnenen Massen nur zum Teil in den Tagebau verkippt werden können, was nur in einzelnen, der Anzahl der Bagger entsprechenden Kippabsätzen erfolgen kann. Gegen Westen hin wird der Tagebau von einem Wirtschaftsweg begrenzt, für welchen s. Zt. ein Sicherheitspfeiler hatte belassen werden müssen, welcher jedoch späterhin zusammen mit dem Wege auch noch abgebaut werden soll. Zu diesem Zwecke wird man die an dem Wege entlang verstürzten Abraummassen späterhin wiederum fortbaggern müssen, um die Kohle frei zu legen.“[173]

Ähnlich wurde auch vorgegangen, wenn ein zweites Flöz gewonnen werden sollte. Meist waren die beiden Flöze durch eine Bodenschicht getrennt, die stark mit meist unbrauchbarem Ton durchsetzt war. Um das untere Flöz zu gewinnen, mußte diese Tonschicht, mit einer Mächtigkeit zwischen 5 und 8 m, auch abgebaggert und abtransportiert werden. Sie wurde auf die Halden meist zum Schluß, also oben aufgetragen und schaffte eine spröde Kruste, auf der fast nichts wachsen konnte.[174]

Die erste bergbehördliche Anordnung im mitteldeutschen Raum, die forderte, „bei Aufschließung des Kohlenflözes den Mutterboden gesondert von den übrigen Erdmassen auszuhalten und nach Einebnung des Geländes wieder aufzutragen“ stammt aus dem Altenburger Revier und wurde am 15.9.1915 dem Braunkohlenwerk Kraft I in Thräna zugeleitet.[175]

Die wirtschaftlichen Probleme Deutschlands in der Nachkriegsphase führten dazu, daß auch im nordwestsächsischen Raum vielfache Klagen geäußert wurden, die den Entzug der landwirtschaftlichen Nutzfläche betrafen, da andererseits gerade in der Nachkriegszeit auch der Abbau der Braunkohle mit besonderer Intensität betrieben wurde und sich die massenhafte Inanspruchnahme der Flächen deutlich bemerkbar machte.

Als besonders problematisch erschienen die Haldenflächen. Zum einen war die darunter lagernde Bodenschicht überkippt und damit für immer verloren, zum anderen machten die Wasserverhältnisse eine sinnvolle Nutzung kaum möglich. Erfahrungen lagen nur mit Ginster vor, wobei die Ginsteransaat ein Ergebnis der Rohstoffknappheit des Ersten Weltkrieges darstellte. Zur Befestigung der Böschungen sollte aber auch nach dem Krieg an dieser Bewirtschaftung festgehalten werden. Mehrfach wird erwähnt, daß auch mit der

173 SStA Leipzig, AH Borna Nr. 3877, Bl. 9b.

174 Ebenda, Bl. 14b.

175 Ebenda, Bl. 30.

pflanzlichen Besiedlung Versuche angestellt werden müßten. Dafür wurde auch Düngung, Melioration sowie Impfung mit Bodenbakterien empfohlen.

Weniger Probleme wurden für eingekippte Tagebauflächen gesehen. Jedoch wurde für das Gedeihen von Feldfrüchten in jedem Falle das Aufbringen von Muttererde gefordert. „Die Kostenfrage darf auch keinesfalls dazu führen, Maßnahmen zur Wiederurbarmachung zu unterlassen. Der Aufwand ist nicht den gewonnenen Flächen, sondern dem Braunkohlenbergbau zur Last zu schreiben.“, fordert ein „Gutachten über die Wiedernutzbarmachung abgebauter Tagebauflächen im Bornaer Braunkohlenrevier“. „Die Zeit und die meteorologischen Einflüsse für die Nutzbarmachung der abgebauten Flächen arbeiten zu lassen, um das Aushalten und Aufbringen des Mutterbodens zu vermeiden, kann in unserer wirtschaftlich sehr schweren Zeit nicht zugebilligt werden, denn dabei entsteht nur sehr allmählich auf den abgebauten Flächen und Halden eine neue Vegetation. Für die Gegenwart handelt es sich um sofortige Wiedernutzbarmachung zur Steigerung unserer Erträge an Inlandserzeugnissen. Würde dies nicht geschehen, so kann schließlich von einer gemeinschädlichen Einwirkung des Braunkohlenbergbaus in der Richtung gesprochen werden, daß große Flächen fruchtbringenden Ackerlandes dem nationalen Wiederaufbau entzogen werden. Jede Fläche, auch die kleinste, muß heute intensiver denn je ausgenutzt werden ...“[176] Diese Aufforderung trug der Tatsache Rechnung, daß landwirtschaftlich wichtige Gebiete vom Deutschen Reiche abgetrennt worden waren. Insgesamt hatte Deutschland 15,4 % der Ackerfläche verloren. Die Erträge waren darüber hinaus durch Einwirkung des Krieges stark zurückgegangen.[177]

Zahlreiche Beschwerden der vom Braunkohlenbergbau betroffenen Gemeinden gingen bei den Behörden ein. Der Gemeinderat von Großzössen erhob am 7.6.1920 bei der Amtshauptmannschaft Borna dagegen Einspruch, bei der Abraumbeseitigung würde der Mutterboden „mit den übrigen Erdmassen derart vermengt, daß dessen Wiederverwendung unmöglich ist“. Er forderte, sofort gesetzliche Bestimmungen zu erlassen.[178] Da das sächsische Wirtschaftsministerium eine gesetzliche Regelung nicht für möglich erachtete, befürchtete die Gemeinde Großzössen, daß „hier in 8-10 Jahren keine

---

176 SStA Leipzig, ASW Böhlen Nr. 307, Bl. 39.

177 Vom Durchschnitt der Jahre 1909/13 bis 1918 z. B. bei Weizen auf 59,4 % und bei Kartoffeln auf 64,4 %, E. Schulze, 7500 Jahre Landwirtschaft in Deutschland. Von den Bandkeramikern bis zur Wiedervereinigung. Ein kurzer Abriß der Agrargeschichte, Leipzig 1995, S. 159.

178 SStA Leipzig, AH Borna Nr. 3877, Bd. 1, Bl. 1.

Landwirtschaft mehr" existiere.[179] Im Zusammenhang mit diesen Vorgängen wurden Besprechungen der beteiligten Stellen angesetzt, sowie Gutachten zu den Zuständen im Revier angefertigt.

Danach verfügte z. B. das Braunkohlenwerk Borna AG 1922 über ca. 73 ha Tagebaufelder, das Bleichertsche Braunkohlenwerk Neukirchen-Whyra über 75 ha abgeräumte Fläche sowie über 40 ha wieder eingekippte Flächen und 9 ha Kipphalden. Das besonders im Brennpunkt stehenden Werk Dora & Helene in Großzössen hatte zu diesem Zeitpunkt sogar schon 29 ha allein an Kipphalden aufzuweisen.

Versuche, die ausgekohlten Flächen und Halden mit Muttererde zu bedecken, liefen in einigen Werken. Die Braunkohlenwerke Borna hatten 6,5 ha damit eingekippt. Das Werk Dora & Helene auf diese Weise 9 ha als Deputatland für seine Arbeiter zur Verfügung gestellt, auch Kraft II 5 ha der landwirtschaftlichen Nutzung wieder zugeführt. Die Regiser Kohlenwerke hatten durch ein Grabensystem die Wasserverhältnisse auf einer Kippe zu bessern gesucht und sie mit Mutterboden bedeckt. Das sich im Aufschluß befindliche Staatliche Braunkohlenwerk Böhlen wurde etwa auf 100 ha abzuräumende Fläche geschätzt, wobei 7-8 Mio m³ Erdreich auf Halde zu bringen seien. Bei der Aufschüttung der Halde wurden deren Stufen unmittelbar mit 40 bis 60 cm Ackerkrume abgedeckt und mit Weißerlen bepflanzt. 5 der bei einer Begehung im November 1921 untersuchten 9 Werke hatten Mutterboden für die Wiederurbarmachung von Flächen verwendet. Allerdings befanden sich alle noch im Versuchsstadium und die Erfolge waren nicht immer gegeben. Das einzige Werk, das beim Anschneiden neuer Felder sofort mit der gesonderten Gewinnung und Aushaltung der Muttererde begonnen hatte, war das Staatliche Braunkohlenwerk Böhlen.[180]

Insgesamt wurden für den Bornaer Bezirk vom Oberbergamt Freiberg in einem Schreiben an das Finanzministerium folgende Flächenverteilungen angegeben (Stand Ende 1924, in ha):[181]

---

179 Ebenda, Bl. 3b.

180 SStA Leipzig, ASW Böhlen Nr. 307, Bl. 27ff.

181 SStA Leipzig, ASW Böhlen Nr. 307.

abgebaute Tagebaufläche:	550,00
von Kipphalden eingenommen:	286,42
mit Abraum wieder eingekippte ausgekohlte Tagebaufläche:	362,61
wieder urbar gemachte Kippenfläche:	10,45
wieder urbar gemachte ausgekohlte Tagebaufläche:	106,30

Das bedeutet, daß nur etwa 10 % der nicht mehr benutzten Bergbauflächen wieder urbar gemacht worden waren. Die Kippenflächen müssen sogar fast vollständig als Ödland angesehen werden. Noch 20 Jahre nach Aufschüttung konnte bei einer Begehung der immerhin planierten Halde in Neukieritzsch nur ein spärlicher Bewuchs mit anspruchslosem Reitgras (Sandrohr) sowie ganz vereinzelt niedrigem Strauchwerk (vor allem Ginster) festgestellt werden. Selbst diese dürftige Vegetationsdecke beschränkte sich auf die Kippenflächen mit überwiegend diluvialem (pleistozänem) Material an der Oberfläche und dem tertiären Material, das durch Auswaschungen mit der Zeit seinen wurzelverätzenden Anteil an schwefliger Säure zumindest an der Oberfläche eingebüßt hatte. Immer noch waren aber auch völlig vegetationslose Flächen zu erkennen.[182]

Mit der Ausdehnung der Tagebauflächen geriet der Braunkohlenbergbau immer stärker in Konflikt mit landwirtschaftlichen Interessen. Ganz besonders spitzten sich die Auseinandersetzungen in den 20er Jahren zu. Zwei wichtige Gründe sind dafür zu nennen. Einerseits liegt die Ursache im Voranschreiten des Abbaus. Die ersten Großtagebaue, die etwa um die Jahrhundertwende eingerichtet worden waren, hatten bereits erhebliche Areale ausgekohlt, die nun weiterer Verwendung harrten. Andererseits nahmen die Werke neue Flächen, die bisher landwirtschaftlich genutzt wurden, in Besitz. Bei der schlechten Ernährungslage der Bevölkerung in der Nachkriegszeit mußte dies nicht nur die unmittelbar betroffenen Bauern auf den Plan rufen, sondern auch breiteren Bevölkerungsschichten ein Dorn im Auge sein. Den Bauern selbst machten vor allem die mit der Inflation entwerteten Entschädigungen in Geld große Sorgen.

Entsprechende Beschwerden gingen auch bei höchsten Regierungskreisen ein, da das Problem nicht nur auf lokaler Ebenen einzelner Gemeinden, sondern

182 H. Barthel, Die Veränderungen der Landschaft durch den Braunkohlenbergbau in: Zeitschrift für den Erdkundeunterricht H. 1/1956 S. 28.

im gesamten mitteldeutschen Raum und im Rheinland akut wurde. Dabei stellten die Landwirte insbesondere folgende Forderungen:[183]

- höhere Entschädigungen für Abbaurechte, Oberflächennutzung und Bergschäden
- Entschädigung in Form von Boden oder Anteilen an Bergwerksgesellschaften statt Geld
- bessere Möglichkeiten landwirtschaftlicher Nutzung des abgetretenen Gebietes vor und nach erfolgtem Abbau

Der Reichsminister für Ernährung und Landwirtschaft forderte deshalb in einem Rundschreiben an die Landesregierungen vom 27.12.1922 dazu auf: „Solange Deutschland genötigt ist, erhebliche Mengen ausländischer Lebensmittel und Futtermittel einzuführen und durch den hierfür nötigen Devisenbedarf seinen Haushalt über seine Tragfähigkeit hinaus belastet sieht, muß es das unausgesetzte Bestreben der für die landwirtschaftliche Nutzung eines jeden Fleckes deutscher Erde so lange zu erhalten und sicherzustellen, daß nicht andere überragende öffentliche Interessen die Inanspruchnahme des Bodens für nicht landwirtschaftliche Zwecke unbedingt erfordern."[184] Nach seinen Worten sei eine Veränderung der Zustände vor allem deshalb notwendig, da die Regelung der bergrechtlichen Verhältnisse aus einer Zeit stamme, da Deutschland seinen Bedarf an Nahrungsmitteln selbst zu erzeugen in der Lage war, so daß insbesondere die gewerbliche Entwicklung zu Ungunsten der Landwirtschaft gefördert wurde. „Heute hat sich eine derartige Verschiebung zu Ungunsten der Landwirtschaft vollzogen, daß ihre weitere Zurückdrängung nur mit Sorge betrachtet werden kann", heißt es in dem Rundschreiben weiter. Eine reichsgesetzliche Regelung dieser Frage war nicht möglich, da der Bergbau in die Kompetenz der Länder fiel. So appellierte er an die Landesregierungen, entsprechend vorzugehen.

Der Deutsche Braunkohlen-Industrie-Verein wehrte sich entschieden gegen diese Absichten, auch wenn das Schreiben nur empfehlenden Charakter trug. In einer Eingabe an den Minister bezeichnete er es als einen „den Bergbau schwer schädigenden Erlaß". Die Klagen der Landwirtschaft seien unbegründet. Finanzielle Verluste der Bauern durch die Veräußerungen seien normal. Die Bauern seien „in der Lage wie jeder andere, der Anlagen zur Goldwährung in Kapital umgesetzt hat und sich jetzt damit abfinden muß, daß die aus der

183 SStA Leipzig, ASW Böhlen Nr. 307, Bl. 85ff.

184 Ebenda, Bl. 86b.

Geldzahlung ihm zufließenden Rente nur in Papierwährung besteht".[185] Indirekt wurde damit also zugegeben, daß ein Teil der Bauern praktisch entschädigungslos enteignet worden war. Außerdem sei die gezahlte Oberflächenentschädigung der früheren Verträge weniger eine Pachtentschädigung, sondern mehr Ersatz für entstandene Bergschäden. Eine generelle Verpflichtung zur Mutterbodenwirtschaft wurde wegen der hohen Kosten abgelehnt. „Bei all den Beschwerden der Landwirtschaft darf nicht vergessen werden, wie die mit großen Kosten und oft mit Verlusten verbundene Arbeit der Bergbautreibenden, durch die unsere heimischen Bodenschätze erschlossen werden, so ganz außerordentlich zur Hebung des nationalen Wohlstandes und zur Verminderung der durch den Krieg und der Nachkriegszeit entstandenen Kohlennot beigetragen hat und gerade jetzt in außerordentlich erheblichem Maße beiträgt. Was will gegenüber den Werten, die der Bergbau schafft, die durch ihn erzeugte Mehrung unseres Nationalvermögens, die Wertminderung oder auch die Vernichtung eines verschwindend geringen Bruchteiles des zur land- und forstwirtschaftlichen Erzeugung dienenden Bodens bedeuten?", lautete das schlagkräftige Argument, das im übrigen bei allen industriekritischen Einwänden vorgebracht wurde und bis heute nichts von seiner Zugkraft eingebüßt zu haben scheint.

„Es ist daher nach wie vor am besten, es den Bergbautreibenden, die von einem hohen Verantwortungsgefühl erfüllt sind, selbst zu überlassen, wie sie die Nutzbarmachung der Flächen betreiben," wurde angesichts der drohenden Gesetzgebung in einer Braunkohlen-Fachzeitschrift gefordert.[186] Die Chancen dafür standen sehr gut, in anderen Bereichen war die Überwachung technisch bedingter Risiken schon länger privatisiert.[187]

Angesichts der wirtschaftlichen Lage blieben gesetzliche Regelungen auch weiterhin aus. Die bereits erwähnte Gemeinde Großzössen wandte sich im November 1925 ein weiteres Mal an die Amtshauptmannschaft mit der Bitte um ein entsprechendes Gesetz. „Falls nicht endlich an die Gewinnung neuer Anbaufläche im hiesigen Flurgebiet herangegangen wird, kommt die Landwirtschaft unseres Ortes zum Erliegen. Dies bedeutet für unsere Bergarbeiterwohnsitzgemeinde eine erhebliche Verteuerung der landwirtschaftlichen Produkte, die bereits heute zum Teil von außerhalb herangeholt werden

---

185 Ebenda, Bl. 74f.

186 Braunkohlen- und Brikettindustrie. Spezial-Fachzeitschrift für die Interessen der gesamten Braunkohlen-Industrie und deren Nebenzweige, Nr. 17/1922, S. 682.

187 Wie z. B. die Dampfkesselüberwachung: R. Wolf, Der Stand der Technik. Geschichte, Strukturelemente und Funktion der Verrechtlichung technischer Risiken am Beispiel des Immissionsschutzes, Opladen 1986, S. 106

müssen, und Gefährdung der Milchversorgung für die Säuglinge und Kleinkinder", wurde die Situation des Ortes beschrieben, wo 2 weitere landwirtschaftliche Güter vor der Aufgabe standen.[188] Nach den Veränderungen in der Wasserversorgung konnte ein weiteres Problem der bisher dezentral organisierten Versorgung bald nur noch überregional gelöst werden. Die letzten Residuen landwirtschaftlicher Erzeugung im hochindustrialisierten Sachsen schrumpften.

Die Großzössener Zustände waren zwar extrem zugespitzt, aber keine Einzelfälle, so daß es zu Verhandlungen der Sächsischen Landwirtschaftskammer und des Bergbaulichen Vereins Borna unter Mitwirkung der Bergämter sowie der Amtshauptmannschaft und Kreishauptmannschaft kam. Für künftige Abbauverträge sollte eine Verpflichtung zur Wiederurbarmachung festgelegt werden. Um diese Formulierung gab es scharfe Auseinandersetzungen, die sich von Mai 1926 bis März 1929 hinzogen. Der ursprüngliche Entwurf des Bergbaulichen Vereins lautete: „Das Werk ist verpflichtet, die von ihm in Abbau genommenen Flächen, nachdem sie eingekippt worden sind, in dem Umfange mit geeigneten, aus dem eigenen Betriebe stammenden Bodenmassen zu überdecken, die die land- oder forstwirtschaftliche Nutzung ermöglichen. Voraussetzung hierfür ist, daß die durch diese Wiederurbarmachung dem Werke entstehenden Mehrkosten wirtschaftlich tragbar sind."[189] Als die große Streitfrage erwies sich die Definition der wirtschaftlichen Tragbarkeit. Die Werke wollten sie als „angemessenes Verhältnis der Kosten der Wiederherstellung zum Werte des Grund und Bodens" verstanden wissen.[190] Nach einer weiteren Beratung wurde die Formulierung eingebracht, daß für die Entscheidung der wirtschaftlichen Tragfähigkeit die subjektive Leistungsfähigkeit der Werke nicht maßgebend sein kann, die Braunkohlenindustrie verlangte jedoch die Bemerkung, daß die erwachsenden Mehrkosten angemessen sein müßten. Da nun theoretisch wieder eine langwierige Diskussion zur Definition der Angemessenheit möglich gewesen wäre, suchte die Amtshauptmannschaft das Verfahren abzukürzen, indem sie es als wirtschaftlich tragbar befand, daß die Mehrkosten in einem angemessenen Verhältnis zum Wert des wiedergewonnenen Bodens stehen müßten.[191] Nichts anderes hatten die Werke gefordert. Der Status quo wurde damit gewahrt, eine gesetzliche Verpflichtung für Mutterbodenwirtschaft existierte de facto weiterhin nicht.

---

188 SStA Leipzig, AH Borna Nr. 3877 Bd. 2, Bl. 1.

189 Ebenda, Bl. 30.

190 Ebenda, Bl. 48.

191 Ebenda, Bl. 79.

Die Auseinandersetzungen um eine Bodenbewirtschaftung der ausgekohlten Flächen hielt aber in Deutschland weiter an. In der zweiten Hälfte der 20er Jahre wurde das Problem mehrfach im preußischen Landtag behandelt. Zunächst hatte die Kommunistische Partei im Mai 1927 folgenden Antrag gestellt: „Das Staatsministerium wird beauftragt, beschleunigt einen Gesetzentwurf vorzulegen, der die Inhaber von Braunkohlenfeldern verpflichtet, die im Tagebau ausgebeuteten Flächen unverzüglich einzuebnen in einer Weise, daß die ausgekohlten Flächen sich wieder für land- und forstwirtschaftliche oder gärtnerische Nutzung eignen. Der Gesetzentwurf soll weiter die Bedingung enthalten, daß das ausgekohlte, wieder instandgesetzte Land kostenlos in den Besitz der Gemeinde übergeht, in der es liegt und das diese es in eigener Regie zu Gunsten der örtlichen Fürsorge zu bewirtschaften oder an Kleinbauern, die nicht im Besitz einer Ackernahrung sind, zu niedrigem Zins zu verpachten hat.“[192] Abgesehen davon, daß die kostenlose Übertragung des Bodens an die Gemeinden auf allgemeinen Widerstand der Braunkohlenwerke stieß, wurde auch die Verpflichtung zur Auftragung von Mutterboden weitgehend abgelehnt. Die Kosten für ein solches Vorgehen wurden seitens der Industriellen mit 5 000 bis 10 000 RM je Hektar angegeben, so daß eine wirtschaftliche Nutzbarmachung auf diese Weise als untragbar zurückgewiesen wurde.[193]

Im Mai 1929 wurden die land- und forstwirtschaftlichen Schädigungen durch den Baunkohlenbergbau erneut im preußischen Landtag zur Sprache gebracht. In einer Großen Anfrage der sozialdemokratischen Fraktion heißt es u. a.: „Durch den tiefen Tagebau wird land- und forstwirtschaftliche Nutzfläche in großem Umfange vernichtet. Bis auf 100 m Tiefe ausgekohlte Gruben bleiben offen liegen, und bis zur gleichen Tiefe wird das Grundwasser entzogen. Hohe Halden bedecken fruchtbares Land. Nach der Auskohlung läßt der weiterwandernde Bergbau öde Wüsteneien zurück.“ Zwar hätten einzelne Werke Gelände wieder urbar gemacht, jedoch fehle „die gesetzliche Handhabe, um alle Unternehmungen zur Beseitigung der Schäden anzuhalten und zu zwingen, daß die land- und forstwirtschaftliche Nutzfläche möglichst wiederhergestellt wird“[194]. Daraufhin sah sich der Deutsche Braunkohlen-Industrie-Verein, dem seit 1912 auch die sächsischen Unternehmen angehörten, dazu veranlaßt, statistische Erhebungen über die Ausdehnung des Braunkohlenbergbaus vorzunehmen, um für die erwartete Diskussion mit Fakten und Argumenten aufwarten zu können. Außerdem wurden die Werke

---

192 SStA Leipzig, ASW Böhlen Nr. 307.

193 Handbuch für den deutschen Braunkohlenbergbau, Bd. 2, Halle 1935, S. 924.

194 SStA Leipzig, ASW Böhlen Nr. 307.

aufgefordert: „Bei dieser Gelegenheit richten wir an die Werke nochmals den dringenden Appell, um die Aufforstung der abgebauten Flächen und Abraumhalden bemüht zu sein, insbesondere den Flächen und Halden Aufmerksamkeit zu schenken, die von Eisenbahnen und großen Verkehrswegen aus eingesehen werden können. Der Braunkohlenbergbau läuft sonst Gefahr, daß die Wiedernutzbarmachung der abgebauten Flächen gesetzlich geregelt wird, was zu verhindern uns bisher glücklicherweise gelungen ist."[195] Eine gesetzliche Regelung konnte auch in diesem Fall erfolgreich verhindert werden. Erst die „Richtlinien für die Wiederurbarmachung von Tagebauen" von 1940 boten eine für ganz Deutschland verbindliche Vorschrift, und auch diese waren für den Bergbau noch großzügig formuliert.[196]

Der Geograph Walter Sinkwitz beschrieb 1935 die Bornaer Braunkohlelandschaft so:[197] „Weite Flächen sind, obwohl kohleführend, aber noch nicht bergbaulich in Anspruch genommen, landwirtschaftlich genutzt. So ist die Bornaer Landschaft offenes durch diese Flächen aufgelockertes Mischgebiet bergbaulicher und landwirtschaftlicher Momente, wobei wir unter landwirtschaftlichem Moment kurz den bestellten Acker verstehen wollen; freilich überwiegen die bergbaulichen Momente, die Großtagebaue an Wucht der Erscheinung. Die durchschnittliche Tiefe der Gruben beträgt 35-40 m, was in dem weithin flachen Lande ... bei der Weite der Gruben wesentlich ist ... Neben den Gruben sind stets Hochhalden aufgeschüttet, deren Dimensionen mit durchschnittlich 20 ha Bodenumfang und 20 m Höhe normal sind." Nicht alle Zeitgenossen konnten sich an der „Wucht der Erscheinung" von Abraumhalden erfreuen. In einem Schreiben an den Landeskulturrat in Dresden von 1920 heißt es über dieses Gebiet: „Die Halden, die man in der dortigen ganzen Umgegend sieht, sind nicht gerade zu Naturschönheiten zu rechnen."[198]

Mit den o. g. Ausmaßen brachte die Haldenlandschaft mehr als nur ästhetische Probleme oder den unmittelbaren Flächenentzug. Dazu gehörten u. a. auch die sogenannte Deflationen, d. h. die bei trockener Witterung auftretenden Sand- und Staubverwehungen, die sich zeitweise zu regelrechten Sandstürmen auswuchsen. Joachim Seidemann, langjähriger Kultursachverständiger im Bornaer Revier, nahm von April bis November 1951

---

195 Ebenda, Hervorhebungen K.K.

196 Siehe S. 153.

197 W. Sinkwitz, Die mitteldeutsche Braunkohlenlandschaft ..., a. a. O., S. 10.

198 SStA Leipzig, AH Borna Nr. 3877.

Sandstaubmessungen an der Hochhalde Espenhain vor. Er kam dabei zu folgenden Ergebnissen :[199]

Entfernung von der Halde in m	**Windgeschwindigkeit** in m/s	**mittlere gemessene Ablagerung** in kg/ha
200	3 - 6	28,6
400	3 - 6	83,6
800	3 - 8	168,9
1 200	3 - 6	104,0

Neben den bei trockenem Wetter auftretenden Sand- und Staubstürmen traten im gegenteiligen Falle bei den lange Jahre vegetationslosen bzw. -armen Halden auch Abspülungen auf, die z. T. metertiefe Erosionsrinnen hinterließen.[200] Ebenfalls an der Hochhalde Espenhain kam es in den 50er Jahren wiederholt zu Böschungsrutschungen an der 1 500 m langen und 69 m über Flur aufragenden Ostseite. Über die Rutschung im Mai 1955 wird berichtet: „Im Vorland der Halde Espenhain wurden durch die Rutschung vom 12. Mai 1955 innerhalb weniger Minuten rund 4.5 ha fruchtbares Ackerland mit ausbrechenden Abraummassen überzogen. Ein Bauer aus Trages, der zu dieser Zeit sein Feld bestellen wollte, mußte unter Zurücklassung seines Wagens fluchtartig mit seinem Gespann das Feld verlassen."[201]

Nun kann die Espenhainer Halde, die erst seit 1938 aufgeschüttet wurde, nicht als typisch für das Gebiet zu dieser Zeit angesehen werden, denn Ihre Ausdehnung von über 200 ha machte sie zu einer Ausnahme. Jedoch wird an den o. g. Zahlen das Problem deutlich, wenn auch für die zahlreichen kleineren Halden keine gleichartigen Untersuchungen vorliegen. Zahlreich überlieferte Beschwerden von Anliegern dokumentieren aber das Problem auch hier.

Bezeichnend für den Zustand der Halden auch in den frühen Jahren des Braunkohlenbergbaus sind z. B. die Verkaufsverhandlungen des Braunkohlenwerkes Borna AG mit der Stadt Borna in den Jahren 1916 bis 1920 über eine ca. 30 sächsische Acker (16,5 ha) einnehmende Halde am Stadtrand,

---

199 J. Seidemann, Der Einfluß des Bergbaus ... , a. a. O., S. 69.

200 H. Barthel, Braunkohlenlandschaft und Landschaftsdynamik. Ein Beitrag zum Problem der Beeinflussung der Kulturlandschaft in Braunkohlenrevieren, dargestellt am Beispiel des Zeitz-Weißenfelser Revieres, Gotha 1962, S. 47.

201 Ebenda, S. 55.

die als gärtnerische Anlagen umgestaltet werden sollte.[202] Das Werk wies auf die Anschaffungskosten von 125 000 M und eine erste angelegte Ginsterbepflanzung, die Kosten in Höhe von 2 000 M verursacht hätte, hin. Außerdem stünde in einem Teil der Halde noch Kohle an. Diese Kohle befand sich jedoch im Bereich eines Sicherheitspfeilers zur Bahnlinie, so daß sie für das Werk ohnehin nicht gewinnbar war.

Der Stadtrat Bornas, Stofen, erklärte in den Verhandlungen, daß das Gelände der Halde seinen landschaftlichen Wert verloren hätte und die Gewerkschaft froh sein könne, die Unterhaltung der Halde los zu sein. Auch das Werk betrachtete intern die Verkaufsmöglichkeit als eine gute Chance. Der Verhandlungsführer berichtete: „Nach meinem Ermessen könnte es die Gewerkschaft nur begrüßen, wenn sie auf diese Weise die Sorge der weiteren Instandhaltung der Halde und etwaiger Schäden gänzlich los würde. Wir hätten bei Erreichen des erwähnten Kaufpreises (30 000 M - K. K.) dann auch die uns durch die Görnitzer Halde entstandenen hohen Schäden reichlich ausgeglichen und wären der Stadt Borna noch gefällig geworden." Auf die außerordentlich hohe Preisforderung konnte die Stadt nicht eingehen, bot aber mit dem Hinweis auf die Ertragslosigkeit der Fläche und die noch aufzuwendenden Mittel die Hälfte der geforderten Summe an. Obwohl das Werk mit dieser Summe hätte zufrieden sein können, forderte es immerhin noch 20 000 M, berichtete aber an den Grubenvorstand: „In der Erwägung, daß wir uns außer der Vergütung von M 15 000,- auch einer weiteren Last für die Zukunft entledigen, wäre das Geschäft auch auf dieser Basis noch als ein recht günstiges zu bezeichnen, abgesehen davon, daß wir uns die Stadt verpflichten ..." Im Jahre 1918 kamen die Verhandlungen zunächst zum Erliegen.

Nachdem sich auch die Amtshauptmannschaft und die Berginspektion interessiert am Fortgang der Verhandlungen gezeigt hatten, trat die Stadt an das Werk im Dezember 1919 nochmals heran. Nach Bericht des Stadtrates seien in der Bevölkerung Strömungen gegen den Ankauf der Halde aufgetreten, der sogar im Wahlkampf der Sozialdemokraten eine Rolle gespielt habe. „Insbesondere auch von vielen Bergarbeitern" würden 20 000 M als zuviel eingeschätzt, „es müsse die Aktiengesellschaft Braunkohlenwerke Borna froh sein, wenn sie den alten Dreckhaufen (Halde) los würde, sie hätte ihn ruhig verschenken können", wurde deren Meinung zitiert. Im Laufe der Zeit habe diese Meinung Ihre Bestätigung „in der inzwischen eingetretenen, durch starken Regen und Schneeschmelze verursachten großen Auswaschungen und Zerklüftungen der Haldenböschungen und Abführungen von Haldenwassern auf das umliegende Gelände und in die Straßengräben gefunden, was alles die

202 Die Rekonstruktion dieses Vorgangs beruht auf: SStA Leipzig, BKW Borna AG Nr. 38.

Halde in ihrem jetzigen Zustande als große Verunstaltung ansehen läßt, die in solchen Zustande nicht länger geduldet werden dürfe ..." Inzwischen war auch bei der Stadt bekannt geworden, daß sich das Werk 1910 dem Bergamt gegenüber verpflichtet hatte, die Böschungen und 10 m Rand zu bepflanzen und die Anpflanzungen in gutem Zustand zu erhalten. Erst im Frühjahr 1920 scheint der Verkauf zustande gekommen zu sein.

4.1.2 Die Abgrenzung von Interessensphären

Das Problem der konkurrierenden Bodennutzung verlangte nach regulierenden Maßnahmen. In den 20er Jahren wurde das Problem akut, die Interessensphären der Braunkohleunternehmen abzugrenzen und gleichzeitig Städten und Gemeinden mit langfristig gültigen Entwicklungsperspektiven zu versehen. Insofern reichten die Raumordnungsbestrebungen sogar weiter zurück und gingen auch wesentlich über das Ziel hinaus, „die Profitinteressen der Monopolbourgeoisie gebietswirtschaftlich sichern" zu müssen, wie es in einer industriegeographischen Arbeit von 1969 heißt.[203] Pläne für eine Generalsiedlungsplanung bzw. Flächennutzungsplanung gingen in Deutschland bereits auf die Jahre zwischen 1910 und 1920 zurück. Es gab sie erstmals mit der Bildung des Zweckverbandes Groß-Berlin im Jahre 1912.[204] Die größte Bedeutung erlangte wohl der 1920 gegründete Ruhrsiedlungsverband.

Auch für Nordwestsachsen fallen die Anfänge der Planung in diesen Zeitraum.[205] Die Kreishauptmannschaft Leipzig hatte am 12.1.1911 die Aufstellung eines Verkehrsplanes für Leipzig und Umgebung beschlossen.[206] Das Sächsische Ministerium des Innern beauftragte am 25.7.1914 die Kreishauptmannschaft Leipzig mit der Aufstellung eines Ortserweiterungs-

---

203 F. Hönsch, Der Industriekomplex Böhlen ... , a. a. O., S. 120.

204 J. Umlauf, Zur Entwicklungsgeschichte der Landesplanung und Raumordnung, Hannover 1986 S. 1.

205 Erste Ansätze landesplanerischer Tätigkeit bot bereits das „Allgemeine Baugesetz für das Königreich Sachsen" vom 1.7.1900, das als besonders fortschrittlich galt und in dem die Aufstellung von Ortserweiterungsplänen als Grundlage der Bebauungspläne vorgesehen war. G. Richter, Entwicklung der Landesplanung und Raumordnung in Sachsen. Von ihren Anfängen bis zur Auflösung der Länderstruktur im Jahr 1952, Dresden 1994, S. 15.

206 K. Ackermann, Die Herausbildung der Stadtplanung und ihre Entwicklung bis zum ersten Generalbebauungsplan 1929 unter Beachtung der Verkehrsplanung, in: Leipzig. Aus Vergangenheit und Gegenwart. Beiträge zur Heimatgeschichte, Bd. 5, Leipzig 1988, S. 175.

planes.[207] Zu dieser Zeit waren allerdings die genaueren Pläne zum Kohlenabbau noch nicht zu erkennen, da dieser noch rein privatwirtschaftlich erfolgte und sich in der Aufbauphase befand. Erst mit der Kohleregalisierung 1918 und den folgenden Aktivitäten ließen sich die Interessengebiete genauer abstecken. Zu diesem Zweck wurde in der Kreishauptmannschaft Leipzig die Aufstellung eines umfassenden Siedlungs- und Wirtschaftsplanes beschlossen. Nach dem Vorbild des Ruhrsiedlungsverbandes sollte die Einrichtung der Landesplanung Westsachsen nach der Verordnung des Ministeriums des Innern vom 26.2.1925 „das Entstehen eines großen einheitlichen Wirtschaftsgebietes auf dem gesamten westsächsischen Kohlengelände ermöglichen und seinen Ausbau in geordnete, der Wirtschaft und den Bewohnern dienliche Bahnen lenken."[208]

Trotzdem waren auch nach umfangreicher statistischer Vorarbeiten zu Gewerbeverteilung, Bevölkerungswachstum u. a. die Aufgaben wesentlich breiter angelegt als nur die Abgrenzung der Kohleinteressen von den Siedlungsinteressen vorzunehmen. So wurde z. B. großes Gewicht auf die Entwicklung eines umfassenden Straßennetzes gelegt. Dabei unternahm man erste Verhandlungen zur Anlage von Autobahnen. Namentlich wurden genannt: der Ausbau der historischen Salzstraße zwischen Halle und Leipzig, die „Müleiberl" (München-Augsburg-Nürnberg-Leipzig-Berlin), die Strecke Chemnitz-Leipzig sowie die Muldentalstraße.[209]

In Abgrenzung von den Interessen des Kohlebergbaues gründete sich 1926 außerdem der Zweckverband Groß-Leipzig mit den Städten Leipzig, Markranstädt, Taucha, Zwenkau und Gemeinden der Amtshauptmannschaft Leipzig. Auf Initiative der Gemeinde Großzössen wurde auch im Bornaer Gebiet seit 1925 eine Interessenvertretung der Gemeinden vorbereitet, „die durch den Abbau der Kohle in wirtschaftlicher und sonstiger Beziehung berührt und in ihrer Entwicklung gehemmt werden."[210] Bis März 1925 hatten sich die Gemeinden Pürsten, Groitzsch, Deutzen, Lobstädt, Bad Lausick, Frohburg, Rötha, Pegau, Zedtlitz und Hartmannsdorf der Initiative angeschlossen.[211] Nach zweijährigen Vorbereitungsarbeiten stellte sich jedoch heraus, daß nur relativ wenige Gemeinden an einem solchen Verband interessiert waren. So sah

---

207 Die Landesplanung im westsächsischen Braunkohlengebiet, Mitteilungen Folge 2, Februar 1930, S. 1.

208 Ebenda, Folge 1, S. 1.

209 Ebenda, Folge 2, S. 9f.

210 SStA Leipzig, Stadt Regis-Breitingen Nr. 257, Bl. 115.

211 SStA Leipzig, AH Borna Nr. 5433, Bl. 2.

die Stadt Borna ihre Interessen durch die Aufstellung des Wirtschafts- und Siedlungsplanes durch die Kreishauptmannschaft Leipzig ausreichend gesichert.[212] Tatsächlich war das Verhältnis zwischen einzelnen Ortschaften und den dort ansässigen Werken überaus unterschiedlich. Davon abgesehen, daß die Kohlenwerke für viele Gemeinden der wichtigste Arbeitgeber waren und sich die Sozialstruktur vieler Orte von Bauerndörfern zu Industriegemeinden gewandelt hatten, ergab sich auch im Verhältnis der Werke zu den Ortschaften ein differenziertes Bild. Der Stadt Regis-Breitingen wurde z. B. von den Regiser Kohlenwerken bis 1932 ein Vorzugspreis für die benötigten Briketts gewährt, der nur 2/3 des üblichen Abgabepreises betrug.[213] Ähnliches war bei den benachbarten Werken durchaus nicht üblich. Es ergab sich also ein Gemisch vielfältigster Interessen, auch in den einzelnen betroffenen Gemeinden selbst. Die meisten Auseinandersetzungen der Kohlenwerke mit den Städten und Gemeinden hatten sich wegen konkreter Nutzungsinteressen ergeben. So hatten das Braunkohlenwerk Kulkwitz und die Deutsche Reichsbahn 1923 Einspruch gegen die von der Stadt Markranstädt aufgestellte Bebauungsplanung eingelegt. Auch einem 1927 entworfenen Bebauungsplan wurde widersprochen, nachdem das Oberbergamt Freiberg das Kohlensperrgebiet im April 1928 ausgedehnt hatte. Den sich daraus ergebenden Rechtsstreit gewann jedoch die Stadt, obwohl das Baunkohlenwerk die Instanzen bis zum Oberverwaltungsgericht bemühte.[214] Auch die Interessen anderer Städte und Gemeinden konnten Mitte der 20er Jahre noch gegenüber den Kohleinteressen zumindest teilweise verteidigt werden. So gab z. B. die ASW ein südlich vom Markkleeberg gelegenes Gebiet zugunsten der Stadt auf,

---

212 SStA Leipzig, Stadt Regis-Breitingen Nr. 257, Bl. 138. Die Mitwirkung bei der Aufstellung des Siedlungs- und Wirtschaftsplanes war folgendermaßen geregelt: Um die jeweiligen Interessen wahren zu können, hatten die Amtshauptmannschaften Borna, Döbeln, Grimma, Leipzig, Oschatz, Rochlitz sowie die Städte Leipzig, Borna, Döbeln, Mittweida, und Wurzen je einen Vertreter und Stellvertreter zu einer Arbeitsgemeinschaft zu entsenden. Als Vertretung der Wirtschaftskreise nahmen teil: die Handelskammer Leipzig, die Ortsgruppe Leipzig des Verbandes Sächsischer Industrieller, die Kreisdirektion der Landwirtschaftskammer Leipzig, der Bergbauliche Verein Borna, die Kraftverkehr Freistaat Sachsen AG, der Interessenverband Deutscher Kraftfahrer e. V., der Landesverband Sächsischer Heimatschutz, der Elster-Saale-Kanalverein, der Kanalverein Berlin-Leipzig, das Gewerkschaftskartell Leipzig, und der Sächsische Fischereiverein.

213 Ebenda, Bl. 176ff.

214 SStA Leipzig, Leipziger Braunkohlenwerke AG Nr. 153.

das das Finanzministerium am 25.8.1925 bis Zöbigker zur Bebauung freigab.[215]

Um langfristig die Interessensphären abzugrenzen, wurden Flächenaufteilungspläne in Auftrag gegeben. Der besonders vordringliche Flächenaufteilungsplan für das Bornaer Braunkohlenrevier wurde 1928 durch den Architekten Werner von Walthausen in Angriff genommen. Dieses Gebiet umfaßte eine Fläche von ca. 46000 ha auf der 1925 etwa 100000 Menschen in 140 Gemeinden lebten.[216] Die vorherrschende Industrie beruhte auf den vorhandenen Bodenschätzen. Neben dem größten Werk, dem Braunkohlen- und Großkraftwerk Böhlen gab es hier 11 Großbrikettwerke mit einer Jahresproduktion von etwa 2,9 Mio t.[217] Problematisch erschien die landschaftliche Beeinträchtigung des Gebietes, so daß in den Flächen- und Siedlungsplänen der Gemeinden auch die erforderliche Grün- und Waldflächenplanung einbezogen werden sollte. Da es notwendig erschien, „die Bevölkerung dieser Gegenden vor den gesundheitlichen Gefahren solcher industrieller Zusammenballung zu schützen", wurde am 14.2.1928 eine Begehung des Plangebietes vorgenommen an der neben der Amtshauptmannschaft Borna und der Kreishauptmannschaft Leipzig auch der Landesverein Sächsischer Heimatschutz teilnahm. Dabei kam man zu dem Ergebnis, daß die natürlichen Grünadern entlang der Wasserläufe zu sichern seien und dort Wanderwege angelegt werden könnten. Ein außerordentlich bemerkenswertes Ergebnis war die Erkenntnis, daß die vorhandenen Grünbestände zu einem zusammenhängenden Organismus zu verbinden seien. Das bisher hervorstechende Merkmal landschafts- und naturschützerischen Vorgehens war die meist isolierte Betrachtung von Naturdenkmälern, wie sie z. B. im Schutz besonders alter Bäume oder Baumgruppen, eines Moores oder einer Wiese mit einzigartigen Pflanzenbeständen u. ä. zum Ausdruck kamen.

Die positiven Ansätze der Landesplanung kamen in der Weimarer Zeit leider kaum noch zur Ausführung. Der Ausbruch der Weltwirtschaftskrise ließ wirtschafts- und arbeitsmarktpolitische Zielstellungen wieder höchste Priorität genießen und bald darauf wurden einschneidende Veränderungen im Sinne der Kohlenwirtschaft, in der Städte und Gemeinden in ihrer Siedlungsplanung stark in Mitleidenschaft gezogen worden sind, mit der nationalsozialistischen

---

215 F. Hönsch, Historisch ökonomisch-geographische Untersuchung ... , a. a. O., S. 127. Auf S. 130ff führt er weitere Teilerfolge für die Gemeinden an.

216 Die Landesplanung im westsächsischen Braunkohlegebiet, Folge 2, S. 14.

217 Bericht über den Flächennutzungsplan für das Bornaer Braunkohlengebiet zur 4. Sitzung des Hauptausschusses für die Aufstellung des Siedlungs- und Wirtschaftsplanes für das westsächsische Braunkohlengebiet, am 6. Juni 1928, S. 4.

Kriegsvorbereitung getroffen. Bis Anfang der 30er Jahre kann man aber der Einschätzung Fritz Hönschs nicht zustimmen, daß die Widersprüche „einseitig zugunsten der Braunkohlenmonopole entschieden, mit demagogischen Versprechungen verschleiert und weitgehend ungelöst der demokratischen Nachkriegsentwicklung überliefert“ worden seien.[218] Es war insbesondere die rücksichtslose Ausbeutung der Bodenschätze im Zuge der nationalsozialistischen Autarkiepolitik, die bereits getroffenen Kompromißlösungen nicht mehr gelten ließ und während der Kriegsjahre einen gewaltigen Zuwachs an Umweltbeeinträchtigungen für die Region mit sich brachte. Daß gerade nach 1945 die Probleme massiv verschärft wurden, ist hinreichend bekannt.

4.1.3 Die Veränderung der Siedlungs- und Sozialstruktur

Bei der Untersuchung des Borna - Leipziger Braunkohlenreviers sticht die Geschwindigkeit hervor, in der dieses Gebiet industrialisiert wurde. Noch zur Jahrhundertwende war der nordwestsächsische Raum fast ausschließlich landwirtschaftlich geprägt. Erst mit dem Übergang zum mechanisierten Großtagebau veränderten sich hier die Strukturen, unter Einwirkung des Ersten Weltkrieges aber besonders schnell. Auf die sozialen Folgen der braunkohlebedingten Industrialisierung kann hier nicht in aller Ausführlichkeit eingegangen werden,[219] doch sollten unbedingt einige Aspekte wie z. B. die Wohnbedingungen erläutert werden.

Ursprünglich war der Braunkohlenbergbau eine Nebenerwerbstätigkeit der Landbevölkerung. Durch den Grundeigentümerbergbau bedingt wurde diese Tätigkeit saisonal betrieben, wobei sowohl die Arbeitskräfte aus der ansässigen Bevölkerung rekrutiert wurden als auch das Produkt auf dem lokalen Markt

---

218 F. Hönsch, Historisch ökonomisch-geographische Untersuchung ... , a. a. O., S. 131.

219 Die Sozialgeschichte der sächsischen Braunkohlearbeiter ist bisher noch nicht einmal ansatzweise erforscht, im Gegensatz zur umfangreichen und tiefgründige Literatur über das Ruhrgebiet. So z. B.: H. Mommsen/U. Borsdorf, Glück auf, Kameraden! Die Bergarbeiter und ihre Organisationen in Deutschland, Köln 1979;
K. Tenfelde, Sozialgeschichte der Bergarbeiterschaft an der Ruhr im 19. Jahrhundert, Bonn-Bad Godesberg 1977;
Ch. Kleßmann, Polnische Bergarbeiter im Ruhrgebiet 1870-1914. Soziale Integration und nationale Subkultur einer Minderheit in der deutschen Industriegesellschaft, Göttingen 1978;
F.-J. Brüggemeier, Leben vor Ort. Ruhrbergleute und Ruhrbergbau 1889-1919, München 1983.

angeboten wurde.[220] Wenn auch die Bedeutung des Braunkohlenabbaus in der zweiten Hälfte des 19. Jahrhunderts zunahm, so bearbeiteten doch die im Bergbau Tätigen meist noch ein Stück Acker- oder Gartenland bzw. hatten zumindest noch etwas Kleinvieh. Bis weit ins 20. Jahrhundert hinein existierte diese Form des Braunkohlenbergbaus fort. Daneben aber entwickelten sich neue Betriebe, die teilweise von Beginn an mit einer vollständig lohnabhängigen Arbeiterschaft betrieben wurden. Die Folgen der stürmischen Industrialisierung zu Beginn des 20. Jahrhunderts bestanden zumindest in einigen Zentren in einem grundlegenden Wandel der Sozialstruktur. Explosionsartig stiegen die Einwohnerzahlen der ehemals kleinen Ortschaften. So entwickelten sich z. B. die folgenden Gemeinden:

Ort	**Einwohner 1900**	**Einwohner 1928**
Borna	8423	10978
Regis	1089	
Breitingen	864	
Regis-Breitingen		3102
Neukirchen	460	3642
Eythra	1581	2303

Ein ausgeprägter Wohnungsmangel war die Folge. Die Bergwerke errichteten Massenquartiere, da auch das Schlafgängerwesen die rapide steigende Zahl der Einwohner nicht abfangen konnte. Die teilweise unzumutbaren Lebensbedingungen der Bergleute führten zu behördlichem Einschreiten. Nach einem Regulativ der AH Borna vom 22.12.1902 sollte der Luftraum pro Person 10 m^3 betragen[221]. Nun ist die Zunahme der Bevölkerung eine allgemeine Erscheinung in der Industrialisierungsphase, als Besonderheit der bergbaubedingten Industrialisierung kann aber gelten, daß wegen der vorwiegend körperlich schweren Arbeit für die Bergwerke nur männliche, meist junge und kräftige Personen in Frage kamen. In den Abraumbetrieben arbeiteten überdies nur Saisonkräfte, die ohnehin nicht mit Familie

220 Siehe Kap. 2.3.

221 SStA Leipzig, AH Borna Nr. 8220 Bl. 18.

übersiedelten. Die Folge waren erhebliche Disproportionen in der Zusammensetzung der Bevölkerung.[222]

Die Zustände müssen auch für den hygienischen Standard dieser Zeit sehr problematisch gewesen sein, da eine Anzahl von Beschwerden und Überprüfungen überliefert ist, die ein erschreckendes Bild zeigen. So ist aus dem Jahr 1910 über ein Massenquartier des Karlschachtes Lobstädt überliefert, daß es ohne Wasserversorgung betrieben wurde und sich 15-20 Personen im gleichen Wasser waschen mußten. In Witznitz beschwerten sich die Arbeiter gleichfalls über mangelndes bzw. schmutziges Wasser. Überdies waren die wenigsten Unterkünfte heizbar.[223] Als 1911 auf behördliche Anweisung ein Massenquartier geschlossen werden mußte, stellte sich heraus, daß der Wohnungsmangel so groß war, daß einige Arbeiter, die nirgends Unterkunft gefunden hatten, in ihr ehemaliges Quartier einbrachen, um überhaupt ein Dach über dem Kopf zu haben.

Es gab auch Beispiele für intensive Bemühungen der Braunkohlenwerke um angemessene Wohnbedingungen. Die Ramsdorfer Braunkohlenwerke hatten bereits 1902 7 Doppelhäuser mit je 4 Familienwohnungen errichtet, die zu ortsüblichen Bedingungen vermietet wurden.[224] Das Werk gehörte zu den wenigen Aktiengesellschaften, die es zu dieser Zeit in dem Gebiet gab und nahm mit ca. 300 Arbeitern und einer bereits nennenswerten Brikettierung einen der vorderen Plätze in der Liste der Braunkohlenwerke ein. Im Vergleich zu anderen Orten blieb Ramsdorf auch später in einer wesentlich günstigeren Wohnungssituation.

Während des Krieges, wurden verstärkt ausländische Arbeiter und Kriegsgefangene in Notunterkünften einquartiert. Die hygienischen Zustände verschlimmerten sich noch, da einerseits das Interesse an einer menschenwürdigen Unterbringung dieser Arbeitskräfte gering war, andererseits unter den Mangelerscheinungen der Kriegszeit auch die einfachsten Mittel fehlten. Ungeziefer breitete sich aus. Die behördliche Anordnung über dringend notwendige Maßnahmen in den Massenunterkünften in Lobstädt, wie die Verwendung von Desinfektionsmitteln oder das Anbringen von Kalkanstrichen,

---

222 Auf diese Probleme der Industrialisierung wurde auch bezüglich des Ruhrgebietes hingewiesen, siehe z. B: R. C. Murphy, Polnische Bergarbeiter im Ruhrgebiet. Das Beispiel Bottrop, in: H. Mommsen/U. Borsdorf, Glück auf, Kameraden! ... , a. a. O., S. 93; F.-J. Brüggemeier, "Volle Kost voll". Die Wohnungsverhältnisse der Bergleute an der Ruhr um die Jahrhundertwende, in: ebenda, S. 166.

223 SStA Leipzig, AH Borna Nr. 6070.

224 SStA Leipzig, AH Borna Nr. 8217, Bl. 103.

wurden mit der Bemerkung eingeleitet, „wenn auch hier bekannt ist, daß die Russen schwer an Ordnung und Sauberkeit zu gewöhnen sind".[225] Allerdings waren die polnischen, galizischen und russischen Saisonarbeiter schon in der Vorkriegszeit überaus beliebt, nicht nur da sie billig waren, sondern auch wegen ihrer weitgehenden Zurückhaltung der organisierten Arbeiterbewegung gegenüber. „Besonders den Bestrebungen der Organisation der Arbeiter bleiben die fremdländischen Arbeiter im allgemeinen fern. Es machen sich daher auch nicht die unerwünschten Folgeerscheinungen der Agitation bemerkbar, was vor allem von der Werksverwaltung mit Freuden begrüßt wird."[226]

Waren die Verhältnisse bereits vor dem Krieg und während des Krieges unerträglich, setzte in der Nachkriegszeit durch die Demobilmachung ein ungeheurer Ansturm auf die Bergarbeitersiedlungen ein. Eine Wohnungsbeschaffung war aus verschiedensten Gründen kaum möglich. Neben dem allgemeinen Materialmangel in der Nachkriegszeit, gab es mindestens zwei weitere Gründe, die für die Bergbauregion spezifisch sind. Die Braunkohlewerke selbst waren verunsichert über die weitere gesetzliche Ausgestaltung des Bergrechts, nachdem die Kohle 1918 in Sachsen regalisiert worden war.[227] Die Gemeinden waren nicht in der Lage zu bauen, da ihnen neben dem nötigen Geld auch der Grund und Boden fehlte, um ihre Orte zu erweitern. Die meisten Orte erhielten keine Baugenehmigung, weil das Gelände dem Bergbau vorbehalten werden sollte.

Nun wurden die Massenquartiere der Kriegsgefangenen mit deutschen Arbeitern gefüllt. Eine Anzahl von Ihnen waren auch verheiratet, erhielten aber

---

225 Ebenda.

226 R. Fischer, Der Braunkohlenbergbau im Bornaer Revier, Diss., Borna-Leipzig 1910, S. 83.

227 Außerdem war in einem Kabinettsbeschluß vom 18.11.1918 auch die Sozialisierung beschlossen worden, H. Schieck, Die Behandlung der Sozialisierungsfrage in den Monaten nach dem Staatsumsturz, in: E. Kolb (Hg.): Vom Kaiserreich zur Weimarer Republik, Köln 1972; Zur Diskussion um die Sozialisierung der Kohlenwirtschaft: Verhandlungen der Sozialisierungskommission über den Kohlenbergbau im Jahre 1920, Bd. I, Berlin 1920 z. B.: R. Kuczynski: „ Machen Sie doch einfach ein Gesetz, das dem Unternehmer 100% des Einkommens wegnimmt." (Sitzung am 10.5.1920), S. 249.

keine Möglichkeit mit Familie überzusiedeln. Eine Vorstellung von der Größenordnung vermittelt folgende Zusammenstellung für das Jahr 1919.[228]

Braunkohlenwerk	**Beschäftigte insgesamt**	**in Baracken untergebracht**	**davon verheiratet**
Belohnung Raupenhain	164	27	15
Gew. Regiser Kohlenwerke	807	120	80
Dora &Helene	885	109	33
Gew. Victoria, Lobstädt	530	166	63
Witznitz	1091	461	306
Ramsdorfer BKW	404	48	16
Kraft I Deutzen	812	240	100
BKW Bleichert Neukirchen-Wyhra	331	195	77
Gew. Wilhelmschacht Gnandorf	188	127	42

Die Folgen waren eine gesteigerte Fluktuation, aber auch die Herausbildung einer Industriearbeiterschaft unter Zuspitzung von Klassengegensätzen. Die ehemals gut situierten Bauerndörfer waren in wenigen Jahren Bergarbeitersiedlungen geworden. Die patriarchalischen Verhältnisse, wie sie für sowohl für die Landwirtschaft als auch für den Bergbau im 19. Jahrhundert noch üblich waren, lösten sich auf, sicher auch unter dem Einfluß der nahen sozialdemokratischen Hochburg Leipzig. Mit der Industrialisierung hielt die organisierte Arbeiterbewegung Einzug und geriet nicht etwa nur mit ihren jeweiligen Arbeitgeber sondern auch mit der alteingesessenen Bevölkerung in Konflikt. Bereits vor dem Krieg war die Klassenkonstituierung hier weit vorangeschritten, hatten einige ehemals kleine Landgemeinden inzwischen Zuwachs von Tausenden Industriearbeitern bekommen, was z. B. in

228 Zusammengestellt nach JBfBHW 1920 und SStA Leipzig, AH Borna Nr. 8221 Bl. 77-79. Dabei muß beachtet werden, daß es sich bei den Beschäftigtenzahlen um den Durchschnittswert des Jahres 1919 handelt, während die Zahlen für die Unterbringung in Notunterkünften die Momentaufnahme einer Fragebogenaktion des Sommers 1919 darstellt. Nach der Entwicklung der Beschäftigtenzahlen ist zu vermuten, daß sich die Zahl der in Notunterkünften untergebrachten weiter erhöht hat.

Großzössen immer wieder für Konflikte sorgte, da sich die bäuerliche Lebensweise von der der Arbeiterschaft doch erheblich unterschied, denke man z. B. nur an die Bedeutung der Religion. Das neue Selbstbewußtsein der organisierten Arbeiterschaft kommt u. a. in einem Artikel der Volkszeitung für das Muldental vom 12. 7. 1912 zu Ausdruck: „Hier sind die Bauern noch von dem Wahn befallen, jeden Arbeiter als ihr Gesinde zu betrachten. Ja, ihr Herren, die Zeiten haben sich verändert! Heute ist Großzössen mit Industriearbeitern geradezu überfüllt."[229]

In der Kriegs- und Nachkriegszeit erlangte dieses Potential eine politisch relevante Bedeutung. Bekannt sind die lang anhaltenden Arbeitskämpfe in den mitteldeutschen Braunkohlengruben seit Sommer 1917, deren unmittelbare Auslöser sicher die Arbeits- und Lebensverhältnisse wie Wohnverhältnisse, Entlohnung und Lebensmittelversorgung darstellten. Ausgebrochen waren die Unruhen zwar in den Steinkohlenrevieren, doch griffen sie rasch auf die Braunkohlenreviere über. Seit Winter 1918/19 erfolgte eine Reihe von Streiks, Aufständen und Betriebsübernahmen im Borna-Leipziger Revier. Im Sommer 1919 übernahm beispielsweise der Betriebsrat der Witznitzer Kohlenwerke die Leitung des Betriebes, nachdem der Direktor kurzerhand abgesetzt worden war.[230]

Das sächsische Arbeitsministerium appellierte am 10.9.1919 an den Reichskommissar für Wohnungswesen, Zuschüsse zum Wohnungsbau in den sächsischen Bergrevieren zu gewähren, da dies von außerordentlich hoher politischer Bedeutung sei und daß, „falls die vorgesehene Hilfsaktion nicht sofort eingeleitet wird, die Verantwortung für das weitere, durch die unbefriedigenden Wohnverhältnisse der Bergarbeiter genährte Umsichgreifen kommunistischer Umtriebe in den sächsischen Bergrevieren" abgelehnt werden müsse.[231] Eine grundlegende Besserung der Lage konnte jedoch noch nicht erzielt werden. Bis 1923 zählte das Revier zu den revolutionären Zentren Sachsens. Arbeitertrupps requirierten auf den Höfen Lebensmittel, Kontrollausschüsse zur Lebensmittelüberwachung wurden eingeführt und Hundertschaften gebildet.[232]

Eine Entspannung der Situation trat erst Mitte der 20er Jahre ein. Neben der wirtschaftlichen Stabilisierung und grundsätzlichen politischen Überlegungen, die sicher zu einer Entspannung geführt haben, gibt es dafür auch

---

229 SStA Leipzig, AH Borna Nr. 8212, Bl. 14.

230 SHStA Dresden, MdI Nr. 17561 Bl. 155.

231 SStA Leipzig, AH Borna Nr. 8221, Bl. 104.

232 SHStA Dresden MdI Nr. 11109.

technologische Gründe. Diese bestehen besonders in einer Verschiebung der Bedeutung von der Braunkohlegewinnung in Richtung weiterverarbeitende Industrie. Die moderne, neue Industrie benötige qualifiziertes Personal, das möglichst langfristig zu binden war. Die Braunkohlenbetriebe bauten in stärkerem Umfang Werkswohnungen. Die fluktuationsdämpfende Wirkung von Arbeitersiedlungen war bereits vor dem Ersten Weltkrieg z. B. im Ruhrgebiet erfolgreich getestet worden, auch als disziplinierendes Element waren sie von Bedeutung.[233]

Zunächst war es der sächsische Staat, der mit dem Werk Böhlen einen Musterbetrieb aufbaute. Zwar war die Betriebspolitik der ASW häufig Gegenstand heftiger Debatten im Landtag, die insbesondere von der KPD immer wieder hereingetragen wurden, doch darf man dabei nicht vergessen, daß die ASW als Staatsbetrieb für die Agitation der KPD nur die politische Bühne bildete, da hier jede im sächsischen Landtag vertretene Partei im Aufsichtsrat vertreten war. Tatsächlich war es so, daß die ASW höhere Löhne zahlte, als vergleichbare Werke und weitere betriebsinterne Vergünstigungen gewährte. Es setzte sich eine neue Form der geplanten Betriebsbindung durch. Betriebserholungsheime, Werkküchenessen, ein Wohlfahrtfonds, eine Werksparkasse mit günstigem Zinssatz und die Herausgabe einer eigenen Werkzeitung waren Eckpfeiler einer modernen Sozialpolitik.[234] Die Arbeitskräfte wurden gezielt in ländlichen Gebieten angeworben z. B. in Bayern und Schleswig-Holstein. Die ASW sorgte auch für entsprechenden Wohnungsbau.

4.2 Chemische Braunkohlenverwertung und Wasserverschmutzung

4.2.1 Die Mineralölgewinnung - das Beispiel Regis

Ein erster Höhepunkt der Braunkohlenverarbeitung im Borna Leipziger Revier ist eng mit dem Ersten Weltkrieg verknüpft. In ganz Deutschland verstärkten sich die Bemühungen, die Montanindustrie und andere kriegswichtige Bereiche bevorzugt zu entwickeln. Einen markanten Einschnitt im Untersuchungsgebiet stellt die Aufnahme der chemischen Verarbeitung dar. Zur Versorgung der deutschen Flotte war eine erhebliche Steigerung der

---

233 K. Wisotzky, Der Wandel der betrieblichen Sozialpolitik im Ruhrbergbau, in: K. Tenfelde (Hg.), Sozialgeschichte des Bergbaus ... , a. a. O., S. 1068ff.

234 Siehe dazu: S. Pach, Einige Aspekte der Herausbildung und der Rolle des Staatseigentums am Produktionsmitteln im Imperialismus - dargestellt an der Entstehung und Rolle der Aktiengesellschaft Sächsische Werke, Freiberg 1974, S. 22ff.

Heizölgewinnung aus Braunkohle vorgesehen. Diesem Zweck dienten die 1916 bis 1918 errichteten Werke der Deutschen Erdöl Aktiengesellschaft (DEA) in Regis (Betriebsaufnahme der Schwelerei am 15.11.1917) und Ramsdorf (Montanwachsanlage). Aus dem Staatssekretariat des Reichsmarineamtes erhielt die DEA am 17.11.1916 eine Bescheinigung, die dazu aufforderte, den Bau der Anlagen nach Kräften zu fördern und alle diesbezüglichen Angelegenheiten beschleunigt zu behandeln, in der es heißt: „Die Deutsche Erdöl Aktiengesellschaft, Berlin, führt zur Erfüllung eines ihr vom Reichsmarineamt erteilten Auftrages Anlagen zur Erzeugung und Verwertung von Braunkohlenteer aus Braunkohle bzw. Braunkohlenbriketts, sowie Anlagen zur Verarbeitung des hierbei erzeugten Teers auf Marine- Heiz- und Treiböl, Paraffin, Teerkoks usw. aus, deren Fertigstellung in der vertragsmäßig vom Reichsmarineamt bedungenen Zeit mit Rücksicht auf die außerordentlich wichtigen Verwendungszwecke der erzeugten Produkte im dringendsten Kriegsinteresse liegt und mit allen Mitteln zu beschleunigen ist."[235] Nicht nur aus der Sicht der politischen oder Wirtschaftsgeschichte, sondern auch umweltgeschichtlich stellt diese Zeit eine bedeutende Zäsur dar. Obwohl im Folgenden nur die Gewässerbelastung behandelt wird, gilt dies ebenso für Boden und Luft, worauf in den weiteren Kapiteln noch zurückzukommen sein wird.

Zur allgemeinen Situation der fließenden Gewässer während des Krieges ist oben bereits einiges ausgeführt worden. Nach 1918 jedoch setzt der Prozeß ein, in dessen Verlauf das Wasser der Pleiße die katastrophalen Zustände der Weißen Elster noch zu übertreffen beginnt, da hier die Abwässer der Regiser Teergewinnungsanlage entsorgt wurden.

Zunächst wurden in der Öffentlichkeit noch die Kohlengruben für die Zustände verantwortlich gemacht, die bis zu diesem Zeitpunkt mit ihren Sinkstoff- und salzhaltigen Abwässern Probleme verursacht hatten. Chemische Wasseranalysen machten aber im Februar 1919 die Kohleveredlungsanlagen als Verursacher völlig neuer Schadensbilder aus. Erstmals in Nordwestsachsen wurde das Problem phenolhaltigen Abwassers aus Schwelereien akut. Chemisch gesehen, zu den aromatischen Hydroxylverbindungen gehörend, haben sich Phenole in ihrer Wirkung auf Organismen als Zellgifte erwiesen, da sie Eiweiß denaturieren. Chronische Phenolvergiftung führt zu Leber- und Nierenschädigung; akute Vergiftungen sind wegen des starken Geruchs und Geschmacks kaum möglich. Bereits 0,001 mg/l machen sich im Trinkwasser unangenehm bemerkbar. Fische, die in Gewässern mit einer Konzentration über 0,02 mg/l leben, sind nicht mehr genießbar. Die Ursache von Fischsterben, die

235 SStA Leipzig, Stadt Regis-Breitingen Nr. 257, Bl. 58.

durch Phenole hervorgerufen werden, ist bereits durch den Geruch der Wasserprobe nachweisbar. Phenole wirken nicht nur selbst als Gift, sondern können auch durch Sauerstoffzehrung für die Fische tödlich wirken. Das kommt besonders für solche Gewässer in Betracht, die auch durch andere Stoffe verunreinigt werden, was für Schwelereiabwässer typisch ist.[236]

Als Problem bei der Auswertung zeitgenössischer Phenolanalysen erweist sich jedoch die Tatsache, daß der Begriff „Phenole" verschiedene Verbindungen bezeichnet, deren toxische bzw. gefährliche Konzentrationen überaus unterschiedlich sind. Zudem weisen die entsprechenden Protokolle nicht aus, welcher Verfahren zur Bestimmung man sich bedient hat, was ebenfalls einen gewissen Unsicherheitsfaktor ausmacht. In jedem Falle aber gaben die Untersuchungsbefunde jeweils nur Näherungswerte an, eben weil in den Schwelereiabwässern sowohl einwertige, wasserdampfflüchtige als auch mehrwertige höhersiedende Fraktionen enthalten sind.[237] Die unteren Nachweisgrenzen betrugen 1934 beispielsweise für Phenol und m-Kresol 0,01 mg/l und für p-Kresol 0.1 mg/l.[238]

Am 25.5.1918 war die Genehmigung zum Bau der Generatoranlage auf Regiser Flur mit ausdrücklichem Vorbehalt nach Forderung einer Kläranlage und unter der Bedingung, daß die Abwässer nur ausreichend gereinigt und abgekühlt eingeleitet werden dürfen, erteilt worden. Doch schon bald nach Inbetriebnahme der Werke in Regis und Ramsdorf mehren sich massive Klagen der Anlieger. Die daraufhin eingeleiteten Untersuchungen des Bergamtes Freiberg und des Gewerbeaufsichtsamtes Leipzig im Frühjahr 1919 ergaben tatsächlich eine außergewöhnlich hohe Konzentration giftiger Substanzen. Nicht nur, daß der Anteil fester Bestandteile im Wasser fast 1 g/l betrug, auch Ammoniak wurde mit 0,0879 g/l und Schwefelwasserstoff mit 0,138 g/l angegeben.[239]

Als bedenklichste Verunreinigung galt zunächst der Schwefelwasserstoff, zu dessen Beseitigung der Zusatz von Kalkmilch vorgesehen war. Doch auch danach hören die Klagen der Anlieger nicht auf. So beschwerte sich im April 1920 ein Mühlenbesitzer aus Hartmannsdorf, daß fettige, ölige eigroße

---

236 Zur Wirkung der Phenole im Wasser vgl. z. B.: U. Förstner (Hg.): Schadstoffe im Wasser, Bd. 2, Phenole, Forschungsberichte der DFG, Boppard 1982. W.-D. Beer, Untersuchungen über toxische Wirkungen von Phenolen und phenolartigen Industrieabgängen auf Wasser- und Landorganismen, Diss. Leipzig 1957.

237 Angewandte Chemie, Nr. 36/1934, S. 625ff.

238 Angewandte Chemie, Nr. 23/1934, S. 438.

239 Ebenda, AH Borna Nr. 7589, Bl. 5.

Schlammassen eingeführt würden. Nach Aufforderung zur Anlage einer Klärgrube durch die Amtshauptmannschaft Borna wurde vom Werk bestätigt, daß die Erweiterung der bestehenden Anlage durchgeführt werde. In genauer Kenntnis der Zusammensetzung ihrer Abwässer verwahrt sich die DEA jedoch dagegen, Schlamm einzuleiten. „Vielmehr sind unsere Abwässer vollkommen dünnflüssig und in ihrer Konsistenz, abgesehen von ihren anderen Eigenschaften, gewöhnlichem Wasser vollständig gleichwertig.“[240] Diese „anderen Eigenschaften“ der Regiser Werke stellten jedoch das eigentliche Problem dar. Das Pleißewasser, das zwar von wechselnder Beschaffenheit, jedoch meist optisch erkennbar mit Öl verunreinigt war und starken Teergeruch aufwies, führte fast periodisch immer wieder zu Fischsterben. Eine im März 1921 entnommene Probe wird so charakterisiert: „Geruch teerig und modrig, Farbe gelbbraun, trübe. Auf dem Wasser schwimmt eine Ölschicht ...“[241] Die im Wasser analysierten Konzentrationen der Substanzen waren als für die Fische giftig bekannt, die Wirkung auf den Menschen offenbar noch nicht erforscht.[242] Allerdings hatte der Vorstand eines Schwimmvereins ausgesagt, „daß nach einem Wettschwimmen in der Pleiße einige Teilnehmer durch Wasserschlucken am Magen erkrankt wären.“[243] Der Leipziger Bezirksarzt meinte 1922: „Bei dem schmutzigen, wenig einladenden Zustande des Pleißewassers ist es eigentlich verwunderlich, daß man nicht mehr über Gesundheitsstörungen hört.“[244]

Von der Landesstelle für öffentliche Gesundheitspflege in Dresden im Mai 1923 untersuchte Proben von 4 verschiedenen Abflußgräben des Regiser Werkes wiesen neben beträchtlichen Mengen an Ammoniak auch zwischen 13,52 und 98,09 g/l Phenole und Kresole auf.[245] An diesem Befund änderte sich auch 1924 nichts wesentliches. Das wäre auch verwunderlich gewesen,

---

240 Ebenda, Bl. 10.

241 SStA Leipzig, AH Leipzig Nr. 3970, Bl. 12.

242 Der zeitgenössische Wissensstand um die Giftigkeit von Phenol war beachtlich. Besonders im Verlauf der 20er Jahre gab es bereits zahlreiche Untersuchungen dazu, Siehe z. B.: P. Steinmann/G. Surbeck, Beiträge zur Toxikologie der Fische, in: Zeitschrift für Hydrologie 1/1920: H. Bach, Phenol, in: Gesundheitsingenieur, Jgg. 51(1928), 52(1929); L. Brühl, Gefährdung der Fischerei durch Öl und Teerverunreinigung der Gewässer, in: Fischereizeitung 27/1924.

243 SStA Leipzig, AH Leipzig Nr. 3970, Bl. 22.

244 Ebenda. Bl. 24.

245 SStA Leipzig, AH Borna Nr. 7589, Bl. 112f.

denn die Anlage arbeitete mit 48 Generatoren, von denen jeder nach der Technologie täglich 15 t Schwelwasser produzierte.[246]

Die Anlagen verarbeiteten Braunkohlenbriketts nach einem kombinierten Schwel- und Vergasungsverfahren. Die Produktpalette reichte von Teer über Heizgas bis zu Koks und Ammoniak. Bis 1926 war der Brikettdurchsatz auf 1 000 t täglich gesteigert worden. Pro Stunde wurden bis zu 800 000 cm^3 Gas erzeugt. Als Abwassermenge wurden in einem Gutachten 500 m^3 täglich angegeben. Da die Einleitung chemisch verunreinigter Abwässer aus dem Schwelwerk behördlich nicht gestattet war, griffen dessen Betreiber zu einem relativ einfachen und naheliegenden Mittel. Die Abwässer wurden gemeinsam mit dem benachbarten und derselben Gesellschaft gehörigen Kohlenwerk entsorgt, das eine Einleitungserlaubnis für seine Gruben- und Brikettabwässer besaß. Nach Fertigstellung der neuen Kläranlage zeigte sich das Gewerbeaufsichtsamt damit auch zufrieden, zumal angeblich die bestehenden Abwässer nach der Reinigung im Betrieb verbleiben und in einem Kreislauf dort Verwendung finden würden.[247] Von diesem Idealzustand war die Schwelerei aber ebenso entfernt wie zahlreiche andere Betriebe.

Bei einer der anstehenden Flußschauen stellte sich heraus, daß in der Kläranlage der Regiser Kohlenwerke doch ein Zufluß aus der Generatorenanlage bestehen mußte. Diese Zustände führten am 29.12.1920 erstmals dazu, daß die Amtshauptmannschaft gegen das Werk vorging, indem sie die weitere Einleitung der Abwässer oder deren Versickerung unter Androhung von 10 000 M Strafe verbot.[248]

Gegen dieses Verbot legten die Mineralölwerke am 6. Januar 1921 Verwahrung ein, da die Baugenehmigung zur Generatorenanlage vom 25. Mai 1918 erlaubte, Abwässer einzuleiten. Zwar war darin von ausreichend gereinigten Abwässern die Rede, doch führte die Leitung des Werkes die Verschmutzung nur auf Betriebsstörungen zurück.[249] Bei wiederholten Besichtigungen durch das Gewerbeaufsichtsamt wurden auch in den Kläranlagen der Brikettfabrik ölige und teerige Rückstände gefunden. Der dortige Direktor konnte keine Erklärung darüber abgeben, woher die für seinen Betrieb untypischen Verschmutzungen kamen. Wieder wurden Geldstrafen verhängt. Inzwischen kam es mehrfach zu großen Fischsterben in der Pleiße, so im März und Juni 1921.

---

246 Ebenda, Bl. 109.

247 Ebenda, Bl. 16

248 Ebenda, Bl. 19.

249 Ebenda, Bl. 20.

Am 10. März 1922 erging eine weitere Aufforderung, die Verunreinigung einzustellen. Da offensichtlich eine Klärung der Abwässer nicht möglich war, wurde angeordnet, sie zu verdampfen. Die angedrohte Geldstrafe von 10 000 M wurde wiederum in Aussicht genommen, war aber zu diesem Zeitpunkt für einen Industriebetrieb bereits eine lächerliche Summe.[250] Obwohl offensichtlich war, daß das Abwasser nicht den gesetzlichen und behördlichen Anforderungen entsprach, wies die Werksleitung zumindest die Schuld an dem Fischsterben in der Pleiße energisch zurück, da noch andere Industriebetriebe an diesem Wasserlauf lägen. Die Bemerkung: „Wir können daran nichts ändern, es sei denn, wir legten die ganze Generatorenanlage still und schickten sämtliche Arbeiter nach Hause. Wir nehmen an, daß diese Absicht nicht in Ihrer Verfügung liegt.", kommt letztlich jedoch einem Schuldbekenntnis gleich.[251] Der Verweis auf die sozialen Folgen einer konsequenten Anwendung der gesetzlichen Bestimmungen zeigt aber gleichzeitig das Dilemma, in dem sich die Aufsichtsbehörden befanden.

Eine kostengünstige Entphenolung oder Abwasserreinigung war technisch noch nicht gefunden. Erst Mitte der 20er Jahre wurde ein Verfahren entwickelt, mit dem Phenole aus den Abwässern der Steinkohlenkokereien an der Emscher extrahiert werden konnten. Der Beschluß zum Einbau solcher Anlagen fiel jedoch auch dort erst 1928.[252]

In Regis liefen seit 1922 Versuche, das Schwelwasser einzudampfen. Der Erfolg ließ aber sehr zu wünschen übrig, so daß nur ein Teil der Abwässer durch Abgase im Schornstein verdampft wurde und ein größerer Teil mit der Generatorasche getränkt und in ausgekohlte Gruben verbracht worden ist.[253] Sowohl das Verkippen in stillgelegte Gruben als auch das Ablassen durch den Schornstein entlasteten zwar unmittelbar die Vorfluter, verlagerten aber das Problem auf die anderen Umweltmedien.

Mit zunehmender Produktion reichten jedoch auch die neu errichteten Anlagen zur Beseitigung der Abwässer nicht mehr aus, um die unmittelbare Gewässerbelastung zu vermindern. Bereits 1923 beschwerten sich wiederum die Anlieger und Nutzer der Pleiße (Müller, Fischzüchter, Bauern) über eine katastrophale Verschmutzung. Aufgrund der anhaltenden Auseinandersetzungen sah sich nun die Kreishauptmannschaft gezwungen, der

250 Ebenda, Bl. 48.

251 Ebenda.

252 F.-J. Brüggemeier, Th. Rommelspacher, Blauer Himmel über der Ruhr. Geschichte der Umwelt im Ruhrgebiet 1840-1990, Essen 1992, S. 107.

253 SStA Leipzig, AH Borna Nr. 7590, Bl. 35ff.

Angelegenheit nachzugehen. Im Laufe des Jahres 1923 wurde auch das Ministerium des Innern eingeschaltet. Da die DEA hauptsächlich im Thüringer Raum agierte, wurde zur Untersuchung eine sächsisch-thüringische Kommission gebildet, die im August 1923 eine umfassende Besichtigung vornahm.

Schritte gegen die Mineralölwerke wurden indes nicht unternommen. Die Kontrolle der Abwasserverhältnisse gestaltete sich deshalb so schwierig, da die Aufsicht verschiedenen Behörden oblag. So war für die Mineralölgewinnung die Gewerbeaufsicht zuständig. Die ebenfalls der DEA gehörige Brikettfabrik fiel jedoch in die Kompetenz des Bergamtes.

Nach allen Erörterungen zeigte auch die Amtshauptmannschaft große Nachsicht. Ohne die bereits ausgesprochenen Strafen für verwirkt zu erklären, wurde am 29.11.1924 nochmals ein Einleitungsverbot unter Androhung einer Geldstrafe von 5 000 M ausgesprochen. Die vorher erhobenen Strafen waren durch die Inflation ohnehin völlig gegenstandslos geworden.

Die Argumentation der Werksleitung ist symptomatisch für die damaligen Auseinandersetzungen um Umweltprobleme. Das erlassene Verbot wurde als „überaus hart und industriefeindlich" bezeichnet. „Ein Wasser wie die Pleiße, das durch eine so volk- und industriereiche Gegend fließt, wird stets notgedrungen schlechtes Wasser führen müssen, wie die Wässer der Prsemoc und Klodnitz in Oberschlesien und der Emscher und Ruhr in Westfalen u. a. m., beweisen. Entweder findet man sich mit den Wasserschwierigkeiten, die durch die Industrie hervorgerufen werden, ab, oder man verbietet eben jegliche Industrie.", heißt es im Rekurs des Werkes.[254]

Es ist interessant, daß der Zustand der Flüsse in Oberschlesien und dem Ruhrgebiet hier zum Freibrief dafür werden sollten, die Gewässer in gleicher Weise zu belasten. Tatsächlich war z. B. die Emscher schon seit Ende des 19. Jahrhunderts stark von industriellen und häuslichen Abwässern belastet, daß die Verhältnisse nicht mehr tragbar waren, was 1904 zur Gründung der Emschergenossenschaft führte.[255] Diese verhinderte letztlich nicht, daß der Fluß zu einem offenen Abwassersammler wurde und von wirksamer Klärung nicht die Rede sein konnte. Die Schadensbilder dehnten sich dagegen bis zum Rhein aus. Die Mineralölwerke sahen offenbar nur die Möglichkeit, aus der Pleiße ebenfalls eine Abwasserkanal zu machen.

---

254 Ebenda, Bl. 156.

255 F.-J. Brüggemeier/Th.. Rommelspacher, Blauer Himmel über der Ruhr ... , a. a. O., S.94ff.

Der Rekurs der Werke wurde aber von der Kreishauptmannschaft Leipzig mit dem Hinweis zurückgewiesen, daß der Vergleich mit den beiden anderen Industriegebieten fehlginge. „Der Gemeingebrauch der Pleiße *kann* noch erhalten werden.“, wurde betont.[256] Dabei muß man berücksichtigen, daß sich die Industrie des Leipziger Südraumes in Größenordnungen von der des Ruhrbegietes unterschied. Schäden wie die durch Phenole waren in Sachsen ein neues Phänomen, während das Rheinisch - Westfälische Industriegebiet schon im 19. Jahrhundert eine Vielzahl von Zechen mit angeschlossenen Verwertungebetrieben besaß. Für die sächsischen Verwaltungsbehörden war zu dieser Zeit von Vorteil, daß als Verursacher noch relativ wenige Betriebe in Frage kamen und sie dadurch besser haftbar gemacht werden konnten.

Die Amtshauptmannschaft erklärte am 21. Januar 1925 die angedrohte Strafe von 5000 M für verwirkt und bei jedem erneuten Verstoß gegen die Anordnungen aufs neue fällig, da sich die Wasserverhältnisse inzwischen nicht verbessert hatten. Die Angelegenheit wurde jedoch weiter verschleppt. Wieder ersuchten die Werke um Erlaß der Summe. In der Begründung wurde auf die wirtschaftliche Bedeutung der Mineralölgewinnung hingewiesen, die im Krieg eine entscheidende Rohstoffproblematik lösen sollte. Da die Errichtung der Werke zum größten Teil eine politische Entscheidung gewesen war, hoffte man auch jetzt, wo die Notwendigkeit, vom Ausland unabhängig zu sein, nicht mehr so sehr im Mittelpunkt des Interesses stand, auf behördliche Förderung. Immerhin waren hier 240 Personen beschäftigt.[257] Da bis August 1925 neue Verdampfer errichtet werden sollten, wurde tatsächlich eine weitere Frist von 5 Monaten gewährt. Bis zu diesem Zeitpunkt rechnete man nicht mit einer Besserung der Wasserqualität.

Wenn auch die konkreten Ergebnisse behördlichen Eingreifens keine spektakuläre Gestalt annahmen, so ist doch bemerkenswert, daß zumindest Druck darauf ausgeübt wurde, technische Lösungen zu erproben und Einrichtungen zu schaffen, um gefährliche Abprodukte nicht in die Umwelt gelangen zu lassen. Eine grundlegende Änderung der Einstellung zu Problemen der Nutzung von Wasser, Boden und Luft konnte davon nicht ausgehen, da die gesetzgeberischen Maßnahmen und deren Ausführung letztlich nur den Stand der Bewußtseinsbildung in der Gesellschaft widerspiegelten. Solche einschneidenden Umweltbeeinträchtigungen, wie sie unterhalb der Mineralölerzeuger auftraten, waren aber immer noch lokal zu begrenzt, um größeres Aufsehen zu erregen.

---

256 SStA Leipzig, AH Borna, Nr. 7590, Bl. 164.

257 Ebenda, Bl. 204.

Nach der letzten Fristverlängerung hatte die Empörung der geschädigten Pleißeanlieger aber eine solche Stufe erreicht, daß die Leipziger Handelskammer eingeschaltet wurde. Diese richtete am 14. Mai 1925 eine Eingabe an das Innenministerium, da sie die Zustände für völlig unannehmbar hielt. Es hätte sich hier an diesem Beispiel zeigen können, welchem Argument auf höchster sächsischer Ebene der Vorzug gegeben worden wäre. Noch bevor jedoch im August dort eine eindeutige Entscheidung getroffen werden konnte, waren die bisherigen Verhandlungen gegenstandslos geworden, da das Werk am 18. Mai aus wirtschaftlichen Gründen seinen Betrieb einstellte. Die sozialen Folgen der Schließung gehörten zu den wesentlich stärker reflektierten Problemen der Gesellschaft. Selbst die KPD, die zu den schärfsten Kritikern des DEA Konzerns gehörte, setzte sich vehement dafür ein, das Werk Regis so schnell wie möglich wieder zu eröffnen und verlangte nach staatlicher Unterstützung.[258]

Im November 1925 wurde der Betrieb wieder aufgenommen. Inzwischen waren zwei weitere Verdampfer aufgestellt worden, doch es gelangten weiterhin phenolhaltige Abwässer in die Flüsse. 1926 suchte die DEA sogar um wasseramtliche Genehmigung für die Abwassereinleitung über den Deutzener Mühlgraben in die Pleiße nach. Es handelte sich angeblich nicht um Schwelwässer, aber nach der jahrelangen Praxis war abzusehen, daß es sich u. a. auch um deren Einleitung handeln würde. Gegen dieses Gesuch, das wie üblich in der örtlichen Presse veröffentlicht wurde, erhoben zahlreiche Gemeinden und auch die Stadt Leipzig Einspruch. Das diese allen Grund hatten, sich dieses Ansinnens zu erwehren, beweist z. B. eine Probe des Pleißewassers bei Lobstädt vom 25.8.1926, wo fast 20 mg/l Phenole und Kresole nachgewiesen wurden.[259] Außerordentlich ungehalten war auch einer der einflußreichsten Grundeigentümer der Region, Freiherr von Friesen[260], der mit der DEA wegen der Verschmutzungen in Verhandlung getreten war. Diese beschwerte sich jedenfalls heftig bei der Amtshauptmannschaft „über die schamlose Art und Weise, wie der Herr Amtshauptmann und wir bei dieser Gelegenheit angegriffen wurden.“[261]

Von den nachgewiesenen Wasserverschmutzungen dazu getrieben, verhängte die Amtshauptmannschaft am 10. Juli 1927 zunächst wieder eine Strafe von insgesamt 10000 M. Bei der Kreishauptmannschaft rechtfertigte sie dieses

---

258 Landtagsakten aus dem Jahr 1925. Berichte usw. Nr. 1365

259 SStA Leipzig, AH Borna Nr. 7590, Bl. 87f.

260 Siehe Kapitel 5.2.1.3 dieser Arbeit.

261 SStA Leipzig, AH Borna Nr. 7590, Bl. 99.

Vorgehen damit, daß laut eingeholtem Gutachten die vorhandenen 5 Verdampfer ausreichten, um die Einleitung phenolhaltiger Abwässer zu verhindern, das Auftreten von Phenol im Abwasser also darauf zurückzuführen sein muß, daß die Anlagen nicht sachgerecht bedient oder gewartet würden.

Dieses Argument wurde deshalb vorgebracht, um überhaupt die Möglichkeit wahrzunehmen, gegen den Betrieb vorzugehen, ohne dessen sofortige Schließung zu fordern. Nach dem Gutachten des Gewerbeaufsichtsamtes waren die Anlagen auf dem neuesten Stand der Technik, so daß im Prinzip keine weiteren Auflagen möglich erschienen. Jede weitere Maßnahme in Bezug auf technische Vorkehrungen zum Unschädlichmachen des Abwassers wäre der Forderung nach Einstellung des Betriebes gleichkommen. Nach § 26 der Gewerbeordnung war dies für behördlich genehmigte Betriebe aber nicht möglich.[262] Mit einer Entscheidung des Reichgerichts vom 19.5.1920 war diese Auffassung erneut bestätigt worden.[263] Da sich die Wasserverhältnisse

---

262 „Soweit die bestehenden Rechte zur Abwehr benachteiligender Einwirkungen, welche von einem Grundstück aus auf ein benachbartes Grundstück geübt werden, dem Eigentümer oder Besitzer des letzteren eine Privatklage gewähren, kann diese Klage einer mit obrigkeitlicher Genehmigung errichteten gewerblichen Anlage niemals auf Einstellung des Gewerbebetriebes, sondern nur auf Herstellung von Einrichtungen, welche die benachteiligende Einwirkung ausschließen, oder, wo solche Einrichtungen untunlich oder mit einem gehörigen Betriebe des Gewerbes unvereinbar sind, auf Schadloshaltung gerichtet werden.“: Gewerbeordnung für das Deutsche Reich nebst den wichtigsten arbeitsrechtlichen und gewerbepolizeilichen Nebengesetzen und Verordnungen, München 1930.

263 Es handelte sich um eine Klage der Stadt Magdeburg, gegen eine Gewerkschaft des Mansfelder Kupferschieferbergbaus und gegen Kaliwerke, die ihre Grubenwässer in die Elbe bzw. deren Zuflüsse leiteten, so daß das Magdeburger Wasserwerk an der Elbe keine ausreichende Qualität des Trinkwassers sichern konnte. Die Stadt klagte auf Verhinderung der Verunreinigungen und Schadenersatz. Die erste Forderung wurde abgewiesen, denn es „könne eine Klage gegen den Bergwerksbesitzer niemals auf Einstellung des Betriebes, sondern nur auf Entschädigung gerichtet sein. Es könne demgemäß auch nicht das Unterlassen der Ableitung der Grubenwasser verlangt werden. Wenn die Klägerin ein Verlangen dieser Art auch nicht aufgestellt habe, so habe sie doch die Herstellung von Anlagen zum Schutze ihrer Wasserentnahme verlangt. Jedoch könne der Berechtigte derartige Maßregeln dann nicht fordern, wenn sie zwar technisch möglich, aber wirtschaftlich undurchführbar waren.“, zit. nach: Braunkohlen- und Brikettindustrie. Nr. 7/1922 S. 260.

jedoch keineswegs gebessert hatten, sollten die Verursacher wenigstens auf diese Weise zur Verantwortung gezogen werden.[264]

Ob die Werke jemals zahlen mußten, ist anhand der Quellen nicht mehr nachzuvollziehen. Jedoch scheint der Betrieb durch die eingebauten Verdampfungsanlagen den Phenolgehalt des Abwasser tatsächlich gesenkt zu haben, ohne daß jedoch die Schwelwässer völlig verdampft werden konnten. Proben, die im März und Mai 1927 entnommen wurden, wiesen Phenol nur noch in Spuren auf.[265] Seit 1929 wurden die Abwassereinrichtungen der Braunkohlenwerke durch eine Verfügung des Oberbergamtes Freiberg vierteljährlich kontrolliert. Für den Fischbestand waren jedoch auch die jetzt noch vorhandenen Verschmutzungen zu groß. Vor 1917 kamen in der Pleiße zahlreiche Friedfische, insbesondere Karpfenfische wie Schleie, Plötzen und Döbel vor, auch Aale wurden gefangen. Für Erhebungen über Fischereiverhältnisse teilte der Stadtrat von Regis-Breitingen im März 1931 mit: „Die Fischerei in der Pleiße wird jetzt nicht mehr genutzt, weil seit dem Jahre 1917, dem Zeitpunkt der Inbetriebnahme der Generatorenanlage in Fichtenhainichen und Regis-Breitingen Fische in dem Fluß nicht mehr vorkommen ... Es steht zweifelsfrei fest, daß die Pleiße, soweit Regis-Breitinger Gebiet in Frage kommt, durch die vorhandenen Schleusen- und Industrieabwässer so verunreinigt wird, daß den Fischen jede Lebensmöglichkeit genommen ist."[266]

Andererseits setzte sich gerade die Stadt Regis-Breitingen 1931 vehement dafür ein, daß das Werk nicht geschlossen würde, als im Gefolge der Weltwirtschaftskrise die Schließung für den 7. April 1931 avisiert wurde. Das noch bis Mitte 1930 über 200 Personen beschäftigende Werk hatte die Belegschaft bereits auf 88 vermindert. Durch den gesunkenen Kohlebedarf mußte auch das Kohlenwerk 300 seiner 900 Beschäftigten entlassen. „Die Sorge um die Erhaltung der Lebensfähigkeit des hiesigen Gemeinwesens" veranlaßte die Stadt gegen die beabsichtigte Stillegung u. a. beim Marineamt und dem Reichsfinanzminsterium, dem Wirtschaftsministerium in Dresden sowie der DEA in Berlin ihre Sorge um den Erhalt des Standortes vorzutragen, indem sie baten „daß der Betrieb der hiesigen Generator- und damit der Ölgewinnungsanlage der Deutschen Erdöl Aktiengesellschaft wieder flott gemacht würde dadurch, daß Reich und Staat durch Erteilung von Aufträgen -

---

264 SStA Leipzig, AH Borna Nr. 7590, Bl. 81f.

265 Ebenda, Bl. 125.

266 SStA Leipzig, Stadt Regis-Breitingen Nr. 321 Bl. 136.

wie es früher war - den Betrieb wieder aufleben lassen."[267] Die gespannte Finanzlage des Reiches gestattete jedoch gerade in dieser Zeit keine Zugeständnisse an die gegen die Einfuhr ca. dreimal so teure Mineralölerzeugung.

Erst die Rüstungspläne der Nationalsozialisten machten den Regiser Standort wieder attraktiv. 1935 wurde sogar ein weiteres Schwelwerk errichtet. Dabei und beim Ausbau des Böhlener Werkes wurde allerdings wiederum die Pleiße als Vorfluter für die Abwässer großer Chemiebetriebe genutzt.

4.2.2 Mechanische Verunreinigungen

In den 20er Jahren war die chemische Verwertung der Kohle im Borna-Leipziger Revier auf die genannten Betriebe der DEA beschränkt. Nur 2-3 % der Braunkohleförderung wurden dafür eingesetzt.[268] Die meisten Gruben lieferten die Rohkohle vor allem für die Brikettfabriken. Die Abwasserproblematik bestand also größtenteils wie auch schon vor dem ersten Weltkrieg in einem hohen Salz- sowie Sink- und Schwebstoffgehalt.

Dieses Abwasser, das u. a. Braunkohleteilchen, Ton- und Sandbeimischungen und Kochsalz, Kalk- und Magnesiumsalze, schwefelsaure Eisensalze enthielt, wurde hauptsächlich von den Gruben selbst erzeugt. Auch das Abwasser der Entstaubungsanlagen wies eine hohen Gehalt an Schweb- und Sinkstoffen auf, hauptsächlich Kohle- und Aschepartikel. Vergessen werden dürfen auch nicht die Abwässer der Waschkauen und anderer sanitärer Einrichtungen der Braunkohlenwerke, die immerhin mit 30 bis 50 Liter pro Person und Tag angegeben wurden.[269]

Über einen Zeitraum von ca. 5 Jahren gut dokumentiert ist der Sinkstoffgehalt der Abwässer der Ramsdorfer BKW. Mit einer Jahresförderung von 133 432 t und einer Briketterzeugung von 20 700 t (1919) aber eher ein kleines Werk. Eine Wasserprobe vom 8.4.1922 ergab am Austritt aus der Kläranlage einen Sinkstoffgehalt von 151 mg/l. Spätere Messungen ergaben teilweise noch weit höhere Konzentrationen. Am 2.7.1925 wurden z. B. 497 mg/l gemessen.[270] Eine Berechnung ergab pro Jahr die Belastung von 735 t Sinkstoffen, die in die Schnauder geleitet wurden. Auch eine neue Kläranlage, die am 29.12.1926 in Betrieb genommen wurde, brachte keine

---

267 Ebenda, Nr. 257 Bl. 158ff.

268 SStA Leipzig, ASW Espenhain Nr. 202.

269 Ebenda.

270 SStA Leipzig, Ramsdorfer BKW Nr. 18.

Abhilfe, da sie mit der gewachsenen Produktion längst nicht ausreichend Schritt hielt.

Die Auseinandersetzungen um das Abwasser wurden mit steigenden Produktionszahlen und damit auch entsprechend wachsendem Verschmutzungsgrad der Flüsse immer intensiver. Die Bergbaubetriebe sahen sich gezwungen, selbst eine verstärkte Kontrolle ihrer Unternehmen durchzuführen. Um eventuellen unliebsamen behördlichen Auflagen oder gesetzlichen Regelungen damit aus dem Weg zu gehen, wollten sie extreme Vorkommnisse, die die Öffentlichkeit stark erregten, möglichst vermeiden. Dazu gehörte auch das Bestreben, innerhalb aller umweltrelevanten Gremien vertreten zu sein, um Entscheidungen auf diesem Gebiet mitbestimmen zu können. So bemühte sich der Bergbauliche Verein Borna e.V. jahrelang darum, einen Sitz im Wasseramt zu erlangen, was er „im Hinblick auf die weitere Entwicklung auf wasserrechtlichem Gebiete“ für unbedingt erforderlich hielt, was aber erst im Februar 1934 gelang.[271]

Schon seit 1929 wurden vom Verein die Abwässer im Leipzig-Bornaer Revier durch eine Abwasseruntersuchungsstelle kontrolliert. In einer Denkschrift sind die Ergebnisse der Untersuchung von 14 Betrieben ausgewiesen, die 1929 einen durchschnittlichen Sink- und Schwebstoffgehalt von 80 mg/l ergaben. Leider sind die Abwassermengen nicht für alle Werke angegeben, so daß es nicht möglich war, die Gesamtfracht - z. B. eines Tages - zu berechnen. Am problematischsten erschien das Abwasser der Gewerkschaft Viktoria in Lobstädt, das 1929 zwischen 100 und 200 mg/l, zeitweise bis zu 400 mg/l aufwies. Im Gegensatz dazu erreichten die Witznitzer Kohlenwerke nach dem Einbau einer neuen Kläranlage 1932 einen Gehalt von 10 bis 20 mg/l, so daß sie geringer belastet waren als der Eulabach, dem das Abwasser zugeführt wurde.[272] Behördliche Genehmigungen wurden im allgemeinen für Grenzwerte von 100 mg/l erteilt.[273]

Man könnte annehmen, daß die Statistik des Braunkohleinteressen vertretenden Vereins geschönt sei. Das erscheint jedoch unwahrscheinlich, wenn man die Untersuchungsergebnisse anderer, staatlicher Einrichtungen zum Vergleich heranzieht. So befand die Staatliche Stelle für öffentliche Gesundheitspflege in einem Bericht an das Finanzministerium vom 24.2.1925, daß z. B. die Bleichertschen Braunkohlenwerke Neukirchen-Wyhra mittels eines Systems von Filterpressen eine 100%ige Klärung von

---

271 SStA Leipzig, BKW Borna AG Nr. 103.

272 SStA Leipzig, ASW Espenhain Nr. 202.

273 SStA Leipzig, AH Borna Nr. 7352 Bl. 27.

Braunkohlenteilchen gelänge, sowie die Werke der DEA und Dora & Helene mit 99,91 % ebenfalls gute Klärergebnisse erreichten.[274] Daneben stellen sich die Ergebnisse des Vereins als wesentlich realistischer dar.

Inzwischen nahmen die Wasserverschmutzungen in Sachsen bereits solchen Umfang an, daß die Bestimmungen des Wassergesetzes von 1909 nicht mehr ausreichend erschienen (besonders mangelte es wohl aber eher an deren Umsetzung). Es wurden Stimmen laut, die nach einer Schutzgesetzgebung für Gewässer verlangten. In einer Anfrage der Sozialdemokraten im sächsischen Landtag vom November 1928 wurden nicht nur Schäden für die Fischbestände, sondern auch für die allgemeine Volksgesundheit beklagt. Im Gegensatz zur Diskussion im 19. Jahrhundert, als oft die Einleitung von Fäkalien als Ursache angesehen worden war, wurden in der Landtagsdebatte nun die Industrieabwässer als hauptsächliche Ursache angesprochen. „Wir haben, nachdem unsere Anfrage bekannt geworden ist, eine ganze Reihe von Zuschriften aus interessierten Kreisen erhalten, die alle, mehr oder weniger pointiert, den Beweis führen, daß in fast sämtlichen Bächen und Flüssen Sachsens die Verschmutzung durch die Industrieabwässer so groß geworden ist, daß die Fische sich kaum noch halten können.“ Die größeren Flüsse in Sachsen seien alle so verschmutzt, „daß man tatsächlich von einer Gefährdung der Volksgesundheit insofern sprechen muß, daß sich während der Sommerzeit überhaupt kein Mensch in diesen Flüssen irgendwie bewegen kann“, heißt es in der Begründung der Anfrage.[275]

Der Finanzminister bestätigte die zahlreichen Beschwerden, die auch ihm bekannt geworden seien, er erwähnte insbesondere die Zustände in den westsächsischen Flußgebieten, die gebessert werden müßten. Die Verabschiedung eines neuen Gesetzes lehnte er aber mit der Begründung ab: „Wenn die Bekämpfung der Flußverunreinigung trotz der hierzu vollkommen ausreichenden Vorschriften des Wassergesetzes und trotz der Verfügungen und Anweisungen der Flußpolizeibehörden aller Instanzen bisher keinen oder nur einen geringen Erfolg gehabt hat, so ist auch dies eine Begleiterscheinung des Krieges und der Not der Nachkriegszeit.“ Die Durchsetzung der behördlichen Auflagen scheitere an den hohen Kosten, sowie an der Tatsache, daß einzelne Einleiter nicht zur Klärung bereit seien, „solange nicht die sämtlichen Abwässereinleiter eines ganzen Flußgebietes für ausreichende Reinigung ihrer Abwässer sorgten“.[276] Den Ausweg sah er nach den in Preußen gemachten Erfahrungen in der Bildung von Wassergenossenschaften, denen die Aufgabe

274 SStA Leipzig, AH Borna Nr. 6939.

275 Verhandlungen des Sächsischen Landtags, 93. Sitzung, 22.11.1928, S. 3496.

276 Ebenda, S. 3497.

zufallen sollte, Kläranlagen zu errichten und die nicht in ihrem Besitz befindlichen Anlagen zu überwachen. Interessant ist der Vergleich, der mit dem Emscher- und Ruhrgebiet angestellt wurde. Nach Meinung des Ministers bestanden dort schon vor dem Krieg Verhältnisse, „wie sie sich gegenwärtig bei verschiedenen sächsischen Flüssen herausbilden".

Die erste nach preußischem Vorbild zu schaffende Genossenschaft sollte für die Weiße Elster und deren Nebenflüsse gebildet werden. Dies ist ein Hinweis darauf, daß der Zustand der Weißen Elster besonders verheerend war und für Sachsen oberste Priorität genoß. Da das Einzugsgebiet der Weißen Elster auch thüringisches und preußisches Territorium berührte, sollte diesbezüglich ein Staatsvertrag abgeschlossen werden.[277]

Zahlreiche weitere Vorschläge zur Verbesserung der Situation wurden gemacht. So wurde darauf hingewiesen, daß jedes Abwasser in seiner mechanischen und chemischen Zusammensetzung verschieden ist, und nach unterschiedlichen Methoden behandelt werden muß. Die Erfahrungen lehrten, daß z. B. die Kokereiabwässer im Zwickauer Steinkohlenbergbau sich nicht nach den im Rheinland und Westfalen erfolgreich erprobten Verfahren reinigen ließen, da sowohl die Vorflutverhältnisse als auch die Zusammensetzung der Kohle eine völlig andere sei. Dies trifft in noch größerem Maße natürlich auf die Braunkohle zu. Lebhaft wurde auch der Mangel an einer zentralen Überwachungsstelle beklagt, wie sie in anderen Ländern bereits üblich sei. Durch die lückenhafte Zusammenarbeit der verschiedenen Stellen werde nicht effektiv gearbeitet.[278] In der Diskussion erwies es sich, daß die Sorge um einen ausreichenden Gewässerschutz allgemein war und durch alle Fraktionen ging, konkrete Schritte zur Verbesserung aber kaum unternommen wurden.

4.2.3 Grundwassersenkungen

Das Problem der Grundwassersenkungen, das in einigen Prozessen gegen die Braunkohlenwerke eine Rolle spielt, läßt sich aus heutiger Sicht und anhand relativ spärlicher Unterlagen nur noch mangelhaft nachvollziehen. Zum einen ist die genaue geologische Situation bei jedem einzelnen Fall zu berücksichtigen, die an dieser Stelle nicht vorausgesetzt werden kann, zum anderen ergaben auch meteorologische Besonderheiten in den genannten Jahren natürliche Grundwasserschwankungen. Nach den Grundwasserbeobachtungen des Sächsischen Landesgrundwasserdienstes, die seit 1916 vorgenommen wurden und im nordwestsächsischen Braunkohlengebiet ca. 200 Brunnen

277 Siehe auch Kap. 5.2.2.

278 Verhandlungen des sächsischen Landtags, 93. Sitzung, 22.11.1918, S. 3499.

überwachten, waren z. B. die Jahre 1921, 1932-34 solche mit besonders geringen, die Jahre 1926 und 1927 solche mit besonders hohem Grundwasserstand.[279] Auffällig ist jedoch der ungewöhnliche Rückgang des Grundwasserstandes im Leipziger Raum seit 1928.[280] Noch heute stellen aber eindeutige Nachweise über Grundwasserentzug durch den Bergbau ein nicht zu unterschätzendes Problem dar.

Die nachfolgenden Flächenangaben beziehen sich deshalb auf Angaben, die der Bergbauliche Verein Borna selbst zusammengetragen hat. Demnach entzogen die folgenden Werke 1932 auf folgenden Flächen das Grundwasser:[281]

Bleichertsche BKW	60 ha
BKW Borna	60 ha
ASW Böhlen	90 ha
Kraft I	200 ha
Kraft II	40 ha
BKW Kulkwitz	290 ha
DEA Regis	95 ha

Die Erfahrungen, die man mit den Grundwassersenkungen bis Anfang der 20er Jahre gemacht hatte, führten dazu, daß vor Aufschluß des Böhlener Tagebaues, der eine neue Dimension erhalten sollte, Untersuchungen eingeleitet wurden, mit welchem Ausmaß der Wasserentziehung zu rechnen sei. Ein entsprechender Auftrag wurde am 13.1.1919 an die geologische Untersuchungsanstalt in Leipzig gestellt.[282] In dem Gutachten wird von einem zu erwarteten Wasserentzug zwischen Pleiße und Elster nördlich der Bahnlinie Groitzsch-Bahnhof Kieritzsch mit baldigem Versiegen der Dorfbrunnen gerechnet. Die umliegenden Ortschaften Zeschwitz, Pulgar, Medewitzsch, Spahnsdorf, Lippendorf, Böhlen, Probstdeuben, Piegel und Peres seien vom Wassermangel bedroht, selbst das Wasserwerk Zwenkau sei gefährdet.[283]

---

279 R. Grahmann, Ergebnisse achtzehnjähriger Grundwasserbeobachtungen in Nordwestsachsen, Sonderdruck aus: Braunkohle H. 24 u. 26/1935, S. 15.

280 SStA Leipzig, AH Leipzig Nr. 4356.

281 SStA Leipzig, ASW Espenhain Nr. 202.

282 SStA Leipzig, ASW Böhlen Nr. 509, Bl. 1.

283 Ebenda, Bl. 12.

In einem Gutachten des Ingenieurs G. Thiem aus Leipzig, der als hydrologischer Experte galt, wird hervorgehoben, daß die Trinkwasserversorgung der Gemeinden auf die alten Urstromtäler angewiesen sei, die Kohle aber unter den wasserführenden Schichten lagere, so daß mit Sicherheit die Wasserwerke trockengelegt würden. Er sah gleichzeitig auch die Beeinträchtigung der Auenlandschaft voraus. „Den in den Niederungen gelegenen Wiesen und Wäldern, deren Fruchtbarkeit eine Folge des hohen Grundwasserstandes ist, wird durch die starke, weitausgedehnte Senkung des Grundwassers die erforderliche Feuchtigkeit entzogen ...", stellte er fest. Wie vorhergesehen, begann bald nach dem Aufschluß des Tagebaues (April 1921) der Wasserstand in den Brunnen erheblich zu sinken, und zwar in Zeschwitz seit 1924/25 und ab Winter 1926 in Lippendorf, Spahnsdorf, Medewitzsch, Pulgar. In Böhlen wurde ein besonders kräftiger Rückgang verzeichnet.[284] Ansatz für die ersten wirtschaftlichen Einwendungen gegen den Großtagebau war jedoch nicht die Wasserentziehung sondern die Erfahrung, die Jahre vorher mit den in der Nähe befindlichen Tiefbauschächten gemacht worden waren. Diese hatten mit erheblichen Wassereinbrüchen durch Schwimmsand zu kämpfen und mußten stillgelegt werden. Der erneute Aufschluß in diesem Gebiet brachte daher den Vorwurf ein, in ein zum Scheitern verurteiltes Unternehmen zu investieren. Nach Aufschluß des Tagebaues ergab sich allerdings, daß nicht einmal so viel Wasser zufloß, daß es für die Betriebszwecke des Werkes ausgereicht hätte.[285]

Auch beim Aufschluß des Tagebaues Espenhain wurden bereits zeitig Beobachtungsstationen eingerichtet. Seit November 1936 sind Messungen in 28 Brunnen sowie weitere Beobachtungsbohrlöcher nachweisbar. Nach Aufschluß des Tagebaus kam es auch hier zu den bekannten Erscheinungen, des Trockenfallens von Brunnen usw.[286]

4.3 Elektroenergie und Umwelt - das Großkraftwerk Böhlen

4.3.1 Der Aufbau der sächsischen Elektroenergieversorgung

Eine der ersten großen, erbitterten Auseinandersetzungen vollzogen sich im Zusammenhang mit der Entwicklung der Energiewirtschaft. Der Ausbau der Elektrizitätswirtschaft hatte in diesem Jahrhundert zu so einschneidenden

284 SStA Leipzig, ASW Böhlen Nr. 509.

285 SStA Leipzig, ASW Böhlen Nr. 509.

286 SStA Leipzig, ASW Espenhain Nr. 16.

Veränderungen der Lebensweise in den Industrieländern geführt, wie sie in der Geschichte der Menschheit wohl nur selten zu finden sind. Dabei stellt m. E. der Ausbau des Energieverbundsystems und die Anlage von Großkraftwerken etwa um den Ersten Weltkrieg umweltgeschichtlich eine ebenso tiefgreifende Zäsur dar, wie der Übergang zur fossilen Energiewirtschaft am Beginn der industriellen Revolution oder der Übergang „vom Industrialismus zum Konsumismus" in den 1950er Jahren.[287] Für das nordwestsächsische Gebiet hatte diese Entwicklung in besonderer Hinsicht prägenden Einfluß.

Begonnen hatte alles mit solchen Entdeckungen wie dem elektrodynamischen Prinzip durch Werner von Siemens 1866 oder der Glühlampe Thomas Edisons, die dieser 1881 in Paris vorstellte. Schon bald setzte der bis heute ungebrochene Siegeszug der Elektrizitätswirtschaft ein, der in Deutschland untrennbar mit dem Namen Rathenau verbunden ist. Emil Rathenau erwarb 1881 die Rechte des Edisonschen Systems für Deutschland und gründete 1883 die Deutsche - Edison - Gesellschaft für angewandte Elektrizität (seit 1887 AEG). Mit der in den 90er Jahren des vorigen Jahrhunderts vervollkommneten Drehstromtechnik und der Entwicklung von Transformatoren wurde eine Kraftübertragung über große Entfernungen ermöglicht, da durch hohe Spannung die Übertragungsverluste wesentlich gesenkt werden konnten. Diese technischen Möglichkeiten gestatteten es nun auch, die Elektroenergieerzeugung zu zentralisieren, zumal am Anfang des Jahrhunderts die Einführung der Dampfturbine, die die größere und teurere Kolbendampfmaschine ablöste, größere Leistungen ermöglichte.[288]

Bereits vor dem Ersten Weltkrieg führte der sächsische Staat zahlreiche Versuchsbohrungen auf Braunkohlen durch und kaufte Braunkohlenfelder an. Aus ökonomischen Gründen war die Kohle für die Verstromung am Ort ihrer Gewinnung außerordentlich attraktiv. Zum einen ermöglichte der zu Beginn des 20. Jahrhunderts einsetzenden Übergang zum Großtagebau eine billige Gewinnung durch die Verwertung technischer Neuentwicklungen. Der Großtagebau kam deshalb zu einem großen Teil mit relativ gering qualifizierten Arbeitern aus und hatte daher und auch wegen des hohen Mechanisierungsgrades geringere Lohnkosten. Gerade die Verwendung von un- und angelernten Arbeitskräften, die notfalls auch aus Frauen oder Kriegsgefangenen rekrutiert

---

287 A. Andersen, Vom Industrialismus zum Konsumismus - Der Beginn einer neuen Phase der gesellschaftlichen Naturverhältnisse in den 1950er Jahren, in: H. Behrens/G. Neumann/A. Schikora, Wirtschaftsgeschichte und Umwelt - Hans Mottek zum Gedenken, Marburg 1996, S. 205-240.

288 G. Dehne, Deutsche Großkraftversorgung, Berlin 1925 S. 1.

werden konnten, machte die Braunkohlenförderung - im Gegensatz zum Steinkohlenabbau - auch im Krieg fast uneingeschränkt möglich.

Die immer stärkere Mechanisierung, war nur dann rentabel, wenn die Geräte möglichst ununterbrochen im Einsatz waren. Das mußte zu einer Massenproduktion führen, für die im traditionellen Absatzgebiet die Nachfrage (nach Industrie- und Haushaltbriketts) nicht groß genug war. Zudem machten Steinkohle und böhmische Braunkohle sowie andere Kohle mit höherem Heizwert der nordwestsächsischen große Konkurrenz. Da der Frachtsatz für Stein- und Braunkohle bei der Deutschen Reichsbahn gleich hoch war, resultierte auch daraus ein Wettbewerbsnachteil. Das bedeutete, wenn es gelang, die Kohle noch am Gewinnungsort zu günstigen Bedingungen in Elektrizität umzuwandeln, war dies wesentlich kostengünstiger, als den Rohstoff zum Verbrauchsort zu transportieren. Aus diesem Grund erweiterte z. B. die Stadt Leipzig ihre Elektroenergieerzeugung in wenigen Jahren beträchtlich. Das am 1.7.1910 mit 7000 kW ans Netz gehende Elektrizitätswerk Süd, gebaut in unmittelbarer Nähe der reichen Braunkohlenvorkommen vor den Toren Leipzigs, wurde schon bis 1915 auf 19000 kW erweitert.[289]

Im Zusammenhang mit dem steigenden Energiebedarf der Kriegsproduktion wurden in Deutschland jedoch noch wesentlich leistungsfähigere Kraftwerke gebaut. Die Umstellung auf Großkraftwerke erfolgte natürlich nicht nur in Sachsen. Unter direktem Einfluß der Kriegswirtschaft entstanden eine Anzahl von Großkraftwerken. Das Goldenbergkraftwerk im Rheinland (1913 gebaut) war seinerzeit das größte Dampfkraftwerk Europas. Es ging Anfang 1914 mit 30000 kW in Betrieb und wurde während des Krieges für die Stromlieferung an energieintensive Produktionszweige ausgebaut. Nach dem Krieg steigerte man die Leistung mittels neuer 50000 kW Turbinen auf fast 300000 kW.[290]

In Golpa-Zschornewitz (bei Bitterfeld) entstand 1915 innerhalb von 10 Monaten ebenfalls ein Großkraftwerk, das den hohen Energiebedarf der Kalkstickstoffherstellung für die späteren Reichsstickstoffwerke Piesteritz decken sollte. Auch dieses Werk entstand im Kriegsinteresse, der Stickstoffbedarf für die Sprengstoffherstellung war enorm und gleichzeitig fiel die Einfuhr von Chilesalpeter kriegsbedingt aus.[291] Das Kraftwerk ging am

---

289 25 Jahre Städtische Elektrizitätswerke Leipzig. 1905-1930, Leipzig 1930, S.25 ff.

290 Ebenda S. 40ff.

291 Der Energiebedarf der Stickstoffherstellung betrug ca. 15000-17000 kWh pro Tonne, für eine Tonne Aluminium, daß als Ersatzstoff für Kupfer und als Leichtmetall für die Fahrzeugindustrie von kriegswichtigem Interesse war, betrug ca. 18000 - 22000 kWh: G. Bruche, Elektrizitätsversorgung und Staatsfunktion, Frankfurt, New York 1977, S. 56.

15.12.1915 mit 180000 kW als nunmehr größtes Dampfkraftwerk der Welt ans Netz. Mit seinen 9 Schornsteinen von 100 m Höhe war ein gewaltiger Industriegigant in Mitteldeutschland entstanden.[292]

Schon vor dem Ersten Weltkrieg waren Versuche unternommen worden, die Elektrizitätswirtschaft staatlich zu kontrollieren. Auch ein Reichselektrizitätsmonopol war angedacht, jedoch wurde keiner der Vorschläge ausgeführt. Etwa zur gleichen Zeit wurden in Sachsen Überlegungen angestellt, die Elektrizitätsgewinnung zu zentralisieren und zu verstaatlichen. Unter dem Druck der Kriegsproduktion sollten dann auch hier wie überall in Deutschland größere Energieressourcen erschlossen werden, wobei in Sachsen die Option für die energieintensiven elektrochemischen Prozesse relativ gering gewesen sein dürfte. Die Bedeutung, die die Elektrizität zu dieser Zeit erlangte, läßt sich u. a. daran ablesen, daß die in Sachsen installierte Kraftwerksleistung von 1905 bis 1913 von 54 878 kW auf 213 897 kW gestiegen war.[293]

Unter dem Einfluß der Kriegswirtschaft entstanden auch weitgehende Vorschläge zur Konzentration und Zentralisation der Elektroenergieerzeugung. Um die angestrebte Großversorgung nicht zu behindern, sollten hinderliche Neugründungen nicht genehmigt werden, unwirtschaftliche Unternehmen wären stillzulegen, bzw. Unternehmen, die sich für Großerzeugung nicht eigneten, dürften nicht erweitert oder erneuert werden, ebenso wie ungeeignete Überlandleitungen. Der Staat solle das Vorkaufsrecht erhalten und ein reichseinheitliches Enteignungsgesetz verabschiedet werden.[294]

In Sachsen waren Konzentrationsbestrebungen bereits zu Beginn des Jahrhunderts feststellbar, wobei Sachsen von Beginn an der privatwirtschaftlichen Energieversorgung skeptisch gegenüberstand und die öffentlichen Energieversorger förderte. Der Anteil öffentlicher Eigentümer an der Kraftwerksleistung betrug 1911 55,7 %, wobei der Reichsdurchschnitt nur bei 40,4 % lag.[295] Der am 22.9.1911 gegründete und vom sächsischen Staat weitgehend unterstützte „Verband der in Gemeinbesitze befindlichen Elektrizitätswerke Sachsens", kurz Elektroverband genannt, hatte schon mit einer Eingabe an das sächsische Ministerium des Innern vom 25.8.1915 den

---

292 G. Klingenberg, Das Großkraftwerk Zschornewitz (Golpa), in: Zeitschrift des Vereins Deutscher Ingenieure Nr. 44/1919 S. 1081ff.

293 H. Ott, Statistik der öffentlichen Energieversorgung Deutschlands 1850-1913, St. Katharinen 1986, S. 355.

294 W. Zängl, Deutschland Strom. Die Politik der Elektrifizierung von 1866 bis heute, Frankfurt/New York 1986, S. 82f.

295 H. Ott, Statistik der öffentlichen Energieversorgung ..., a. a. O., S. 6 u. 360.

Gedanken vorgebracht, mittels zweier großer Kraftwerke im Osten und Westen des Landes, die auf Braunkohlebasis arbeiten sollten, und eines ausgedehnten Hochspannungsnetzes von 100 kV in großem Umfang billige Elektroenergie bereitzustellen. Nach eingehender Prüfung durch die Ministerien gelangte die sächsische Regierung jedoch zu dem Schluß, daß so weitreichende Pläne, die ganz Sachsen betreffen, vom Staat selbst realisiert werden müßten und kaufte das diesbezügliche Projekt auf. Auf dieser Grundlage wurde die „Königliche Direktion der staatlichen Elektrizitätswerke" (ELDIR) geschaffen, die mit einer Anschubfinanzierung von 20 Mio Mark die staatliche Energieversorgung organisieren sollte.

Das staatliche Eingreifen kann eindeutig als eine Maßnahme der Strukturpolitik begriffen werden. Ähnlich der konsequenten Förderung bei dem Ausbau des Eisenbahnnetzes im 19. Jahrhundert, die als Voraussetzung für die Entfaltung der sächsischen Industrie zu werten ist, war die Zielstellung jetzt, Sachsen möglichst flächendeckend und kostengünstig mit Elektroenergie versorgen zu können. Dies mußte langfristig der Konkurrenzfähigkeit der gesamten sächsischen Industrie zugute kommen. Nicht zuletzt konnte damit auch durch die Gestaltung der Tarife lokal und strukturell in die Wirtschaftsentwicklung eingegriffen werden. Sachsen betrat mit diesem Engagement politisches Neuland. Kein anderer deutscher Staat hatte sich ein derartig umfassendes energiepolitisches Ziel gestellt. Am nächsten kam dem noch Bayern, das durch ein besonders großes Reservoir an Wasserkräften (öffentliche Gewässer waren staatseigen) Möglichkeiten der Einwirkung auf die Energieerzeugung und -verteilung hatte und mit der Bayernwerkidee ähnliche Ziele wie Sachsen verfolgte.[296]

Im 23. Dekret an die Stände „Denkschrift über die Einleitung und den künftigen Ausbau einer fiskalischen Elektrizitätsversorgung betreffend" vom 12. März 1916 heißt es zur Begründung des staatlichen Eingreifens ausdrücklich daß „die natürliche Verteilung der Industrie und des Gewerbes über das ganze Land und auf kleine und große Gemeinden durch die Bemessung des Strompreises nicht beeinträchtigt werden darf."[297] Interessant ist zu bemerken, daß die Elektroenergie zum großen Teil offenbar als bloßer Ersatz für andere bisher verwendete Energieformen betrachtet wurde.

---

296 Es ging dabei u.a. auch um das Projekt des Walchenseekraftwerkes. Zu den Diskussionen um dessen Errichtung: R. Falter, Achtzig Jahre "Wasserkrieg": Das Walchenseekraftwerk, in: U. Linse u.a., Von der Bittschrift zur Platzbesetzung. Konflikte um technische Großprojekte, Berlin, Bonn 1988, S. 63-127. Die Bayernwerk AG wurde aber erst 1921 gegründet.

297 Dekret S. 18, in: SStA Leipzig, AH Borna Nr. 5312.

Mechanische Arbeitskräfte sollten an die Stelle „fehlender Menschenkräfte" treten und „nicht zuletzt wird sich auch die elektrische Beleuchtung immer mehr ausbreiten, wie sie schon während des Krieges als Ersatz für das fehlende Petroleum in großem Maßstabe herangezogen worden ist."[298] Diese Aussagen bestätigen einmal mehr, daß der Erste Weltkrieg tatsächlich als Katalysator der Verwendung von Elektrizität gesehen werden muß, daß die nach Rationalisierung strebende Kriegswirtschaft der Elektrizität in großem Ausmaß bedurfte.[299]

Besonderes bemerkenswert ist hierbei m. E. die Hoffnung auf die Freisetzung von menschlicher Arbeitskraft, eine Hoffnung, die sich heute in vollem Umfang erfüllt hat, damit inzwischen jedoch selbst zur Ursache sozialer Probleme geworden ist. Auch die Ingenieure dieser Zeit betrachteten den Ersatz menschlicher Arbeit durch elektrische als eine „Kulturaufgabe".[300] Die Elektrotechnik war eine weitgehend mit positiven Zukunftsvisionen überfrachtete Branche.[301] Die Hoffnung auf die Elektrizität als „Segen" für die Menschen spielt auch in der Arbeiterbewegung eine große Rolle. Bebel entwirft in seinem weit verbreiteten Buch „Die Frau und der Sozialismus" in der Fassung von 1909 das Bild einer zukünftigen Gesellschaft, die in allen Lebensbereichen von Produktion bis Konsumtion durch die Elektrizität revolutioniert ist. U. a. sagte Bebel hier eine völlige Umwandlung des häuslichen Lebens durch Anwendung von Elektrizität voraus.[302] Allerdings wurden sehr wohl die Probleme von Ruß und Staub reflektiert, so daß die Nutzung von Kohle als damals entscheidender Energiequelle nur als ein Übergangsstadium betrachtet wird, während sich die Zukunftsvision ausschließlich auf die erneuerbaren Energieressourcen beschränkt: „Die Elektrizität zeichnet sich vor jeder anderen Kraft dadurch aus, daß sie in der Natur im Überfluß vorhanden ist. Unsere Wasserläufe, Ebbe und Flut des Meeres, der Wind, das Sonnenlicht liefern ungezählte Pferdekräfte, sobald wir

---

298 Ebenda.

299 W. Fischer (Hg.) Die Geschichte der Stromversorgung, Frankfurt/M. 1992, S. 133.

300 W. Zängl, Deutschlands Strom ... , a. a. O., S. 76

301 H. L. Dienel, Herrschaft über die Natur? Naturvorstellungen deutscher Ingenieure 1871-1914, Stuttgart 1992, S. 95

302 A. Bebel, Die Frau und der Sozialismus, Berlin, 57. Aufl. 1953, S. 563ff.

erst ihre volle und zweckmäßige Ausnützung verstehen."[303] Auch die Nutzung von Erdwärme wurde vorgeschlagen.[304]

Die ELDIR begann ihre Arbeit mit dem Ankauf des Elektrizitätswerkes in Hirschfelde in der Oberlausitz von der AEG-Tochter Elektrizitäts - Lieferungs - Gesellschaft sowie der dafür notwendigen Grube (Herkules) und eines Teil des Leitungsnetzes (1917). 1918 kaufte der Staat die Aktien der Elbtalzentrale Pirna und Anteile an weiteren Werken und Netzen. 1919 beteiligte man sich an der Landkraftwerke Kulkwitz AG. Neben weiteren Erwerbungen wurde auch das Leitungsnetz sukzessive ausgebaut. Das Kraftwerk Hirschfelde wurde bis 1921 auf 60000 KW Leistung erweitert. Der zweite Standort, in Nordwestsachsen, war nach dem Plan des Elektroverbandes in Regiser oder Deutzener Flur vorgesehen und zwar auf Basis von Kohlelieferungen der Niederlausitzer Kohlenwerke Kraft II in Deutzen, mit denen die Verträge schon ausgehandelt waren. Die sächsische Staatsregierung, die jedoch schon früher weiter nördlich umfangreiche Braunkohlefelder erworben hatte, ließ letztlich das Werk in Böhlen bauen.[305] Neben den unmittelbaren Kriegsanforderungen, die bereits zu einer verstärkten Ausbeutung der mitteldeutschen Braunkohlelagerstätten und deren Verwertung führten, beschleunigten auch die Ergebnisse des Krieges die Entwicklung der Braunkohlenindustrie. Infolge der deutschen Gebietsverluste im Westen und Osten waren bedeutende Kohlelagerstätten verlorengegangen. Der Engpaß an Brennstoffen wurde noch durch die als Reparationsleistungen zu erbringenden Kohlelieferungen verschärft. Die Zwangsbewirtschaftung von Brennstoffen wurde erst 1923 aufgehoben.

Am 13.11.1923 erfolgte die Gründung der Aktiengesellschaft Sächsische Werke (ASW), in deren Besitz durch Vertrag vom 14.3.1924 sowohl die staatseigenen Elektrizitätswerke als auch die Kohlenwerke inklusive Grundbesitz mit Wirkung vom 1.4.1923 übergingen.[306] Die Aktien wurden 100%ig vom sächsischen Staat gehalten.

4.3.2 Die Harthdiskussion

Zur Durchsetzung der ehrgeizigen Energiepläne benötigte man enorme Mengen an Braunkohle. Deshalb begann 1921 der Aufschluß des Böhlener

---

303 Ebenda, S. 472.

304 Ebenda, S. 480.

305 Zu den Standortüberlegungen ausführlich: Fritz Hönsch, Historisch ökonomisch-geographische Untersuchung ... , a. a. O., S. 43ff.

306 SHStA Dresden, Wirtschaftsministerium Nr. 2697, Geschäftsbericht der ASW 1. Geschäftsjahr, S. 7.

Tagebaues. Damit in engem Zusammenhang steht eine große organisierte Protestwelle, denn vom Einzugsgebiet des Tagebaues bedroht war die Harth, ein ca. 760 ha großer Wald vor den Toren Leipzigs, der in der allgemein waldarmen Gegend eine besondere Bedeutung besaß.

Schon 1911, als der sächsische Staat erste Versuchsbohrungen in der Harth vornehmen ließ, gab es heftige Proteste. Daß hier bereits zu einem sehr frühen Zeitpunkt die Umweltdiskussion eine breite Öffentlichkeit erhielt, ist neben der Bedeutung, die die Harth tatsächlich für Erholung und Gesunderhaltung der Leipziger Bürger besaß, vor allem dem Umstand geschuldet, daß ausgerechnet der Besitzer einer großen Leipziger Zeitung (Leipziger Neueste Nachrichten), Herfurth, als Villenbesitzer am Harthrand persönlich betroffen war. So waren bereits die staatlichen Versuchsbohrungen 1911 in dem in Staatsbesitz befindlichem Forst argwöhnisch beobachtet und kommentiert worden.

Die damalige Diskussion bediente sich insbesondere des Argumentes, daß der Wald als Erholungsstätte für die Bevölkerung erhalten werden müsse. Dabei wurden bemerkenswert klare Einsichten geäußert, insbesondere was den Maßstab der Bewertung des Gutes „Umwelt“ - in diesem Falle also der Harth - betrifft. Das bezieht sich vor allem darauf, daß der Wert einer intakten Umwelt eben nicht in jedem Fall als Geldwert berechnet werden kann.[307] In diesem Sinne wurde der Fiskus damals angegriffen: „Er will Werte schaffen. Er verwechselt aber, wie das vielfach geschieht Wert und Geld. Was soll daraus werden, wenn die Erholung im Walde immer schwieriger, die vermeintliche Erholung in der Kneipe immer selbstverständlicher wird?“[308] Hier finden sich Anklänge an völkisches Gedankengut, das im städtischen Leben die Wurzel des gesellschaftlichen Übels erblickt. In der Harthdiskussion sind häufig ähnliche Argumente anzutreffen. Bemerkenswert ist, daß sich auch der Leipziger Amtshauptmann, von Nostiz-Wallwitz, an die Seite der Gemeinden stellte und seinerseits den Vorschlag unterbreitete, die Stadt Leipzig solle die Harth erwerben. Er mußte sich ob seines Erscheinens bei dieser Protestversammlung und seiner Einflußnahme auf den Gang der Diskussion allerdings beim Kreishauptmann, von Burgsdorff, rechtfertigen. Als Erklärung für sein Verhalten brachte er vor, daß die Stimmung in der Versammlung als „ziemlich animos“ bezeichnet werden müsse. Deswegen habe er darauf hingewirkt, „das es sich empfehlen würde, zunächst nicht zu streiten und zu kämpfen, sondern vorerst im Wege einer ausführlichen Denkschrift beim Königlichen

---

307 Neuere wirtschaftswissenschaftliche Untersuchungen bemühen sich intensiv um eine ökonomische Lösung des Umweltproblems, indem den Umweltkompartimenten ein Geldwert zugeordnet wird.

308 SStA Leipzig, AH Leipzig Nr. 4904, LNN 12.1.1911 S. 11.

Finanzministerium vorstellig zu werden." Insofern rechne er es sich geradezu als Verdienst an, die Entschließung der Versammlung etwas gemildert zu haben.[309] In dieser Entschließung wurde denn auch die Königliche Regierung **gebeten**, von der Anlage von Kohlebergbauen abzusehen und auch private Unternehmer nicht zuzulassen.

Anläßlich eines Leipzig - Besuches erhielt der sächsische König auch ein Gedicht, in dem ihm die Erhaltung der Harth angetragen wurde. Darin heißt es:[310]

„Sie ist bedroht durch schwarze Kohlenschächte,
Durch hohe Schlote, die die Luft verderben,
Und balde wird, statt frischem grünem Walde
Ein gift`ger Sumpf entstehn bei düstrer Halde.

Das, edler König, läßt Dein Leipzig trauern,
Und bittend liegt es heute Dir zu Füßen,
Oh, stoß es nicht mit harter Hand zurück,
Dein gnädig Wort ist seiner Bürger Glück."

Besondere Beunruhigung riefen die geschäftigen Umtriebe sowohl des Staates als auch privater Unternehmer natürlich bei den unmittelbaren Anliegern hervor. Die Zwenkauer Zeitung warnte schon im November 1911 vor den Gefahren unüberlegten Grundstückverkaufs: „Wenn auch schließlich einige Grundstücksbesitzer sich im Augenblick einen ersprießlichen Nutzen beim Verkaufe ihrer, im Interessenkreise gelegenen Grundstücke versprechen, so dürfte doch für sie entweder jetzt schon, oder auch erst später die Zeit kommen, daß sie ihn ev. bitter bereuen müßten. Es wäre doch jammerschade, wenn unsere herrlichen, in der Nähe der Großstadt gelegenen Gelände in einigen Jahren denen von Meuselwitz oder Borna oder Lobstädt glichen!"[311]

Die nach der Harth zu oder direkt an ihr gelegenen Ortschaften hatten sich wegen ihrer bevorzugten Lage schon seit längerem zu Trabantensiedlungen für wohlhabende Leipziger Familien entwickelt. Deshalb hatten die Bewohner

309 Ebenda, Bl. 18.

310 Zitiert nach: Verhandlungen des Sächsischen Landtages (Landtagsverhandlungen), 136. Sitzung, 12. Mai 1925, S. 4337.

311 SStA Leipzig, AH Leipzig Nr. 4904, Zwenkauer Zeitung vom 25.11.1911.

auch keinen Grund, dem drohenden Kohlenabbau vielleicht doch eine positive wirtschaftliche Seite abzugewinnen, wie es in einer ärmeren Gegend eventuell der Fall gewesen wäre. Insofern hatten sie die Möglichkeit, kurzfristige ökonomische Vorteile zu verachten und äußerten sich so: „Warum sich also den ‚finstern Mächten der Unterwelt' ausliefern, mit denen, wie es sich ja gezeigt, ‚kein ewiger Bund zu flechten', deren Helfershelfern es ja nur auf die Ausbeutung des Landes ankommt, die kein Interesse haben für eine gedeihliche Fortentwicklung des Landes und das Fortkommen ihrer Bewohner."[312] Allerdings gab es auch hier anders geartete Argumentationen. Bei einer am 15.1.1911 in Leipzig anberaumten Protestversammlung wurde folgendes vorgebracht: „Mit den Kohlenwerken würden weniger gern gesehene ausländische Arbeiter bei uns einkehren. Von solchen rohen Elementen, wie sich vielfach darunter befänden, solle man die Harth freihalten."[313] Es zeigt sich hier sehr deutlich, daß neben Erhalt des Waldes auch eine gewisse Konservierung der sich herausgebildeten Sozialstruktur dieses Gebietes angestrebt wurde. Andererseits steht außer Zweifel, daß die für den Braunkohlenbergbau in kurzer Zeit von auswärts herangezogenen Arbeitskräfte tatsächlich wenig qualifiziert waren, da im Gegensatz zum Steinkohlenbergbau, der durch die Untertagearbeit bis mindestens in die 30er Jahre hinein handwerklich geprägt war,[314] hier eine spezielle Ausbildung kaum erforderlich war. Der Zuzug solcher Arbeitskräfte schreckte die bürgerlichen Anwohner wohl ebensosehr, wie die Angst vor der Beeinträchtigung der Landschaft.

Seitens des Sächsischen Staates war nie die Rede davon gewesen, daß die Harth geschont werden könnte. Bereits 1911 stellte ein Reporter der „Leipziger Neuesten Nachrichten", der im Finanzministerium vorstellig geworden war fest, daß das Vorhaben des Harthabbaus unerschütterlich sei.[315] Eine ganze Anzahl von Städten und Gemeinden, darunter auch Leipzig, wandten sich mit Eingaben nach Dresden. Zunächst blieb die Harthwaldung jedoch in Staatsbesitz und der Finanzminister, von Seydewitz, erklärte, daß vorläufig nicht an einen Kohlenabbau gedacht wäre und wenn er „dereinst" doch notwendig sei, so würde immer nur ein geringer Teil der Harth betroffen, da ein Braunkohlenwerk nicht mehr als 1 Mio Tonnen im Jahr zu fördern brauche. Dabei ging er von einer Förderdauer von ca. 60 Jahren aus, so daß in diesem Zeitraum immer nur kleinere Areale zur Nutzung kommen sollten, die

312 Ebenda, Zwenkauer Zeitung vom 9.12.1911.

313 Ebenda, Zwenkauer Zeitung vom 16.1.1911.

314 H. Mommsen, Soziale Kämpfe im Ruhrbergbau nach der Jahrhundertwende, in: Glück auf ..., a. a. O. S. 253.

315 Landtagsverhandlungen, 136. Sitzung, 12.5.1925, S. 4336.

anschließend sofort wieder aufgeforstet würden. Dadurch sei der Waldbestand nicht in Gefahr.[316] Die Diskussion um das Leipziger Naherholungsgebiet ebbte daraufhin zunächst wieder ab.

Erst nach Aufschluß des Tagebaues Böhlen 1921 und dessen Ausdehnung nach Norden, auf den Wald zu, brach eine neue stürmische Protestwelle hervor. Der Baubeginn des Braunkohlen- und Großkraftwerkes 1923 ließ keinen Zweifel mehr daran, daß Kohle in großen Mengen und auf lange Sicht durch den Böhlener Tagebau geliefert werden müßte, was die Devastierung der Harth wieder in greifbare Nähe rückte. Für die Lebensfähigkeit der südlichen Leipziger Vororte war dies aber eine entscheidende Frage.

Die Harthdiskussion erlangte eine solche Intensität, daß sie in der ersten Hälfte der 20er Jahre den sächsischen Landtag immer wieder beschäftigte. Der Höhepunkt der Auseinandersetzungen war 1925, als bekannt wurde, daß der Staatsforst durch das Übertragungsgesetz vom 30. Januar 1924 endgültig in das Eigentum der ASW übergegangen war, ohne daß der Landtag hierzu seine Zustimmung gegeben hatte. Inwieweit diese Übertragung juristisch einwandfrei vor sich gegangen ist, mag hier dahingestellt bleiben.[317] Fest steht, daß die Harthdiskussion seit Jahren schwelte und es nur eines Anstoßes bedurfte, um sie wieder neu zu entfachen. Möglicherweise sollte dadurch, daß vollendete Tatsachen geschaffen wurden, eine öffentliche Diskussion dieses brisanten Themas umgangen werden.

Es ist mehrfach darauf verwiesen worden, daß die Harthdiskussion der 20er Jahre von politisch rechts stehenden Kreisen instrumentarisiert wurde, um gegen das „staatssozialistische“ Unternehmen ASW eine Hetzkampagne zu entfachen.[318] Es ist auch unbestreitbar, daß die private Braunkohlenindustrie sich durch die Konkurrenz des staatlichen Werkes bedroht fühlte und dagegen opponierte, so oft es nur möglich war.[319] Ebenso hatten die Steinkohleninteressenten Sachsens allen Grund, die Konkurrenz durch die Braunkohle zu fürchten, zumal mittels beträchtlicher finanzieller Aufwendungen modernste

316 Landtagsverhandlungen, 136. Sitzung, 12.5.1925, S. 4338.

317 F. Hönsch, Die Harth und der Braunkohlentagebau Böhlen, in: Sächsische Heimatblätter 2/1966, S. 142.

318 "Der Kampf um die Erhaltung der Harth war demnach in erster Linie ein Kampf gegen die ASW, gegen die Konkurrenz des Staates für das Privatkapital.", ebenda, S. 144.

319 So genoß die ASW z. B. Steuervergünstigungen, ein Umstand, der zu heftigen Auseinandersetzungen führte; Landtagsverhandlungen, 134. Sitzung, 5.5.1925, S. 4283.

Verwertungsmethoden eingeführt wurden.[320] Allerdings dürfte der Wert, den der Wald für die Leipziger Bevölkerung besaß, unbestreitbar sein. Daß Leipzig im Vergleich mit anderen sächsischen Städten tatsächlich benachteiligt war, was die Möglichkeit seiner Bewohner zur Erholung betrifft, ist deutlich an folgendem Vergleich ersichtlich:[321]

Waldgrünflächen der größeren Städte Sachsens

Stadt	EW in 1 000	Waldflächenanteil in % bei einer Entfernung vom Stadtrand von			
		3 km	8 km	17 km	25 km
Leipzig	713	5,9	6,7	7,0	5,9
Chemnitz	351	13,0	15,3	18,3	18,0
Dresden	642	19,3	18,5	21,6	23,1
Plauen	114	24,1	23,7	28,8	35,3
Zwickau	85	2,7	10,6	17,1	21,5

In dieser allgemein also sehr waldarmen Gegend stellte die Harth für Bürger aller Schichten ein beliebtes Ausflugsziel dar, das in nur wenigen Minuten mit

320 Die sächsische Steinkohlenförderung befand sich schon seit längerem in einer komplizierten Situation, die strategische Entscheidung für die Entwicklung einer Industrie vor allem auf Basis der Braunkohle führte in den 20er Jahren zu heftigen Auseinandersetzungen im Landtag, wo sich sogar eine "braune"(Braunkohle) und eine "schwarze" (Steinkohle) Fraktion herausbildeten, die nicht mit parteipolitischen Feldern übereinstimmten, auch wenn die "schwarze" Fraktion in Abgeordneten der DVP und DNVP maßgebliche Sprecher hatte. Dazu: M. Rudloff, Die Strukturpolitik in den Debatten des sächsischen Landtags zur Zeit der Weltwirtschaftskrise, in: W. Bramke/ U. Heß, Sachsen und Mitteldeutschland. Politische, wirtschaftliche und soziale Wandlungen im 20. Jahrhundert, Weimar, Köln Wien 1995, S. 247ff.

321 R. Walther, Siedlung und Verkehr im Großstadtraum Leipzig, Diss., Leipzig 1943, S. 31.

der Eisenbahn zu erreichen war, aber auch zu Fuß durch den Auewald ein lohnendes Ausflugsziel bot.[322]

Wie bereits erwähnt, war die Intensität der Diskussion nicht zuletzt dem Umstand geschuldet, daß die Leipziger Neuesten Nachrichten zum Sprachrohr der Villenbesitzer am Harthrand wurde. Es ist ein sehr eindrucksvolles Beispiel, welchen Einfluß die Medien bei der Mobilisierung der Bevölkerung bereits damals spielten. In den Leipziger Neuesten Nachrichten erschienen zahlreiche Artikel, die sich mit dem drohenden Harthabbau beschäftigten. Im Frühjahr 1925 ließ der soeben gegründete Verein zur Erhaltung der Harth bei Herfurth eine Materialsammlung von Aufsätzen und Zeitungsartikeln verschiedener Leipziger Zeitungen mit dem Titel drucken: „Gegen die Ungesetzlichkeit der Harthverwüstung. Für eine gesunde Siedlungspolitik. Gegen die Verschleuderung von Staatsmitteln." Die mehrfachen Untertitel weisen bereits darauf hin, daß die Bewegung zum Schutz der Harth von vielfältigen Interessen getragen wurde. Im Vorwort heißt es: „Alle Parteien sind sich darin einig, daß, um die gesunde Entwicklung der Großstädte zu sichern, gar nicht genug grüne Flächen und Waldgürtel geschaffen werden können. Statt dessen will der Herr Finanzminister, jedem sozialen und kulturellem Fortschritt zum Hohn, Leipzig mit einem Ring von Kohlenschächten umgeben ...Wir wehren uns dagegen mit allen uns zu Gebote stehenden Mitteln und rechnen auf das Bestimmteste auf die Unterstützung des Sächsischen Landtages!" Wenn es nicht gelänge, den Harthabbau zu verhindern, würde Leipzig „eine schmutzige, rußige Stadt werden, ohne die Möglichkeit sich nach irgend einer Seite hin ausdehnen und erweitern zu können; Flugasche und Kohlenstaub werden sich atembeklemmend auf die Lungen legen und Häuser, ja selbst das Innere der Wohnungen, mit einer sich ständig erneuernden Rußschicht überziehen."[323] Diese Broschüre sowie weiteres gedrucktes Material wurde kostenlos an die Leipziger Bürger verteilt.[324]

---

322 Ganz ähnliche Probleme hatte die Bevölkerung bei Recklinghausen, wo ein ebenfalls Haard genannter Wald das einzige größere zusammenhängende Waldgebiet zwischen Ruhr und Lippe darstellte und für die Bevölkerung des Ruhrgebietes ein wichtiges Erholungsgebiet bedeutete. Auch dieser Wald war bedroht. Anfang der 30er Jahre sollte die Haard zur industriellen Sandgewinnung für Versatzstoffe genutzt werden, was die Öffentlichkeit ebenfalls stark erregte. E. Kroker, Bruchbau kontra Vollversatz. Mechanisierung, Wirtschaftlichkeit und Umweltverträglichkeit im Ruhrbergbau zwischen 1930 und 1950, in: Der Anschnitt 42 1990, H. 5-6, S. 194f.

323 SStA Leipzig, AH Borna Nr. 5433, Bl. 21.

324 Leipziger Bürgerbund, Nr. 8 1925, S. 141.

Im Frühjahr 1925 fanden in Leipzig und Umgebung zahlreiche Kundgebungen zum Schutz der Harth statt. Die erste organisierte z. B. der Leipziger Bürgerbund am 23.3. in der alten Handelsbörse.[325] In der Entschließung heißt es u. a.: „Mit der Vertröstung, daß in den nächsten Jahren mit dem Abbau noch nicht begonnen werde, ist der Leipziger Einwohnerschaft nicht gedient. Vielmehr wird erwartet, daß allen Plänen, die auf den Abbau hinzielen ein festes und unwiderrufliches: Niemals! entgegengestellt wird. Die Versammlung verlangt von der sächsischen Regierung, daß diesen lebensnotwendigen Forderungen Leipzigs Rechnung getragen wird und der Abbau nicht nur jetzt, sondern in aller Zeit unterbleibt."[326] Auch die Hauptversammlung des Leipziger Bürgerbundes am 27.3. beschloß, an den sächsischen Landtag eine Eingabe zu richten, in der gefordert wurde, daß der Verkauf der Harth an die ASW rückgängig gemacht werden solle.[327] Weitere Veranstaltungen folgten. Neben Kundgebungen kam es in Leipzig und Umgebung auch zu Filmvorführungen über die Harth, ein offener Brief an den Finanzminister Reinhold wurde in 33 000 Exemplaren in der Stadt verteilt.[328]

Zu Pfingsten wurde ein Ausflug in die Harth organisiert, um eindrucksvoll den Willen zum Erhalt des Forstes zu demonstrieren. „Das Dorf Zeschwitz, das im Falle der Harthabholzung als erstes zum Opfer fällt, konnte die Teilnehmer kaum fassen. Die beteiligten Stellen dürften durch diese Massenkundgebung, wie sie Leipzig noch nicht gesehen haben dürfte, darin bestärkt sein, daß unser Kampf um die Erhaltung der Harth um der Harth willen geführt wird und weil die gesamte Einwohnerschaft Leipzigs und Umgebung ihn führt auch zum Ziel gelangen muß", berichtete der Leipziger Bürgerbund über die Veranstaltung, die von Deutschnationalen und anderen konservativen Kreisen dominiert wurde.[329] Nach diesen spektakulären Veranstaltungen und mehrfachen

---

325 Der Leipziger Bürgerbund gegründet als Leipziger Bürgerausschuß am 17.11.1918 war ein Zusammenschluß der bürgerlichen Leipziger Kreise, die sich das Ziel gesetzt hatten "eine einheitliche Bürgerfront gegen links" zu bilden: Bürgerbund, was er ist und will, Leipzig, o. J. S. 7. 1925 hatte er 60 korporative Mitglieder, u.a. die Ortsgruppe des VSI und die Ortsvereine der DVP und DNVP. (Tätigkeitsbericht des Leipziger Bürgerbundes für das Jahr 1926, erstattet von der Geschäftsführung, Leipzig 1927, S. 20.

326 Tätigkeitsbericht des Leipziger Bürgerbundes für das Jahr, erstattet von der Geschäftsführung, Leipzig S. 7f.

327 Leipziger Bürgerbund, Nr. 8 1925 S. 123.

328 Tätigkeitsbericht des Leipziger Bürgerbundes auf das Jahr 1925, erstattet von der Geschäftsführung S. 10f.

329 Leipziger Bürgerbund, Nr. 8 1925, S. 158.

Diskussionen im Landtag wurden Verhandlungen mit der Stadt Leipzig, dem Zweckverband Groß-Leipzig und anderen Bürgervertretungen anberaumt.

Bei den Verhandlungen, die insbesondere mit Leipzig geführt wurden, war von einem absoluten Schutz der Harth, wie sie vom Bürgerbund gefordert worden war, nicht mehr die Rede. Hier ging es um Ausgleichsgelände, das für eine Naherholung der Leipziger geeignet wäre. Mit dieser Wendung nahm auch die Bedeutung des Leipziger Bürgerbundes in der Harth-Frage ab. Verbittert wurde geäußert: „Von dem Verein zur Erhaltung der Harth und dem Leipziger Verkehrsverein, die sich der Harth-Frage ‚angenommen' haben, nachdem der Leipziger Bürgerbund durch eine umsichtige, vom vollen Erfolg gekrönte Propaganda das Interesse der Öffentlichkeit wachgerufen hatte, wird die Harth jetzt benutzt, um gegen Eintrittsgeld(!) die Öffentlichkeit ‚aufzuklären'! Nächstens wird die ‚Harth' wohl von jedem Theaterverein auf der Bühne dargestellt werden, da dieses Thema zieht und die Kassen füllt. Wir empfehlen, anschließend Tanz zu veranstalten."[330]

Diese bitteren Worte sind eine Reaktion darauf, daß inzwischen der Rat der Stadt Leipzig die Führung von Verhandlungen mit der ASW bzw. dem sächsischen Staat übernommen hatte und dabei einen pragmatischen Standpunkt einnahm. Die seit 1925 geführten Verhandlungen hatten 1927 zu einem Vertrag geführt. Demnach sollte der nördliche Teil der Harth (nördlich der Eisenbahnlinie Zwenkau-Gaschwitz) auf 50 Jahre als Naturschutzpark erhalten werden. Für die dem Kohlenabbau früher verfallende Südharth, die bis zum Beginn der Devastierung ebenfalls als Naturschutzpark zu nutzen war, sollten umfangreiche Ersatzflächen aufgeforstet werden.[331] Weiterhin wurde festgelegt, daß durch die Abholzung der Harth zu keiner Zeit die Grünflächen in der nahen Umgebung der Stadt Leipzig vermindert werden dürften. Zu diesem Zweck verpflichtete sich des Land Sachsen zu Ankauf und Aufforstung entsprechend großer Flächen, die der Bevölkerung als Naherholungsgebiet zugänglich gemacht werden sollten. Bis 1932 wurde nach diesem Vertrag verfahren und z. B. das Oberholz bei Störmthal erworben.[332] Eine Anzahl von Erwerbungen allerdings, die mit dem Argument verbrämt wurden, Ersatz für die abzutragende Harth zu schaffen (Wie die Rittergüter Gaschwitz und Zöbigker), wurden letztlich in dem Bewußtsein angekauft, daß es sich um kohlehöffiges Gelände handelte. So erzeugten auch die weiteren Ankäufe der ASW in Leipzig große Erregung. Die Amtshauptmannschaft Leipzig berichtete im April 1925 an das Wirtschaftsministerium: „Es besteht - wie auch die

330 Leipziger Bürgerbund, Jg. II, S. 57.

331 H. Ritter, Neue Stadtbaukunst Leipzig, Berlin, Leipzig, Wien 1927, S. XIV.

332 SHStA Dresden KH Leipzig Nr. 4235.

Amtshauptmannschaft meinen möchte, nicht ganz unberechtigt - die Besorgnis, daß bei der Durchführung der Abbaupläne, die nur geleitet ist von dem Gedanken einer rationellen Ausnutzung des Kohlenvorkommens, andere wichtige Belange der Bevölkerung beeinträchtigt werden. Namentlich wird gefürchtet, daß die im Interesse der Volksgesundheit in der Umgebung einer Großstadt so notwendigen Grünflächen verschwinden werden. Auch der Kauf der Rittergüter dient diesem Zwecke des Bergunternehmens der Käuferin, der in seiner Auswirkung u. U. gemeinschädlich sein kann."[333] In den Verhandlungen wurde festgelegt, daß der Rittergutspark Gaschwitz der Öffentlichkeit zur Verfügung gestellt werden sollte, sobald der Abbau der Harth begonnen würde. Bei der Ausdehnung der Vorbehaltsflächen für den Kohlenabbau nach 1933 wurden jedoch auch solche „Harthersatzflächen" einbezogen, so daß die bis dahin ausgehandelten Kompromisse nicht mehr umgesetzt wurden.

Neben den Deutschnationalen waren es die Kommunisten, die einen entschiedenen Kampf um die Erhaltung des Harthwaldes führten. Sie verbanden ihn jedoch mit weitergehenden gesellschaftspolitischen Zielstellungen, so daß auch in den Debatten um den Schutz der Harth, obwohl z. T. gleiche Zielstellungen vorhanden waren, heftig gegen die Deutschnationalen polemisiert wurde, während sich die andere Seite gelassen freute, „daß wir Freunde gefunden haben auf der Äußersten Linken".[334] Durch alle Parteien zog sich aber ein Riß in der Stellung zum Harthabbau, der sehr stark vom Heimatort der betreffenden Abgeordneten abhängig war. Die heftigen Debatten um die Anlage des Heidefriedhofs in der „Jungen Heide" in Dresden fanden z. B. parallel zur Harthdebatte statt, ohne daß gemeinsames Vorgehen ersichtlich wäre. Als ein Leipziger Vertreter den Vergleich der beiden Großstädte wagte, konnte er von den Dresdener Abgeordneten kein Verständnis erhoffen, kam von ihnen der unmutige Zwischenruf: „Wir haben aber keine Kohlen!"[335]

Neben dem Kampf um die Erhaltung der Harth setzten sich die KPD-Abgeordneten prinzipiell gegen die ausufernde Macht der Bergbautreibenden im Leipziger Südraum ein. Insbesondere die Kohlenfelder„politik" der DEA wurde auf das schärfste angegriffen. Deren Abbauplan sah ca. 15 Gemeinden im Raum Borna vor, die dem Kohlenabbau weichen müßten.[336] Entsprechend diesen Zukunftsplänen sollte auch in den Ortslagen jede Bautätigkeit unter-

---

333 SStA Leipzig, AH Leipzig Nr. 2809, Bl. 26.

334 Landtagsverhandlungen, 136. Sitzung, 12.5.1925, S. 4345.

335 Landtagsverhandlungen, 111. Sitzung, 14.1.1925, S. 3680.

336 Siehe Kap. 5.

bunden werden, obwohl gerade in den Orten, die durch den Bergbau eine erhebliche Bevölkerungszunahme erfahren hatten, außerordentliche Wohnungsnot herrschte.[337]

Die Staatspolitik bezüglich der ASW hatte die kommunistische Fraktion schon bei der Aufnahme der 15 Mio $-Anleihe als „Verschacherung der Sächsischen Werke an das amerikanische Kapital“[338] bezeichnet. Das sächsische Volk sei von der $-Anleihe überrumpelt worden. Eine Anleihe mit Staatsbürgschaft hätte nicht ohne Zustimmung des Landtages aufgenommen werden können. Es wurde vor einer „Dawesierung“ der Gesellschaft gewarnt.[339]

Ihr Antrag auf Schutz der Harth ist dann auch der tiefgreifendste im sächsischen Parlament. Es wurde nicht nur gefordert, daß der Harthwald wieder in Staatsbesitz übergehen sollte, sondern auch, daß er in einen Naturschutzpark umzuwandeln sei, in dem weder die ASW noch andere Unternehmen die Kohle abbauen dürften. Außerdem sollte die Harth dem Publikumsverkehr für immer geöffnet bleiben. Darüber hinaus dürfe kein Grund und Boden zu Bauzwecken veräußert werden, damit nicht reiche Villenbesitzer diesen Wald erobern könnten, wie es im Berliner Grunewald bereits geschehen sei. „Und wer heute die Umgegend der Harth einmal besucht, wird feststellen, daß dort wenig Arbeiterwohnungen vorhanden sind, sondern daß nur die besitzende Klasse von Leipzig und Umgegend in der Lage ist, sich diese Grundstücke zu kaufen und dort Villen zu bauen. Nicht Arbeiter sind es, die hier der Erholung pflegen können, sondern Autobesitzer, die mit ihren Verkehrsvehikeln die Waldluft der Harth verpesten.“[340]

Diese Bemerkungen entbehrten nicht der Grundlage. Das Ausmaß der Harthdiskussion war nur vorstellbar mit erheblichen finanziellen Mitteln für die Harthwerbung, die die Villenbesitzer noch am ehesten aufbringen konnten. Allerdings wurden auch Spendenaktionen ins Leben gerufen, um den „Harthrummel“, wie er von sozialdemokratischer Seite bezeichnet wurde, zu finanzieren. Interessant ist in dieser Landtagsrede auch die Einschätzung der Automobile. Die Luftverschmutzung durch die wohlhabenden Autobesitzer war noch der Kritik wert. In dem Maße wie das Auto für größere Bevölkerungsteile

---

337 Landtagsverhandlungen, 141. Sitzung, 9.6.1925 S. 4665ff.

338 Landtagsverhandlungen, 136. Sitzung, 12.5.1925 S. 4332.

339 Landtagsverhandlungen, 128. Sitzung, 13.3.1925 S. 4119.

340 Landtagsverhandlungen, 136. Sitzung, 12.5.1925 S. 4334.

zum erschwinglichen Fortbewegungsmittel wurde, wurden die negativen Folgen des Autoverkehrs kaum noch erwähnt.[341]

Ähnlich verhielt es sich mit der Harthfrage. Betonten die Kommunisten 1925 noch, daß die Anträge zum Schutz der Harth noch viel schärfer gestellt werden könnten, „um die Harth nicht nur für jetzt, sondern auch für alle Zukunft zu erhalten“[342], wurden auch nach 1945 die industriepolitischen Interessen weit höher bewertet als das Bestreben nach den Schutz der Harth. Die entscheidenden Behörden hätten sich wohl nur ungern daran erinnern lassen, daß die Kommunisten zu den vehementesten Verfechtern des Schutzes der Harth gehört hatten, als der Abbau des nördlichen Teiles der Harth 1957 begann.

4.3.3 Der Spülkippenbruch in Böhlen

Welche Zukunftsaussichten sich für das bisherige Naherholungsgebiet Harth durch den Kohlenabbau ergaben, war schon 1927 ersichtlich. Der Tagebau Böhlen hatte für das neu zu errichtende Westkraftwerk des sächsischen Staates die Feuerkohle zu liefern. Das Braunkohlen- und Großkraftwerk sollte das modernste seiner Art werden. Um einen effektiven Betrieb zu ermöglichen, mußten große Mengen an Kohle geliefert werden. Dafür wiederum waren große Flächen des Kohleflözes freizulegen. Beim Tagebauaufschluß fielen ca. 13,5 Mio m³ Abraum an.[343] Mit Beginn der Arbeiten wurde südlich des Werkes eine ringförmige Hochkippe angelegt, in die weitere Abraummassen verspült wurden. Seit 1922 wurde nördlich des Werkes mit der Aufschüttung einer weiteren Hochspülkippe begonnen. Diese Maßnahmen ergaben sich aus dem für damalige Verhältnisse gigantischen Ausmaß des Böhlener Werkes, für das geeignete Technik noch nicht zur Verfügung stand. Der Spülkippenbetrieb in Böhlen ist daher als großtechnischer Versuch anzusehen, das Abraumproblem kostengünstig zu bewältigen. Die Anlage einer herkömmlichen Trockenkippe hätte ca. 10 Pfennige pro m³ Abraum gekostet, die

---

341 "...Flugblätter und Kampfschriften agitierten gegen die 'Schmarotzer in ihren Luxus-Automobilen'" beschreibt Wolfgang Sachs die Situation in Graubünden, wo es zehn Volksabstimmungen gab, ehe das Auto 1925 Einzug halten konnte. Wolfgang Sachs, Die auto-mobile Gesellschaft. Vom Aufstieg und Niedergang einer Utopie, in: F.-J. Brüggemeier/Th. Rommelspacher, Besiegte Natur...a.a.O, S. 112f.

342 Landtagsverhandlungen, 136. Sitzung, 12.5.1925, S. 4335.

343 SStA Leipzig, BKW Böhlen Nr. 936 Aufsichtsratssitzung am 4.7.1927.

Verspülung dagegen kostete nur 3,4 Pfennige pro m³.[344] Eine Hochspülkippe solchen Ausmaßes gab es bei anderen Braunkohlenwerken nicht. Lediglich das Leunawerk verfügte über eine ähnliche Anlage, allerdings für die Verspülung von Asche und Kalkschlamm.[345] Seit Aufbau der Hochspülkippen beklagten sich die Bewohner umliegender Ortschaften über Erscheinungen, die in unmittelbaren Zusammenhang mit dem Spülkippenbetrieb standen. Schon 1923 gab es z. B. Wassereinbrüche in Kellerräume als Folge erhöhten Grundwasserspiegels. Allein bis 1924 waren von der dortigen Bevölkerung Schadenersatzansprüche von 16756 M geltend gemacht worden.[346] 1924 wurde deshalb eine Filterbrunnenanlage installiert, die den Grundwasserspiegel auf normalem Niveau halten sollte.[347] Obwohl die Anlage ununterbrochen in Betrieb war, mehrten sich seit Anfang 1927 wieder die Klagen. Eine Böschungsrutschung Ende März 1927 und mehrere feuchte Stellen im Damm gehörten zu den weiteren Anzeichen dafür, daß der Spülkippenbetrieb nicht ohne Probleme weiter betrieben werden konnte.

Am 24. Juni 1927 brach der Damm, als gerade ein mit Mutterboden beladener Abraumzug auf der Dammkrone stand. Die aus der Kippe ausbrechenden Wasser- und Schlammassen wälzten sich auf die Gemeinden Lippendorf und Spahnsdorf zu. Das Bergamt Leipzig schätzte die freigesetzten Wassermengen auf mindestens 500000 m³, die mindestens ebensoviel bis 750000 m³ feste Bestandteile mit sich rissen.[348] Die Höhe der Massen betrug durchschnittlich einen Meter. Lippendorf, das völlig überflutet wurde, stand ca. 1,5 m tief im Schlamm. Ein kleines Mädchen wurde von den Massen weggeschwemmt und fand den Tod. Viele Lippendorfer flüchteten oder wurden in ihren Häusern vom Schlamm eingeschlossen. Lippendorf mußte vollständig evakuiert werden. Die notwendigsten Aufräumarbeiten wurden schnell in die Wege geleitet. Als Konsequenz der Katastrophe erging vom Oberbergamt die Verfügung, daß der Spülkippenbetrieb einzustellen sei.[349] Eine ausdrückliche

---

344 SHStA Dresden, Akten des Landtags: Untersuchungsausschuß für Böhlen und Hirschfelde, Bl. 24

345 SStA Leipzig, ASW Böhlen Nr. 936, Bericht über den Dammbruch der nördlichen Spülkippe bei der A.S.W., Braunkohlen- und Großkraftwerk Böhlen in Böhlen bei Leipzig Bl. 1.

346 SHStA Dresden, Akten des Landtags: Untersuchungsausschuß für Böhlen und Hirschfelde, Bl. 24.

347 SStA Leipzig, ASW Böhlen Nr. 936 Bl. 7.

348 Ebenda, Bericht S. 13.

349 Ebenda, Bericht S. 20.

Genehmigung für den Spülbetrieb hatte ohnehin nie vorgelegen und da der Tagebauaufschluß beendet war, sollte die Spülkippe 1927 stillgelegt werden wie 1925 bereits der Spülkippenbetrieb an der sogenannten Südkippe eingestellt worden war. Insofern hatte das Verbot des Oberbergamtes keine größeren Folgen.

Die zahlreichen Vorkommnisse beim Aufbau und Betrieb der Böhlener Werke[350] erregten jedoch in der Öffentlichkeit großes Aufsehen. Die Leipziger Presse verfolgte auch dieses Ereignis grimmig. Verstärkt wurde dies noch dadurch, daß die Betriebsleitung den Journalisten den Zutritt zu dem überspülten Gelände verweigerte. Das Verhältnis der ASW zur Leipziger Bürgerschaft war ohnehin durch die Harthfrage schon auf das äußerste gespannt. „Es ist damals ein Zustand der Angst in Leipzig gewesen, so daß man beinahe fürchten mußte, daß der Schlamm über den Markt kommt", beschrieb der Leipziger Stadtrat Meyer die Stimmung und sprach sich in der Aufsichtsratssitzung vom 4. Juli 1927 dafür aus, das Verhältnis der ASW zur Leipziger Bevölkerung zu verbessern. „Es müßte auch auf das Gute hingewiesen werden, das die Sächsischen Werke der Bevölkerung bringen, denn vorläufig glaubt die Leipziger Bevölkerung, immer nur Unheil von den Sächsischen Werken zu haben."[351]

Zur Klärung aller Umstände wurde vom Landtag eine Untersuchungskommission eingesetzt, deren Ergebnisse Anfang 1929 vorlagen. Besonders interessant ist, wie nach der Katastrophe mit den betroffenen Gemeinden umgegangen wurde. Sehr zur Entlastung der ASW handelte es sich nur noch um wenige Grundstücke, die nicht bereits in ihren eigenen Besitz übergegangen waren. In der Aufsichtsratssitzung heißt es dazu lakonisch: „Die Fläche, die voraussichtlich in Zukunft zu Betriebszwecken benötigt werden müßte, wird schätzungsweise 17-20 ha umfassen." Der Brandkassenwert der betriebsfremden betroffenen Gebäude betrage nur etwas über 51 000 Mark.[352]

Sehr intensiv wurden die Räumungsarbeiten in den beiden Orten nicht betrieben. Zwar schaufelte man einige Tage nach dem Unglück Wege frei und legte für die Häuser Zugangsstege, doch blieb es zunächst dabei. Die ohnehin ausgesiedelten Bewohner hätten keinen Grund zur Klage, hieß es. Nach 8 bis 10 Wochen sollten die Orte ursprünglich wieder bewohnbar sein. Tatsächlich zogen sich die Arbeiten weit länger hin. Im Dezember 1927 beschwerte sich

350 U.a. war während des Aufbaus ein Schornstein eingestürzt, wobei ein Arbeiter ums Leben kam. SStA Leipzig, AH Borna Nr. 5827.

351 SStA Leipzig, ASW Böhlen Nr. 936, Aufsichtsratssitzung S. 23

352 Ebenda, Aufsichtsratssitzung, S. 7.

der Lippendorfer Gemeinderat Sommer: „Daß man den Lippendorfer Einwohnern nicht zumuten kann, da rein zu ziehen, wo bis an Gärten und Tore Kohlenschlamm ½ bis 1½ Meter hoch liegt ...“[353] Auch im Januar 1928 steckte die Gemeinde noch von 3 Seiten im Schlamm. Der aus den Häusern und Höfen abgefahrene Schlamm war unmittelbar an der Nordseite des Dorfes abgelagert worden, wobei es sich nicht nur um Kohlenschlammm und Abraum sondern auch um verendetes Vieh und den Inhalt der ausgespülten Aborte handelte, so daß der Ausbruch von Seuchen befürchtet wurde. Das Brunnenwasser war durch die Überflutung verdorben, so daß eine Trinkwasserleitung nötig geworden war. Bis November 1927 betrugen die Kosten für den Spülkippenbruch über 1 Mio RM, die Bewohner erhielten davon als Entschädigung 84000 RM[354]

Der Spülkippenbruch stellt sicher einen besonderen Vorgang dar. Dieser Unglücksfall erregte aber weit über die Grenzen seiner tatsächlichen Wirkung hinaus Aufsehen, da er als ein Exempel galt für die mit dem Braunkohlenbergbau verbundenen Gefahren. Die alltäglichen Belastungen waren subtiler. Es ergossen sich nicht innerhalb weniger Stunden Millionen Kubikmeter Kohlenschlamm über die Fluren. Die der Deflation ausgesetzten Kippen verteilten ihre feinen Bestandteile längerfristig und gleichmäßiger über die benachbarten Orte. Allerdings gab es im Braunkohlenrevier auch immer wieder spektakuläre Vorfälle, die die Gefahren der Technik deutlich machten. Meist waren jedoch dabei weniger die Anwohner als die in den Werken Beschäftigten betroffen. Beispielsweise kam es am 12.4.1924 im Schwelwerk Regis zu einer Explosion, bei der 4 Menschen getötet und weitere 20 schwer verletzt wurden. Die wahrscheinlich folgenreichste Explosion ereignete sich dort 1939 als 27 Personen getötet und 60 verletzt wurden.[355]

Die angrenzenden Ortschaften waren dagegen solch spektakulären Ereignissen ausgesetzt, wurden nicht innerhalb weniger Stunden unbewohnbar. Eine schleichende Belästigung aber blieb und verstärkte sich mit steigenden Produktionszahlen.

4.3.4 Luftverschmutzung

Neben dem drohenden Abbau der Harth und den zahlreichen Auseinandersetzungen mit den Städten und Gemeinden des Gebietes um die

---

353 SStA Leipzig, AH Borna Nr. 7356.

354 SHStA Dresden, Außenministerium Nr. 6650, B.176.

355 SStA Leipzig, VEB BKW Regis Nr. 256.

Nutzung bestimmter Flächen,[356] brachte der Kraftwerksneubau in den folgenden Jahren noch andere Probleme. Beim Aufbau des Kraftwerkes 1923 bis 1925 dominierte noch die Energieerzeugung für den Eigenbedarf des Werkes, da gleichzeitig eine Brikettfabrik errichtet wurde. Erst die erheblichen Dollaranleihen der Jahre 1925 (15 Mio $) und 1926 (18 Mio $) ermöglichten den gezielten Ausbau zum Großkraftwerk. Mit der immensen Steigerung der Elektroenergieerzeugung setzte auch die erste bedeutende Luftverschmutzung der Böhlener Umgebung ein. Das zweite Kesselhaus wurde mit der neuen Technologie der Kohlenstaubfeuerung ausgerüstet, die seit 1918 in den USA verwendet wurde (u. a. Milwaukee, St. Louis). Böhlen war das erste Braunkohlengroßkraftwerk, das mit reiner Staubfeuerung arbeitete. Wirtschaftlich gesehen brachte diese Art der Feuerung große Vorteile, bedeutete sie doch eine bessere Auslastung der Kessel, vereinfachte die Betriebsführung und ermöglichte größere Anpassungsfähigkeit an Lastschwankungen sowie eine Nutzung minderwertiger Kohle.[357]

Allerdings war mit der Inbetriebnahme des neuen Kesselhauses eine starke Beeinträchtigung der Umgebung des Werkes verbunden. Die ersten massiven Beschwerden erreichten das Werk im Februar 1927 von Böhlener Gärtnereibesitzern. Nach übereinstimmender Aussage mehrerer Gärtner machten sich seit November 1926 bei südlichem oder südwestlichem Wind starke Staubablagerungen auf den Pflanzen bemerkbar. Nach mikroskopischer Untersuchung des Staubes im Werklabor bestand dieser hauptsächlich aus Flugasche und Flugkoks und stammte offensichtlich aus dem neu errichteten Kesselhaus. Da die Belästigungen nicht nachließen, präsentierten die Gärtner im Verlaufe des Jahres dem Werk entsprechende Rechnungen. Auch die Stadt und Flur Rötha wurde bereits zu dieser Zeit von den Kohlenstaub- und Ascheemissionen betroffen. Das Freiherrlich von Friesensche Rentamt schrieb dazu am 15.6.1927: „Wir haben bereits mehrfach Veranlassung gehabt, Sie darauf hinzuweisen, daß die Verunreinigungen unserer Fluren durch Ruß und Kohlenstaub aus ihrem Schornstein und ihren Brikettfabriken unerträglich ist. Bei der Bearbeitung des auf unseren Röthaer Wiesen abgeschnittenen Heues wird eine solche Menge an Kohlenstaub und Ruß aufgewirbelt, daß unsere Arbeiter hierüber Beschwerde führen und Lohnzulagen verlangen.“[358]

In Böhlen selbst waren die Luftverhältnisse so beeinträchtigt, daß das Gemeindeamt Böhlen im Februar 1928 die Amtshauptmannschaft Leipzig

---

356 Siehe Kap. 4.1.2.

357 F. Hönsch, Historisch ökonomisch-geographische Untersuchung ... , a. a. O., S. 80.

358 Dieses und die folgenden Beispiele wurden ausgewählt aus: SStA Leipzig, ASW Espenhain Nr. 95.

darüber informierte, daß unbedingt behördliches Eingreifen erforderlich sei. Aus allen Teilen der Einwohnerschaft seien Klagen und Beschwerden eingegangen. Neben den Schäden an Pflanzen wurde folgender Zustand beschrieben: „Bei ungünstiger Witterung ist es oftmals tagelang nicht möglich, die Wohnungsfenster zu öffnen, wenn nicht die Wohnung verrußen soll. Wäschetrocknen im Freien ist nur noch an besonders günstigen Tagen durchführbar, Wäschebleichen fast ausgeschlossen." Obwohl sich die Gemeinde mit der ASW in Verbindung gesetzt hatte, sei bisher nichts zur Besserung unternommen worden, die Verhältnisse hätten sich eher verschlechtert. Die Amtshauptmannschaft setzte daraufhin Verhandlungen an, zu denen die betroffenen Gemeinden (Böhlen, Medewitzsch, Lippendorf und Spahnsdorf), das Gewerbeaufsichtsamt, das Bergamt und die ASW sowie Mediziner geladen wurden. Die ASW wies darauf hin, daß sie bereits Entstaubungseinrichtungen plane, die zumindest den Staub der Brikettfabrik und der Mahlanlage vermindern werde. Gegen die Emissionen des Schornsteins könne man im Moment nichts tun. Noch 1935 rechtfertigte das Gewerbeaufsichtsamt, die Tatsache, daß keinerlei Vorsorge für die Staubabscheidung im Kraftwerk getroffen worden waren. Sowohl Naßentstaubung als auch Elektrofilter seien zu teuer. Die Versuche mit trocken-mechanischer Abscheidung waren in Versuchsanlagen getestet worden, aber wegen ihre geringen Wirkungsgrades (20 %) ebenfalls nicht in Betracht gezogen worden.[359]

Gerade die Kraftwerksemissionen waren aber für die Schäden in der weiteren Umgebung ausschlaggebend. Neben der gesundheitlich bedenklich kleinen Korngröße des Flugstaubes von 60 µm betraf das vor allem ihren Anteil an schwefliger Säure. Ruß, Staub und Schwefeldioxid waren die bis zu diesem Zeitpunkt am meisten im Brennpunkt stehenden Emissionen. Die Wirkungen des Schwefeldioxids bzw. seiner Reaktionsprodukte waren bereits zu Beginn des 20. Jahrhunderts in der Wissenschaft nicht mehr unbekannt. Im Zusammenhang mit den Hüttenrauchschäden im Erzgebirge, aber auch im Harz und anderen Gebieten, waren seit der zweiten Hälfte des 19. Jahrhunderts Untersuchungen zu diesem Problem vorgenommen worden, von denen die von

359 SStA Leipzig, AH Borna Nr. 5827, Bl. 107.

Stöckhardt und später von Wislicenus die bekanntesten sein dürften.[360] Stöckhardt hatte sich auf die Festlegung einer Unschädlichkeitsgrenze für schweflige Säure nicht festlegen wollen. Heute gelten 400 µg/m³ als Grenzwert für Langzeiteinwirkung,[361] wobei nachgewiesen ist, daß Baumschäden auch bei unterschwelliger Belastung auftreten. Inwieweit dabei auch andere Schadstoffe eine Rolle spielen, ist bis heute umstritten. Für das heutige Waldsterben wird u. a. auch vermutet, daß es eine Primärschädigung durch Ozon geben könne, die die Pflanzen anfällig gegen weitere Substanzen macht. Allerdings sind für die Bildung von troposphärischem Ozon eine hohe Stickoxid- und Kohlenwasserstoffemission Voraussetzung. Da Stickoxide aber vorzugsweise bei Verbrennungen unter hohen Temperaturen entstehen bzw. auch eng an die Verbreitung des Autos geknüpft sind, ist es fraglich, ob Ozon für die erste Hälfte dieses Jahrhunderts schon eine Rolle gespielt haben kann.[362]

In der Flur Gaulis wurden im Sommer 1928 Schäden durch Schwefel und Staub wahrgenommen. Bei der Begehung der Felder wurde festgestellt: „Die Schäden bestehen hauptsächlich darin, daß die Blätter des Getreides, auch von Gras und Klee, aussehen, als wären sie verbrannt oder geätzt und sind teilweise

---

360 Eine Auswahl wichtiger Veröffentlichungen zur Wirkung von SO_2:
A. Stöckhart, Untersuchungen über die schädliche Einwirkung des Hütten- und Steinkohlenrauches auf das Wachstum der Pflanzen, insbesondere Fichte und Tanne, in: Tharandter Forstliches Jahrbuch Bd. 21(1871), S. 218ff;
J. Schroeder, Die Einwirkung der schwefligen Säure auf die Pflanzen, in : ebenda Bd. 22 (1872), S. 185ff und Bd. 23(1873), S. 217ff;
H. Wislicenus, Resistenz der Fichte gegen saure Rauchgase bei ruhender und tätiger Assimilation, in: ebenda Bd. 48(1898), S. 152ff;
A. Wieler, Untersuchungen über die Einwirkungen schwefliger Säure auf die Pflanzen, Berlin 1905;
J. Stoklasa, Die Beschädigung der Vegetation durch Rauchgase und Fabrikexhalationen, Berlin, Wien 1923;
E. Haselhoff, Grundzüge der Rauchschadenkunde zur Prüfung und Beurteilung der Einwirkung von Rauchabgängen auf Boden und Pflanzen, Berlin 1923;
H. Wislicenus, Grundsätzliches zur technischen Abgas - und Rauchschädensfrage und zu den Zeitschriften Angewandte Chemie und Die Chemische Fabrik, Berlin 1933.

361 G. Spelsberg, Rauchplage. Hundert Jahre Saurer Regen, Aachen 1984, S.30.

362 H. Stratmann, Wirkung von Luftverunreinigungen auf die Vegetation. Bewertung der Luftanalysen auf der Grundlage weiterentwickelter Dosis - Wirkungsbeziehungen für Schwefeldioxid und Ozon zur Ursachenaufklärung der neuartigen Waldschäden, Essen 1984.

oder ganz abgestorben." Das Gutachten der Landwirtschaftlichen Versuchsanstalt in Dresden ergab „starke Chlorophyllzersetzung, wie sie als Folge von Vergiftungen durch schweflige Säure auftreten".

Auch über gesundheitliche Beeinträchtigungen wurden die ersten Klagen laut. Mehrfach beschwerte sich der Bahnwärter am Gauliser Wegübergang der Strecke Leipzig - Hof über die Luftverschmutzung. Er bat sogar um Zuweisung einer anderen Wohnung. „Es ist unmöglich, noch länger in diesem Hause leben zu können ... Seitdem das Werk in allernächster Nähe des Grundstücks aufgebaut worden ist, wird es von Zeit zu Zeit immer schlechter für uns, durch den fürchterlichen Rauch und die Giftgase, welche aus den niederen Essen bei Westwind gerade über das Grundstück gehen. Waschen und Wäscheaufhängen ist bei Westwind unmöglich. Der Dunst und Rauch zieht bis in die Zimmer und es ist nicht möglich, bei der größten Hitze die Fenster des Schlafzimmers zu öffnen. Husten und Kopfschmerzen wird man nicht los und die Augen leiden durch die Gase. Derartige Zustände wirken auf die Gesundheit so ein, daß ein längeres dort wohnen unmöglich ist." Die Werke lehnten das Umsiedlungsansinnen ab, da sie befürchteten, nach und nach ganz Gaulis, Trachenau usw. umsiedeln zu müssen, wenn sie einen Präzedenzfall schafften.

Mit der Reichsbahn geriet die ASW auch noch in anderer Hinsicht in Konflikt. Durch die Rauchgase gingen etliche Teile der Schneeschutzhecken an der Bahnlinie ein, für die Ersatz geschaffen werden sollte. Zunächst stellte sich die ASW auf den Standpunkt, die Hecke sei durch starkes Beschneiden und aus Altersgründen eingegangen. 1931 ließ sich dieser Standpunkt nicht mehr aufrechterhalten, da nach eigener Aussage, „auch in diesem Jahre die Hecke wieder betroffen worden ist und kein grünes Blatt mehr zeigt". Man einigte sich schließlich auf einen Schutzzaun, da die Gefahr bestand, daß eine neue Pflanzung wiederum eingehen würde.

Am stärksten jedoch waren die Auseinandersetzungen mit gärtnerischen und landwirtschaftlichen Betrieben. So stellte der Gärtnerverein Böhlen und Umgebung auf den Gewächshäusern starken Asche- und Kohlenbelag fest, der durch Abspülen nicht zu beseitigen war. Als erfolgreiche Reinigungsmittel wurden Sand und Salzsäure empfohlen, womit wohl die Scheiben klar aber gleichzeitig Kitt und Farbe zerstört wurden.

Jahr für Jahr entstanden auch große Schäden auf den Feldern. Wurden noch 1928 nur Schadenersatzansprüche von ca. 4000 M beglichen, rechnete die ASW Böhlen für 1929 bereits mit 10000-12000 M. Um den Auseinandersetzungen aus dem Weg zu gehen, erwog man sogar den Ankauf der entsprechenden Areale. Als Ergebnis der Berechnungen kam das Werk jedoch zu dem Schluß: „Das Günstigste ist also, jeweils den angerichteten Schaden zu bezahlen, der u. E. immer noch wesentlich hinter dem Zinsendienst für den

Ankauf der Flur bzw. der Errichtung der Schornsteine zurücksteht. Man wird vielleicht damit rechnen können, daß sich die Bauern daran gewöhnen und von selbst die Ansprüche fallen lassen." Diese Hoffnungen waren durchaus berechtigt. Das noch Anfang der 20er Jahre stark in der Kritik stehende Werk Dora & Helene belästigte die nähere Umgebung ebenfalls mit starkem Aschefall. Nach eigenem Augenschein von Vertretern der ASW im Staatsgut Hain war der Befall „so stark, daß die kleinen weißen Ascheteilchen in der Sonne flimmerten und sich auf dem Schuhwerk als dicke Schicht auflegten". Nach „vorsichtigen Umfragen" sei der Befall zeitweise sehr stark, von ähnlichen Schadenersatzforderungen, wie sie die Gauliser stellten, sei jedoch nichts bekannt. Die Ursachen für die unterschiedliche Konfliktbereitschaft dürften vielfältig sein. Zum einen war das Böhlener Werk als Staatsbetrieb weit stärker im Blickpunkt der Öffentlichkeit als die Privatwerke. Außerdem sind auch Unterschiede in der Bevölkerungsstruktur als Grund denkbar. So war Großzössen weit früher industrialisiert, hatte sich von einem landwirtschaftlich geprägten Dorf zur Industriearbeitersiedlung entwickelt.

Das Großkraftwerk Böhlen, das seine Leistung ständig steigerte, war außerdem auch in seiner Wirkung nicht mit den Kohlenwerken und Brikettfabriken der Umgebung zu vergleichen.[363] Die Beschwerden in der Böhlener Umgebung nahmen mit den Jahren weiter zu. Die Schäden machten sich massiver bemerkbar und die Unzufriedenheit wuchs. Deshalb versuchte die ASW, sich die Anlieger gefügig zu halten. U. a. wurde die Auszahlung von Entschädigungen davon abhängig gemacht, daß den Plänen zum Ausbau des Werkes keine Hindernisse in den Weg gelegt wurden. Als einer der Geschädigten zu diesem Kompromiß nicht bereit ist, kommt es im Februar 1930 zum Prozeß, in dem ausgeführt wird: „Der Kläger lehnt es ab, der Beklagten bei der Zerstörung des Bauernlandes behilflich zu sein und verlangt den von der Beklagten bereits anerkannten Betrag als einen Mindestschaden, indem er sich auch insoweit alle weitergehenden Ansprüche vorbehält."

Im Allgemeinen wurden die Entschädigungen nach Begehung der besonders betroffenen Felder von einem Sachverständigen des Landbundes Borna und dem Rittergutspächter von Gaschwitz, Schreiber, begutachtet. Dabei wurden

---

363 Die Leistung des Kraftwerkes in kWh betrug:

1926	17737560
1927	108742320
1928	306084600
1929	457405440
1930	531314280
1931	700539360

nach: SStA Leipzig, ASW Böhlen Nr. 903.

Einflüsse der Rauchgase im Umkreis von etwa 1 km um das Werk anerkannt, obwohl auch aus weiter entfernt liegenden Gebieten Schadenersatzklagen eingingen. Im Sommer 1930, als die Schäden ungewöhnlich deutlich auftraten, wurde durch die Bauern ein Gutachten des Pflanzenpathologen Dr. Aarland vom Landwirtschaftlichen Institut der Universität Leipzig eingeholt. Dieser stellte fest: „Die Schadloshaltung der Landwirte für die aufgetretenen *sichtbaren* Rauchschäden müßte schon aus Gründen der Billigkeit erfolgen, zumal für die zweifellos vorhandenen *unsichtbaren* Rauchschäden bis jetzt m. W. keine Ersatzforderungen gestellt worden sind... Der ... erhobene Einwand, daß doch durch den Geruchssinn gar keine ausströmenden Rauchgase festgestellt werden konnten ist schon deshalb nicht beweiskräftig, weil eine lange andauernde Einwirkung äußerst verdünnter Rauchgase durch kurze Behandlung mit höherer Konzentration nicht ersetzt werden kann." Aarland nannte als Langzeitschäden auch die Versauerung des Bodens und die Beeinträchtigung der Bakterientätigkeit im Boden. Dies war ein Argument, das Wieler bereits 1905 bei der Untersuchung der Stollberger Hüttenrauchschäden vorgebracht hatte.[364]

Ein im Interesse der ASW erstelltes Gutachten von Prof. Hoffmeister dementierte dagegen alle relevanten Aussagen im Gutachten Aarlands. Die Argumentation war jedoch so plump, daß selbst der landwirtschaftliche Gutachter der ASW sich gezwungen sah, seiner Auftraggeberin mitzuteilen, daß die Ausführungen stark einseitig seien, so daß „der Laie den Eindruck gewinnt, daß eine Schädigung der Kulturpflanzen durch Abgase des Werkes Böhlen überhaupt nicht möglich wäre." Schreiber, der sich Wissen über die Ergebnisse der Rauchschadenforschung angeeignet hatte, empfahl, es nicht so weit kommen zu lassen, daß der Chef Aarlands Prof. Zade für zukünftige Auseinandersetzungen als Gutachter der Gegenseite auftritt, da dieser „als Autorität auf dem Gebiet der Pflanzenkrankheiten beinahe internationalen Ruf besitzt". Um der wissenschaftlichen Ehre seines Assistenten willen würde er Gutachten vielleicht umsonst oder gegen geringes Entgelt erstellen. Schreiber empfahl, „lieber eine tragfähige Entschädigung alljährlich zu zahlen, als einen Prozeß zu führen, dessen Ausgang auf Grund meiner nun 2jährigen Beobachtungen an den geschädigten Feldern mehr als zweifelhaft erscheint." Da Schäden durch die Werke unumstößlich feststünden, könne es nur darum gehen, ein Maß zu finden. „Welche Form der exakten Schadensfeststellung auch gefunden werden möge, der dadurch wirklich festgestellte Schaden wird bestimmt immer größer sein, als der von mir geschätzte, weil meine Schätzungen stets im Interesse meines Auftraggebers ausfallen", versicherte

---

364 A. Wieler, Untersuchungen über die Einwirkung schwefliger Säure auf Pflanzen, Berlin 1905, S. 289.

er.[365] Daß Schreiber seine Erfahrungen auch zum eigenen Nutzen anwendete, indem er von der Reichsbahn eine erhebliche Summe als Entschädigung für Rauchschäden einklagte, soll hier nur an Rande erwähnt werden.

Das Jahr 1931 brachte die bis dahin schwersten Rauchschäden in der Böhlener Umgebung. Erstmals wurden auch weiter entfernt liegende Fluren (Medewitzsch, Peres, Piegel, Leipen) in die Entschädigungen einbezogen. Ein erneutes Gutachten Aarlands hatte auch die chemische Analyse der Blattsubstanz einer geschädigten Obstpflanzung zum Gegenstand. Die ASW legte großen Wert darauf, daß dieses Gutachten nicht allgemein bekannt würde, denn zur gleichen Zeit liefen Verhandlungen mit von Friesen[366] über die Schädigung seines Waldes. An die Hauptverwaltung gerichtet, sprach das Böhlener Werk folgenden Wunsch aus: „U. E. würde auf alle Fälle dahin zu wirken sein, daß Herr Dr. Aarland nicht etwa chemische Gutachten verfertigt, denn dann kommt er unter Umständen nicht um Tatsachen, die sich analog dem hier vorliegenden Gutachten im Falle Thrandorf sehr leicht ergeben können, herum.“ Interessant ist, daß der eigentliche Auftraggeber des Gutachtens, der seinen Auftrag aus Kostengründen später zurückzog, selbst nie etwas über die Analyse erfuhr, statt dessen die ASW bestens informiert wurde. In einem Prozeß gegen die ASW hatte er deshalb keine Chance.

Ähnliches vollzog sich bei der Begutachtung des Waldschadens in Rötha. Schreiber, der mit Aarland auf gutem Fuß stand, erhielt als erster den detaillierten Bericht und leitete ihn umgehend an die ASW weiter, mit der Bitte „es streng vertraulich behandeln zu wollen. Herr Dr. Aarland wie auch ich, werden unter Umständen Schwierigkeiten und Unannehmlichkeiten haben,

---

365 Wie kompliziert auch heute noch die Umsetzung der inzwischen erheblich umfangreicheren Immissionsgesetzgebung ist, kann am folgendem Beispiel verdeutlicht werden: "In den Jahren 1981 und 1982 waren bei der Kriminalpolizei mehrere Strafanzeigen von Waldbesitzern eingegangen, die ein massenhaftes Absterben von Nadelbäumen in der Region zum Gegenstand hatten. Die Staatsanwaltschaft holte Stellungnahmen des örtlichen Gewerbeaufsichtamtes, des Landesverwaltungsamtes und einer Forstversuchsanstalt ein. Alle Stellen sahen sich jedoch außerstande, mit dem Instrumentarium bestehender Untersuchungsmethodik verläßliche Rückschlüsse auf eventuelle Ursachenzusammenhänge bzw. Verursacher zu ziehen. Die Staatsanwaltschaft, sah daher keine Möglichkeit, im konkreten Falle wie auch im Hinblick auf das grundsätzliche Phänomen "Waldsterben" strafrechtlich voranzukommen und stellte daher das Verfahren ... ein." V. Meinberg (Hg.), Umweltstrafrecht in der Praxis, Freiburg 1988, S. 120.

366 Vgl. 5.2.1.3.

wenn es bekannt würde, daß die ASW schon früher in den Besitz dieses Gutachtens gelangt ist, als der Auftraggeber selbst."[367]

Um landwirtschaftliche Interessen wirksamer gegen die Braunkohlenindustrie durchzusetzen, hätte es eines organisierten Zusammenschlusses bedurft. Im Streitfall wären dann auch finanzielle Unterstützung oder Rechtsbeistand möglich gewesen. Ähnliche Organisationen wie der „Verein der Landwirte gegen Schädigung durch industrielle Anlagen" bzw. eine „Industrieschadenschutzkommission" wie im Ruhrgebiet sind im Leipzig-Bornaer Braunkohlenrevier jedoch nicht nachzuweisen.[368]

Die geschilderten Verhältnisse lassen den Schluß zu, daß die Böhlener Umgebung bereits seit dem Ausbau des Kraftwerkes zum Großkraftwerk, also seit Ende der 20er Jahre durch beträchtliche Luftverschmutzungen beeinträchtigt wurde, auch wenn sie noch nicht den Umfang der Nachkriegsentwicklung angenommen hatten. Nach Fritz Hönsch sei nur die Siedlung Böhlen, die in der Hauptwindrichtung und in geringer Entfernung vom Werk lag, in dieser Phase beeinträchtigt worden. Dagegen seien Rötha, Gaulis, Spahnsdorf, Lippendorf und Medewitzsch erst in der dritten Aufbaustufe des Werkes (ab 1935) wesentlich betroffen gewesen.[369]

Die Schilderung der lokalen Luftbeeinträchtigung zeigt die enormen Veränderungen in der lufthygienischen Situation bereits in einem frühen Stadium der Großkraftwerke, deren Einsatz immerhin mit dem Effekt einherging, daß an den Orten des Energieverbrauches die Verschmutzungen geringer wurden. Die Vorteile für die Verbraucher zeigten sich nicht nur bei der Nutzung von Licht- und Kraftstrom, sondern zunehmen wurde Elektrizität auch zur Wärmeerzeugung genutzt. Diese enorme Energieverschwendung setzte sich allerdings erst über einen längeren Zeitraum durch und war entscheidend geprägt von den aggressiven Werbestrategien. Zängl hat nachgewiesen, daß die Tarifgestaltung, die kostenlose Verbreitung oder das preiswerte Angebot von Endgeräten zur Durchsetzung eines immer höheren Stromverbrauches auch der privaten Haushalte erheblich beigetragen haben. Diese Strategien wurden insbesondere zur Zeit der Weltwirtschaftskrise ab 1930 verstärkt verfolgt, gelang doch damit eine Kompensation des wirtschaftsbedingt rückläufigen Stromabsatzes.[370]

---

367 SStA Leipzig, ASW Espenhain Nr. 131.

368 Vgl. jedoch die Bemühungen um den Schutz der Harth in Kap. 4.3.2.

369 F. Hönsch, Historisch ökonomisch-geographische Untersuchung ... , a. a. O., S. 56f.

370 W. Zängl, Deutschlands Strom ... , a. a. O, zur Krise S. 45ff.

4.3.5. Exkurs. Der Landesverband Sächsischer Heimatschutz

Wenn über die in rasantem Tempo voranschreitende Industrialisierung und deren Folgen berichtet wird und Interessenkonflikte aufgezeigt und analysiert werden, ist es notwendig, auch der Frage nachzugehen, in welchem organisatorischen Rahmen sich die Kritiker dieses Prozesses konzentrierten. In erster Linie finden wir in dem fraglichen Zeitraum auch in Sachsen den Heimatschutz, der bereits im ersten Jahrzehnt des 20. Jahrhunderts beachtliche Kräfte freisetzte und über Jahrzehnte seine Arbeit kontinuierlich fortsetzte. Der Landesverein Sächsischer Heimatschutz war einer der stabilsten Landesverbände des Heimatschutzes in Deutschland, wenn nicht gar der erfolgreichste überhaupt. Bei einer Analyse der Arbeit der Landesvereine 1925 wurde hervorgehoben, daß einzig der Sächsische die schwierigen Inflationsjahre unbeschadet überstanden habe: „Eine Ausnahme bildet wohl allein der auf ausgezeichnet gefestigtem Grunde stehende sächsische Landesverein, dem es gelang, auch während der Inflationszeit seinem halben Hunderttausend von Mitgliedern die vorzüglich reich mit Bildern ausgestatteten Hefte wie zuvor zukommen zu lassen. Er veranstaltete ununterbrochen in den großen sächsischen Städten, ja im letzten Winter sogar in Berlin fesselnde volkstümliche Vorträge, um dem Heimatschutzgedanken in weitere Kreise zu tragen; er konnte in seinen verschiedenen, sorgfältig gegliederten Arbeitsgebieten dauernd fruchtbares leisten und die ansehnliche Reihe seiner Buchveröffentlichungen mehren.“[371]

Über andere Regionen liegen inzwischen interessante Studien zum Heimatschutz vor.[372] Zum Landesverein Sächsischer Heimatschutz gibt es bisher nur wenig aktuelle Literatur und noch keine umfassende Untersuchung.[373] Diese Lücke kann auch im Rahmen dieser Arbeit nicht geschlossen werden. Dennoch ist es lohnend, zu Selbstverständnis und

---

371 Heimatschutz. Mitteilungsblatt des Deutschen Bundes Heimatschutz 1/1925.

372 W. Hartung, Konservative Zivilisationskritik und regionale Identität am Beispiel der Niedersächsischen Heimatbewegung 1895 bis 1919, Diss., Hannover 1989;
E. Klueting (Hg.), Antimodernismus und Reform. Zur Geschichte der deutschen Heimatbewegung, Darmstadt 1991.

373 J. Just, Wer sind wir? Sächsischer Heimatschutz seit 1897, in: Mitteilungen des Landesvereins Sächsischer Heimatschutz e.V. 1/1991;
W. Coblenz, Die sächsische Heimatschutzgesetzgebung-Vorgeschichte und Wirkungen, in: ebenda 2/1994.
J. Just, Der Landesverein Sächsischer Heimatschutz im Jahr 1945, in: ebenda 2/1995.

Aktivitäten des sächsischen Heimatschutzes an dieser Stelle einige Anmerkungen zu machen.

Der sächsische Heimatschutz formierte sich bereits in den 90er Jahren des 19. Jahrhunderts mit den Bemühungen um den Schutz der deutschen Bauern- und Handwerkskultur, die durch die Industrialisierung Sachsens stark zurückgedrängt worden waren.[374] Dieses Bemühen führte 1906 zur Gründung eines Ausschusses für Pflege heimatlicher Kunst- und Bauweise. Am 17.7.1908 erfolgte dann die Gründung als Landesverein Sächsischer Heimatschutz mit einer erweiterten Zielstellung. Als Hauptbestandteil blieb weiterhin eine Abteilung bestehen, die sich mit der Pflege der überlieferten ländlichen und bürgerlichen Bauweise beschäftigen sollte und u. a. auch bei Bauvorhaben beratend wirkte. Daneben wurde eine Abteilung für Volkskunde und Volkskunst geschaffen und eine Abteilung zum „Schutz der landschaftlichen Natur, der einheimischen Tier- und Pflanzenwelt sowie der geologischen Eigentümlichkeiten des Landes“.[375] Damit unterschied sich der sächsische Heimatschutz nicht von den bisher untersuchten.[376] Die besonders starke kulturelle Ausrichtung dürfte mit der ausgeprägten Tradition des sächsischen Herrscherhauses bezüglich Kunst und Kultur in Zusammenhang stehen. Prinz Johann Georg übernahm den Ehrenvorsitz des Landesvereins.[377]

---

374 Die folgenden Daten zur Geschichte des Vereins sind entnommen der Denkschrift "Die Kulturorganisation Landesverein sächsischer Heimatschutz e.V. von der Gründung bis zur Gegenwart" enthalten in: SHStA Dresden MdI Nr. 15833/2 Bl. 173.

375 Ebenda, Denkschrift S. 5.

376 A. Andersen, Heimatschutz: Die bürgerliche Naturschutzbewegung, in: F.-J. Brüggemeier, Th. Rommelspacher, Besiegte Natur. Geschichte der Umwelt im 19. und 20. Jahrhundert, München 1989, S. 149.

377 Mitteilungen des Landesverbandes Sächsischer Heimatschutz (Mitteilungen) 5/1912, Deckblatt.

Mitgliederzahlen des Landesvereins:

1906	123
1907	210
1908	664
1909	1 186
1910	1 880
1911	2 425
1912	2 932
1913	3 649

Mitgliederzahlen 1906-1911: Stadtarchiv Dresden, Sächsischer Heimatschutz, Bd. 1, Bl. 88;1912/13: Mitteilungen H. 4/1914, S. 171.

Während des ersten Weltkrieges wird eine sehr problematische Strömung in der Heimatschutzbewegung besonders deutlich. Nicht nur daß der Verein den Beginn des Krieges als „erweiterten Heimatschutz“ begrüßte. Die rassenideologische Bedingtheit vieler heimatschützerischer Gedanken kommt auch in dieser Krise besonders zu Ausdruck. Der Krieg wurde als gewaltige Reinigung betrachtet und alles sich der „germanischen Rassengemeinschaft“ anschließende sei zum Siegen bestimmt.[378] Zahlreiche weitere Artikel zeugen davon, daß Rassenideologie, Volkstumslehre usw. den Ersten Weltkrieg für die sächsischen Heimatschützer nahezu zu einer naturbedingten Bewährungsprobe für die Deutschen erscheinen ließen. Unter den zahlreichen Aufgaben, denen sich der Landesverein auch während des Krieges widmete, wurde eine ganz besonders erwähnt: „Die schönste und größte Aufgabe, deren Lösung uns mit zukommt, ist aber die Gestaltung der Ehrenzeichen für unsere gefallenen Helden.“[379]

Teilweise erscheint es schwierig, die Gedankengänge heute nachzuvollziehen. Ein Spezialband zum Vogelschutz enthält u. a. unter „Vogelbeobachtungen im Felde“ folgendes: „Schon der Schützengraben hat eigene, wenn auch eng umgrenzte Vogelwelt. Sind die Arten auch noch so gering an der Zahl, so bietet sich doch dafür oft Gelegenheit, das Vogelleben, besonders während der Brutpflege, äußerst eingehend zu beobachten. So hatten sich in mehreren Unterständen vor Ypern Rauchschwalben eingenistet und brüteten dort ihre Jungen aus, unbekümmert um den regen Verkehr, der sich Tag und Nacht in kürzester Entfernung vor der Kinderwiege abspielte. Es ist selbstverständlich, daß die Insassen des betreffenden Unterstandes ‚ihren‘ Schwalben ganz besonderen Schutz angedeihen ließen.“[380] Außerdem wurde sowohl aus ästhetischen wie aus patriotischen Gründen die Anpflanzung von Nußbäumen empfohlen. Warum es gerade Nußbäume sein sollten, ist schnell begründet. Nußbaumholz wird zur Fertigung von Gewehrschäften verwendet und die Heeresverwaltung hatte alle Nußbäume im Kriegsinteresse beschlagnahmt. Da die Pflanzung von Nußbäumen 1916 kaum noch für den Ausgang des Krieges Bedeutung gehabt hätte, kann man diese Aufforderung fast als eine programmatische Forderung des Heimatschutzes betrachten, zumal ausdrücklich festgestellt wurde: „Wir müssen beizeiten dafür sorgen, daß unsere Heeresverwaltung auch später den nötigen Bedarf im Inlande decken kann.“[381]

---

378 Mitteilungen H. 9/1915 S. 313.

379 Mitteilungen H. 6/1915 S. 311.

380 Mitteilungen H. 2-3/1917 S. 125.

381 Mitteilungen H. 1/1916 S. 110.

Natürlich sind nicht alle Artikel von diesem Geist durchdrungen. Es finden sich auch grundsätzliche Überlegungen zu einem Naturschutz, wie sie durchaus nicht Allgemeingut dieser Zeit genannt werden können. Insbesondere die Ansicht, daß es möglich sein muß, insgesamt im Einklang mit der Natur zu leben: „Ein wahrhaft großzügiger Naturschutz darf und kann sich daher nicht auf die Erhaltung einzelner Naturdenkmäler allein beschränken, auf einzelne, aussterbende, verfolgte oder seltene Tiere oder Pflanzen und naturgeschichtliche Merkwürdigkeiten, sonst würde die Erde bald ein großer Naturfriedhof sein ...“[382]

Die relativ großzügige Förderung, die der Landesverein während der Monarchie erhielt, war unter der Belastung des Krieges und nach 1918 nicht mehr gegeben, obwohl Natur- und Landschaftsschutz nach Artikel 150 der Weimarer Verfassung als Staatsziele festgeschrieben wurden. Damit brachen zum einen finanziell schwierigere Zeiten an, andererseits muß beachtet werden, daß mit der Revolution und der Etablierung der Republik auch die politischen Ideale der überwiegenden Zahl der Heimatschützer eine schwere Niederlage erlitten hatten. Auch für Sachsen dürfte zutreffen, daß eine Identifikation mit dem politischen System der Weimarer Republik durch den Einfluß der völkischen Bewegung verhindert wurde, wie es Werner Hartung für den niedersächsischen Heimatschutz festgestellt hat.[383] In den Mitteilungen des sächsischen Landesverbandes liest sich das folgendermaßen: „So schwer die politischen, sozialen und wirtschaftlichen Verhältnisse unser armes Volk drücken, die Liebe zu unserer Heimat und zu unserem Volkstum kann und wird man nicht ertöten. Das beweisen zahlreiche Veröffentlichungen, verschiedene neue Vereine für Volkskunde und Volkstum, die seit den grauen Tagen des Novembers 1918 das Licht der Welt erblickt haben. Sie alle wollen uns von der elenden Hast nach Geld und Gewinn und dem phrasengeschwollenen Internationalismus ablenken und hinführen auf den gesunden Kern unseres Volkes, von dem wir Rettung aus dem Wirrwarr der Zeit zu erhoffen haben.“[384]

Es spricht jedoch für eine erstaunliche Flexibilität, daß die Heimatschutzbewegung in Sachsen nach 1918 nicht nur keinen Einbruch erlitten hat, sondern an Verbreitung und Ansehen noch gewann. Zum einen wurde unter dem Namen des Gründers des Landesvereins Karl Schmidt eine Stiftung zur Unterstützung des Heimatschutzes errichtet, die ihre beachtlichen finanziellen

---

382 Mitteilungen 1/1916, S. 94f.

383 W. Hartung, Konservative Zivilisationskritik und regionale Identität am Beispiel der niedersächsischen Heimatbewegung 1895 bis 1919, Diss., Hannover 1989 S. 1.

384 Mitteilungen H.7-9/1923, S. 187.

Mittel für einmalige außerordentliche Ausgaben des Vereins einsetzte.[385] Zum anderen gab es eine intelligente Lösung der Mitgliederfrage. Der Jahresbeitrag wurde auf 5 M festgelegt, um Minderbemittelten, die Mitgliedschaft zu ermöglichen. Auf freiwilliger Basis konnten all jene, die mehr erübrigen konnten, den Verein mit einem höheren Beitrag unterstützen.[386] Eine sozialgeschichtliche Analyse der Mitgliederstruktur des Landesverbandes sächsischer Heimatschutz liegt bisher noch nicht vor. Doch scheint es so, daß durch die Beitragsgestaltung eine massive Öffnung des Vereins in alle Bevölkerungsgruppen ermöglicht wurde. 1928 hatte der Verein über 40 000 Mitglieder.[387] Insgesamt wird man sicher davon ausgehen müssen, daß der Heimatschutz auch in Sachsen eine Organisation des konservativen Mittelstandes und insbesondere des Bildungsbürgertums war.[388] Gerade die Leitung der Abteilung Naturschutz verkörpert in besonderem Maße bildungsbürgerliche Schichten. Nur ein Fabrikbesitzer und ein Direktor werden hier ausgewiesen, dagegen finden sich allein 8 Professoren (33 %).[389] Die Vertrauensmänner der Abteilung Naturschutz waren 1914: 8 Lehrer, 1 Eisenbahnassistent, 1 Schlachthofdirektor, 1 Kaufmann, 1 Schriftsteller, 1 Landgerichtsdirektor, 1 Professor Bei 3 Personen lag keine Berufsangabe vor.[390] Vielleicht ist im Gegensatz zu bisher untersuchten Landesverbänden eine stärkere großstädtische Prägung auszumachen, zumal in der eher konservativen Landeshauptstadt Dresden mit ihren zahlreichen kulturellen Traditionen.

Zu untersuchen wäre auch die Rolle des sächsischen Adels. Es ist bekannt, daß dieser im 19. Jahrhundert bereits eine bedeutende Rolle bei der Industrialisierung Sachsens einnahm. Es ist zu vermuten, daß diese Tatsache

---

385 Mitteilungen H.9-12/1918

386 Mitteilungen H.7-9/1919

387 Zum 20jährigen Bestehen des Landesvereins Sächsischer Heimatschutz am 14. Juli 1928, Dresden 1928.

388 K. Ditt stellte für Westfalen eine Organisation des kleinstädtisch konservativen Mittelstandes. des Besitz- und Bildungsbürgertums fest:
K. Ditt, "Mit Westfalengruß und Heil Hitler". Die westfälische Heimatbewegung 1918-1945, in
E. Klueting, Antimodernismus und Reform. Beiträge zur Geschichte der deutschen Heimatbewegung, Darmstadt 1991, S. 197.

389 Stadtarchiv Dresden (StA Dresden), Sächsischer Heimatschutz Bd. 1, Mitgliederverzeichnis 1911.

390 Mitteilungen, H. 1/1914, S. 12.

zumindest eine Ursache für die konservative Ausprägung der sächsischen Verhältnisse darstellte. Das ambivalente Verhältnis des sächsischen Adels zur Industrialisierung könnte in dem Versuch kulminiert sein, Fortschritt und Tradition permanent zu verbinden. Nach einem ersten Eindruck engagierten sich sächsische Adlige überdurchschnittlich in der Heimatschutzbewegung. Hinzuweisen ist hier z. B. auf die Vogelschutzwarte in Neschwitz (1930 gegründet) unter Arnold Freiherren von Vietinghoff-Riesch, der später auch die Leitung der Abteilung Naturschutz im Landesverein übernahm. Im geschäftsführenden Vorstand (1911) ist zwar kein Adliger vertreten, dafür gibt es 4 adlige Beisitzer (ca. 14 %).[391]

Obwohl auch in den folgenden Jahren ein beträchtlicher Teil der Arbeit des Heimatschutzes der Volkskunst bzw. der Bauweise gewidmet war (1925 rief der Landesverein z. B. die berühmte Zwingerlotterie ins Leben), dehnten sich die Naturschutzbestrebungen weiter aus. Üblicherweise wurden dazu nach einem Plan des Botanikers Oskar Drude als schützenswert erachtete Objekte vom Landesverein aufgekauft, wie z. B.: das Georgenfelder Hochmoor, die Geisingwiesen, das Polenztal bei Hohnstein und der Zechengrund bei Oberwiesenthal. Darüber hinaus wirkte der Verein belehrend, ließ Flugblätter in Millionenauflage drucken[392] und gab mit seinen Mitteilungen eine populärwissenschaftliche und erstaunlich modern aufgemachte Zeitschrift heraus.

Zweifellos arrangierte man sich im Laufe der Zeit auch mit dem technischen Fortschritt. „Bewundernd stehen auch wir vor den Aufgaben und Arbeiten des Ingenieurs." heißt es in der Festschrift zum 20jährigen Bestehen,[393] Trotzdem wurde die industrielle Entwicklung als Zerstörungswerk kritisiert: „Mit banger Sorge muß es den offenen Auges durch Sachsens Gaue Wandernden erfüllen, wenn er überall, sei es in Steinbrüchen, sei es in Kohlegruben, sei es in Talsperren und Wasseranlagen, das Vernichtungswerk der Menschen sieht."[394] Auch in den Diskussionen um die Folgen des Braunkohlenbergbaus nahm der Verein, wenn man nach den Äußerungen in seinen Mitteilungen urteilen kann, eine im Inhalt moderat kritische Haltung ein, wobei die Sprache häufig sehr scharf gewählt wurde. In einem der Harth[395] gewidmeten Artikel schließt der Autor nach einer längeren Erörterung ihres Erholungswertes: „der Kundige findet immer noch ein ruhiges, friedliches Plätzchen in verschwiegenem

391 Ebenda.

392 SHStA Dresden, MdI Nr. 15833/2, Bl. 150.

393 Zum 20jährigen Bestehen des Landesvereins ... , a. a. O.

394 Ebenda.

395 Siehe Kap. 4.3.2

Gebüsch und vergißt für einige Stunden das Großstadtgetümmel und ruht und träumt, daß kluge Menschen und ein weitblickender Staat aus diesem unersetzlichem Kleinod einen Naturschutzpark gemacht hätten, den keine frevle Hand berühren darf und wenn das mächtigste Braunkohlenflöz der Erde darunter läge. - Ein schöner Traum, aber vielleicht wird er doch noch Wirklichkeit, wenn auch die Gefahr groß ist, die der Harth vom Staatlichen Braunkohlenwerk Böhlen her droht."[396] Bei einer Betrachtung der mitteldeutschen Braunkohlenlandschaft wurde insbesondere die Zerstörung der Oberfläche beklagt: „Nachdem die heimatliche Erde ausgeraubt, gemißbraucht und geschändet worden ist, wird sie ihrem Schicksal überlassen, und kommende Geschlechter mögen sehen, wie der heilige Mutterboden von ihren Vorfahren geachtet worden ist. Endlos dehnen sich kahle Sandflächen und ödes Bruchgelände ..." Ausdrücklich wird gefordert, daß die Werke das ausgekohlte Gelände wieder urbar machen müßten. Insbesondere wurde die Aufforstung verlangt. Die Versuche zur Urbarmachung verschiedener Braunkohlenwerke wurden als beispielgebend gewürdigt.[397]

Der Heimatschutz hatte 1933 vor seiner Überführung in den Reichsbund Volkstum und Heimat in Sachsen noch 22000 Mitglieder und über 522600 RM Vermögen. Die Tradition des Heimatschutzes in völkischem Gedankengut weist zwar partielle Nähe zum Nationalsozialismus auf, bedeutet aber keinesfalls Deckungsgleichheit. So versuchte der Verein 1934 erfolgreich, sich als selbständige Organisation mit eigener Rechtsfähigkeit zu erhalten.[398] Das war sicher nicht möglich, ohne Zugeständnisse an die nationalsozialistische Ideologie.

---

396 G. Schulze, Die Harth und ihr Wert für die Großstadt Leipzig, in: Mitteilungen Bd. XV 1926, S. 344.

397 R. Venus, Die schwarze Gefahr, in: Mitteilungen, H. 5/6/ 1928, S. 211.

398 SHStA Dresden, MdI 15833/2 Bl. 172.

5 WIRTSCHAFTLICHE KRIEGSVORBEREITUNG UND ZWEITER WELTKRIEG - PROBLEME UND BELASTUNGEN FÜR DAS INDUSTRIEGEBIET

5.1 Treibstoffe aus Braunkohle - zur nationalsozialistischen Wirtschaftspolitik

Zu Beginn der 30er Jahre erfuhr das mitteldeutsche Industriegebiet aus rüstungswirtschaftlichen Gründen abermals steigende Aufmerksamkeit. Da die einheimische Erdölförderung mit der wachsenden Nachfrage nicht Schritt hielt, lag es nahe, die seit langem hier ansässige Braunkohlenindustrie für diesen Zweck heranzuziehen. Mit dem seit der Mitte des 19. Jahrhunderts im Mitteldeutschen Raum betriebenen Verschwelungsverfahren war es möglich, Treibstoffe herzustellen. Das war für die Treibstoffversorgung der deutschen Kriegsflotte im Ersten Weltkrieg bereits genutzt worden.

In diesem Zusammenhang vollzog sich auch die Ausdehnung der DEA vom Altenburger in sächsisches Gebiet. Mit dem Aufbau der Werke in Regis und Ramsdorf war die Mineralölerzeugung seit 1918 auch hier vertreten. Nach dem Krieg hatten die Werke mit einigen wirtschaftlichen Problemen zu kämpfen, denn die Produktion verursachte erhebliche Kosten. Es war nicht möglich mit den Weltmarktpreisen schrittzuhalten. Bereits in der Weimarer Republik aber gab es Bemühungen, die inländische Treibstoffproduktion zur Entlastung der angespannten Devisenlage des Reiches zu unterstützen. So waren schon 1930 auf 100 kg eingeführte Mineralöle 10 RM Zoll zu entrichten, 1931 sogar 17 RM. Diese Schutzzollpolitik (die inländischen Erzeuger hatten nur eine Mineralölsteuer von 3,80 RM zu zahlen) erlaubte den Mineralölproduzenten höhere Erzeugungskosten im Vergleich zum Weltmarkt. Neben Einnahmeverbesserungen für das Reich beinhaltete dieses Vorgehen gerade vor dem Hintergrund der Massenarbeitslosigkeit in der Weltwirtschaftskrise auch einen sozialpolitischen Aspekt. Es war im Allgemeinen während der Weltwirtschaftskrise in Deutschland eine wachsende Neigung auszumachen, sich aus der Weltwirtschaft zurückzuziehen. So war der Autarkiebegriff bereits vor 1933 in der wirtschaftspolitischen Debatte[399] und war „mit einem Mal zu

399 H. E. Volkmann, Die NS-Wirtschaft in Vorbereitung des Krieges, in: Das Deutsche Reich und der Zweite Weltkrieg, Bd. 1 Ursachen und Voraussetzungen in Vorbereitung der deutschen Kriegspolitik, Stuttgart 1979, S. 185.

einem der meistbegegnenden Worte in der Tagespresse und in Zeitschriften geworden."[400]

Nach der Machtübernahme der Nationalsozialisten setzte eine noch stärkere Förderung der Mineralölindustrie ein, wenn zunächst auch nur indirekt. Schon vor der ausdrücklichen Hinwendung zur Aufrüstung hatte die Förderung und der Ausbau der Mineralölindustrie begonnen. Bereits die verkehrspolitischen Entscheidungen des Jahres 1933 bedeuteten langfristig eine Steigerung des Treibstoffbedarfes. So war per Gesetz vom 10.4.1933 die Kraftfahrzeugsteuer für neuzugelassene Fahrzeuge aufgehoben und mit dem Reichsautobahngesetz vom 27.6.1933 eine weitere Weichenstellung für die Förderung des Kraftverkehrs vorgenommen worden. Nach Karl Heinz Ludwig stellte die Motorisierung ein entscheidendes Verbindungsstück zwischen der wirtschaftlichen Konsolidierung Deutschlands und der Kriegführung dar.[401]

Wie die nordwestsächsische Braunkohle im Ersten Weltkrieg in bedeutendem Umfang genutzt wurde, brachte auch die Vorbereitung des Zweiten Weltkrieges eine neue wirtschaftliche Herausforderung, da sich wieder die Frage der Rohstoffe und Materialbeschaffung als ein bestimmender Faktor der Kriegführung herausstellten. Wurden im Ersten Weltkrieg die Umstellung auf moderne kriegswirtschaftliche Erfordernisse und die Errichtung neuer, kriegswichtiger Betriebe zum großen Teil erst während des Krieges vorgenommen („Hindenburg-Programm"), so begann die wirtschaftliche Kriegsvorbereitung in den dreißiger Jahren früh und in der gesamten Breite.[402] Daß dazu vor allem der Bereich der Treibstoffe zählte, war auch den Erfahrungen des Ersten Weltkrieges zuzuschreiben. Der Einsatz einer modernen motorisierten Armee war von kontinuierlicher Treibstoffversorgung abhängig.

Besonders aber mit Beginn des Krieges zeigte sich die überragende Position der chemischen Industrie. Wieder wurde Mitteldeutschland, auch mit seinem

---

400 Zitiert nach: Ders., Zum Verhältnis von Großwirtschaft und NS-Regime im Zweiten Weltkrieg, in: K. D. Bracher/M. Funke/H.-A. Jacobsen (Hg.), Nationalsozialistische Diktatur ... , a. a. O., S. 495.

401 K.-H. Ludwig, Strukturmerkmale nationalsozialistischer Aufrüstung bis 1935, in: F. Forstmeier/H.-E. Volkmann, Wirtschaft und Rüstung am Vorabend des Zweiten Weltkriegs, Düsseldorf 1975.

402 Wobei die "Tiefenrüstung" gegenüber der Breitenrüstung vernachlässigt wurde". F. Blaich, Wirtschaft und Rüstung in Deutschland 1933-1939, in: K. D. Bracher/M. Funke/H.-A. Jacobsen (Hg.), Nationalsozialistische Diktatur 1933-1945. Eine Bilanz, Bonn 1986, S.285.

nordwestsächsischen Annex, sowohl aus Gründen seiner günstigen strategischen Lage, als auch wegen seines Rohstoffreichtums zu einem Zentrum des Ausbaus von kriegswichtigen Industriezweigen. Welche Rolle dem Ausbau der Mineralölindustrie dabei zugedacht war, läßt sich u. a. daran messen, daß ihr von den Investitionsplanungen der Jahre 1936 bis 1940 allein 28 % zugedacht waren, womit sie noch vor der übrigen chemischen Industrie rangierte.[403]

Unter den Bedingungen der Autarkiebestrebungen des Dritten Reiches sollte der steigende Treibstoffbedarf nicht vorrangig aus Importen gedeckt werden. Da in Deutschland aber nur unbedeutende Erdölvorkommen entdeckt wurden, bedeutete dies den Ausbau der Treibstoffgewinnung aus Kohle. Die Voraussetzungen dafür hatte Friedrich Bergius (1884-1949) 1913 geschaffen, als ihm die „Kohleverflüssigung" gelang. Eine technische Nutzung schien jedoch auch nach weiteren arbeitsreichen Jahren nicht in Aussicht. Dagegen schürte die prinzipielle Möglichkeit, aus Kohle Öl zu gewinnen in der Öffentlichkeit große Hoffnungen. So schrieb die Neue Leipziger Zeitung: „... in Zukunft werden wir vielleicht ein Ölausfuhrland werden. Und die ungeheuren Braunkohlenlager Mitteldeutschlands, die früher kaum abbauwürdig waren, werden eine nationalwirtschaftliche Bedeutung gewinnen. Mitteldeutschland wird durch die Ölgewinnung ... eines der wichtigsten Rohstoffländer der Welt."[404] In Fachkreisen wurde die Rentabilität des Verfahrens hingegen zunächst bezweifelt.

Die IG Farben erwarb 1926 die Patentrechte des unter finanziellem Druck stehenden Bergius und entwickelte das Verfahren unter ihrer Regie erfolgreich weiter. 1927 hatte die IG Farben eine Hydrieranlage in Merseburg mit einer Kapazität von 100 000 t im Jahr in Betrieb genommen. Die Entscheidung für die Hydrierung war zu einer Zeit gefallen, als man die baldige Erschöpfung der Welterdölvorkommen befürchtete.[405]

Da sich diese Prognose nicht bestätigte, sondern in den Folgejahren der Weltmarktpreis für Benzin drastisch sank, konnte die Produktion jedoch nur unter erheblicher Subventionierung aufrechterhalten werden. Dazu zählten

---

403 D. Petzina, Vierjahresplan und Rüstungspolitik, in: F. Forstmeier/H.-E. Volkmann, Wirtschaft und Rüstung ... ,a. a. O., S. 77.

404 Neue Leipziger Zeitung vom 17.12.1926, zit. nach: SHStA Dresden, Finanzministerium Nr. 2511, Bl. 14.

405 Th. P. Hughes, Das „technologische Momentum" in der Geschichte. Zur Entwicklung des Hydrierverfahrens in Deutschland 1898-1933, in: K. Hausen/R. Rürup, Moderne Technikgeschichte, Köln 1975, S. 369.

nicht nur die erwähnte beträchtliche Erhöhung der Einfuhrzölle für Benzin, sondern auch die Ermäßigung der Mineralölsteuer und die Gewährung eines Ausnahmetarifes bei der Reichsbahn.[406] Da die Wirtschaftlichkeit des Verfahrens trotzdem ständig in Frage gestellt werden mußte, nahmen Vertreter der IG Farben schon frühzeitig mit dem Reichswirtschaftsministerium Fühlung, um auf längere Sicht Zugeständnisse zu erwirken. Doch erst unter den Bedingungen der nationalsozialistischen Autarkiepolitik konnten der IG Farben langfristige Garantien gegeben werden, da Unabhängigkeit in kriegswichtigen Belangen erreicht werden sollte.

Zunächst wurde auch der Import des billigen sowjetischen Benzins gefördert. Es kann als Vorstufe für Schachts „Neuen Plan" betrachtet werden, wenn das Reichswirtschaftsministerium am 27.6.1933 an die betreffenden Ministerien und die Ländervertretungen die Empfehlung richtete, den Bezug sowjetischen Benzins zu steigern. Es bestand großes Interesse an Erdölprodukten die ohne Devisen bezogen werden konnten. Außerdem konnte auf diese Weise eine ausgeglichene Handelsbilanz erreicht werden.[407]

Am 14. Dezember 1933 wurden dann mit dem Benzinvertrag zwischen dem Reich und dem Ammoniakwerk Merseburg (Leuna) erste konkrete Schritte zur Förderung der synthetischen Treibstofferzeugung unternommen. Dabei ging es um die Absatz- und Preisgarantie für die Herstellung von Benzin im Hydrierverfahren. In den ersten Jahren mußte die Produktion durch das Reich gestützt werden. Seit 1936 warf sie Gewinn ab, der zum großen Teil an das Reich abzuführen war.[408] Seit 1937 bemühte sich deshalb die IG Farben um Änderung oder Aufhebung des Garantievertrages, hatte damit aber keinen Erfolg.[409]

Allerdings wäre es einseitig anzunehmen, daß die synthetische Treibstoffgewinnung ausschließlich durch staatliche Eingriffe vorangetrieben wurde. Bereits vor dem staatlich oktroyierten Zusammenschluß der

---

406 Wolfgang Birkenfeld, Der synthetische Treibstoff ... , a. a. O., S. 19.

407 Um jedoch zu verhindern, daß die Deutsche Vertriebsgesellschaft für russische Ölprodukte AG (Derop) und insbesondere deren Tankstellennetz zur kommunistischen Zellenbildung in Deutschland beitrügen, war sie unter Aufsicht eines Reichskommissars gestellt, der die Berechtigung hatte, alle unerwünschten Personen - die Derop hatte ca. 600-700 deutsche Beschäftigte - zu entfernen. SHStA Dresden, Außenministerium Nr. 6685.

408 W. Birkenfeld, Der synthetische Treibstoff 1933-1945 ... , a. a. O., S. 32.

409 Dazu: G. Plumpe, Die I. G. Farbenindustrie AG. Wirtschaft, Technik und Politik 1904-1945, Berlin 1990, S. 277f.

Kohlenindustrie gab es bei der Braunkohlenindustrie weit gediehene Vorarbeiten, um Hydrieranlagen zu errichten.

Die chemische Verarbeitung war schon lange auch Gegenstand der Forschungen u. a. auch am 1918 gegründeten Braunkohlenforschungsinstitut der Bergakademie Freiberg. Zwischen Prof. Fritz Seidenschnur, der Leiter der wärmewirtschaftlichen Abteilung dieses Institutes war, das sich mit Wärmewirtschaft, Kohlechemie und Mineralölchemie beschäftigte, und dem sächsischen Staat sowie dem Deutschen Braunkohlen-Industrie-Verein (Debriv) wurde am 5.7.1929 ein Vertrag abgeschlossen, wonach die Forschungsergebnisse dem deutschen Braunkohlenbergbau zugute kommen sollten. Im Gegenzug würde die wissenschaftliche Arbeit des Instituts wirksam unterstützt werden, wobei hauptsächlich praxisnahe Forschung zu betreiben sei. Patente und Gebrauchsmusterschutz lauteten zwar auf Seidenschnurs Namen, er durfte diese aber nicht ohne Genehmigung veräußern. Der Debriv erhielt Vorzugslizenzen.[410] Später übernahm der Debriv die Patentgebühren gegen die Zusage unentgeltlicher Lizenzen.[411]

Schon 1933 war nach dem Entwurf Seidenschnurs z. B. ein Werk der ASW in Böhlen mit einer Kapazität von allerdings nur 15 000 Tonnen Treibstoff pro Jahr geplant, das mit einem täglichen Durchsatz von 60 t Braunkohlenteer bzw. 900 t Rohbraunkohle arbeiten sollte. In den Planungen für das ASW - Treibstoffwerk war die Patentsituation ausgiebig behandelt worden, wobei festgestellt wurde, daß mit dem geplanten Verfahren keine Auseinandersetzungen mit der IG Farben zu erwarten wären.[412] Mit diesen Ambitionen stand die Braunkohlenindustrie in scharfem Interessengegensatz zur IG Farben, die über die staatlichen Eingriffe erhebliche Vorteile zu gewärtigen hatte. Es war eine generelle Stärkung der Position der IG Farben zu erwarten, die überdies später durch einige ihrer Vertreter entscheidende

410 SHStA Dresden Wirtschaftsministerium Nr. 880/2, Bl. 4ff.

411 SHStA Dresden Wirtschaftsministerium Nr. 880/2, Bl. 15.

412 Treibstoffgewinnungsanlage der Aktiengesellschaft Sächsische Werke, Buch I. 3. Chemische Unterlagen in: SHStA Dresden, Finanzministerium Nr. 2546.

Positionen im wirtschaftlich bedeutenden Teil des Staatsapparates besetzen konnte.[413]

Die Planungen der Braunkohlenindustrie dürfen natürlich nicht darüber hinwegtäuschen, daß der eigentliche Durchbruch für die Anwendung des Verfahrens tatsächlich mit der Gründung der Braunkohlebenzin- Aktiengesellschaft (Brabag) geschaffen wurde. Auf Basis der Verordnung über die Errichtung wirtschaftlicher Pflichtgemeinschaften in der Braunkohlenwirtschaft, vom 28. September 1934[414] wurde dieses Unternehmen vom Staat ins Leben gerufen, der sich über einen Reichskommissar praktisch unbegrenzte Eingriffsrechte vorbehielt. Die Braunkohlenindustrie hatte die finanziellen Mittel für die Aktiengesellschaft aufzubringen. Von den 10 Gründungsmitgliedern der Pflichtgemeinschaft, darunter war auch die ASW, wurden 100 Millionen RM an Kapital eingebracht.[415] Wenige Tage nach der Gründung wurde der Vertreter Sachsens in Berlin beim Reichswirtschaftsminister vorstellig um „den dringenden Wunsch der Sächsischen Regierung bei der Errichtung der Benzinfabriken Sachsen zu berücksichtigen“ anzumelden.[416]

Das erste Werk der Brabag in Böhlen wurde 1935 in unmittelbarer Nachbarschaft zur ASW mit einer Kapazität von 150000 t/a errichtet, war also von ganz anderer Dimension als von der ASW ursprünglich geplant.[417] Das neue Werk sollte durch die ASW mit Teer versorgt werden. Zu diesem Zweck

---

413 So war z. B. Direktor Carl Krauch nach seiner Beratertätigkeit für den Rohstoff- und Devisenstab zunächst seit Herbst 1936 als Leiter der Abteilung Forschung und Entwicklung des Amtes für deutsche Roh- und Werkstoffe herangezogen worden und wurde später, im August 1938 zum Generalbevollmächtigten für Sonderfragen der chemischen Erzeugung, siehe W. Birkenfeld, Der synthetische Treibstoff ... , a. a. O., S. 118; dazu auch: D. Eichholz, Geschichte der deutschen Kriegswirtschaft 1939-1945, Bd. I 1939-1941, Berlin 1984, S. 45f.

414 RGBl. 1934 Teil I, S. 863f, Erste DVO vom 25.10.1934, RGBl. I, S. 1068.

415 Ähnliches vollzog sich auch beim Autobahnbau, wo die Reichsbahn erhebliche Mittel zur Finanzierung ihres Konkurrenten im Verkehrswesen aufbringen mußte. Nach diesem Vorbild wurde auch bei der Herstellung des synthetischen Kautschuks vorgegangen. Hier war es die Reifenindustrie, die zur Kapitalbeteiligung für den Aufbau der Buna-Werke herangezogen wurde. Ebenso hatte die Textilindustrie die Kunstfasergewinnung zu finanzieren.

416 SHStA Dresden Außenministerium Nr. 6685.

417 W. Birkenfeld, Der synthetische Treibstoff ... , a. a. O., S. 45. Nach Angaben des Geschäftsberichtes der ASW von 1934 sollte das Werk 170 000 t/a produzieren: SHStA Dresden, Finanzministerium Nr. 2539.

wurde eine Brikettanlage mit einer Kapazität von 1,8 Millionen Tonnen pro Jahr und eine Schwelanlage mit 800 000 Tonnen im Jahr errichtet.[418] Es kann kaum bezweifelt werden, daß die Standortentscheidung und die Lieferverträge von den schon weit gediehenen Vorarbeiten der ASW an diesem Projekt beeinflußt wurden. Mit der weiteren Errichtung von Hydrierwerken bei Magdeburg, Ruhland und Zeitz wurde Mitteldeutschland zu einem Zentrum der deutschen Kohlehydrierung.

5.2 Konflikte und Konfliktbewältigung

5.2.1 Exkurs. Der Naturschutz

Göring, als Beauftragter für den Vierjahresplan, erhielt mit der Durchführungsverordnung vom 18. Oktober 1936 außerordentlich umfassende Vollmachten. Er war gegenüber allen Behörden und Parteidienststellen, auch auf Reichsebene weisungsberechtigt.[419] Auf dieser Basis sicherte sich Göring auf wirtschaftspolitischem Gebiet eine kaum zu unterschätzende Machtposition, die er mindestens bis 1939 innehatte und erst mit der Ernennung von Albert Speer zum Reichsminister für Bewaffnung und Munition am 8. Februar 1942 endgültig einbüßte. Als Reichsforstmeister hatte er im Juni 1935 auch das Naturschutzressort an sich gerissen.[420] Er vereinte damit aus heutiger Sicht unter seiner Leitung die schärfsten Interessenkonflikte, die

---

418 G. Valentin, Die Gründung der Braunkohle-Benzin-Aktiengesellschaft und die Förderung ihrer Entwicklung. Staatsmonopolistische Maßnahmen der deutschen Finanzoligarchie zur Vorbereitung und Durchführung des 2. Weltkrieges, Diss. Halle 1963, S. 76.

419 A. Kube, Pour le merite und Hakenkreuz. Hermann Göring im Dritten Reich, München 1986, S. 158.

420 Der Übergang soll durch ein Telefongespräch Görings mit dem Minister für Wissenschaft, Erziehung und Volksbildung während einer Sitzung am 30.4.1935 in die Wege geleitet worden sein, das folgendermaßen widergegeben wurde: „Hören Sie mal, Herr Just, wie ist das mit dem Naturschutz? Ich bin doch der einzige, der richtigen Naturschutz treibt. Sie sind doch einverstanden, daß er auf mein Ressort übergeht ... Ach was, ich habe doch den Wald und die Tiere, da paßt der Naturschutz doch viel besser hinein als in ihr Ressort."
W. Mrass, Die Organisation des staatlichen Naturschutzes und der Landschaftspflege im Deutschen Reich und in der Bundesrepublik Deutschland seit 1935, gemessen an der Aufgabenstellung in einer modernen Industriegesellschaft, Stuttgart 1970, S. 12.

zunehmend im Sinne der Kriegsvorbereitung zugunsten der industriellen Entwicklung entschieden wurden.

Der Widerspruch zwischen Industrieausbau und Naturschutz wurde damals aber weniger gravierend wahrgenommen, da Natur- und Umweltschutz traditionell zwei völlig getrennte Ansätze darstellten. Der in Deutschland institutionell verankerte Naturschutz stellte sich überwiegend das Ziel, die aus Gründen ihrer Schönheit oder Einzigartigkeit als erhaltenswert angesehenen Landschaften oder Landschaftsteile, weitgehend vor Eingriffen zu schützen. Dies stand nicht unmittelbar im Gegensatz dazu, daß andere, nicht besonders geschützte Landschaften im verstärkten Maße durch Industrie, Siedlung, Verkehr und andere menschliche Nutzungsansprüche grundlegend verändert wurden. Ja es war gerade diese verstärkte menschliche Nutzung weiter Landschaftsteile, die den klassischen Naturschutz erst hervorgebracht hatte. An dieser Zweiteilung änderte auch das Reichsnaturschutzgesetz vom 26. Juni 1935 nichts. Einerseits beschrieb Walther Schoenchen 1937 die Aufgabe des Naturschutzes so: „Worauf es ihm ankommt, das ist die ungestörte Erhaltung der wenigen noch erhaltenen Reste der deutschen Urlandschaft bestimmter, von uns heute als natürlich empfundener Halbkulturlandschaften, typischer - wenn auch von menschlichem Eingriff vielleicht nicht verschont gebliebener - Lebensgemeinschaften, sowie durch besondere landschaftliche Schönheit, durch wissenschaftliche oder volkskundliche Bedeutung oder sonstwie ausgezeichneter Gebiete.“[421] Andererseits wurden bestimmte Gebiete auch vor den „Eingriffen“ des Naturschutzes gesichert. So sah das Gesetz nach § 6 vor: „Durch den Naturschutz dürfen Flächen, die ausschließlich oder vorwiegend Zwecken der Wehrmacht, der wichtigen öffentlichen Verkehrsstraßen, der See- und Binnenschiffahrt oder lebenswichtiger Wirtschaftsbetriebe dienen, in ihrer Benutzung nicht beeinträchtigt werden.“[422] Im § 20 war jedoch festgelegt, daß bei Maßnahmen, die zur Veränderung der freien Landschaft führen, die Naturschutzbehörden einzuschalten seien.[423] Diese Passage hätte zu weitergehendem Einfluß der Naturschutzbehörden führen können. Praktisch dürfte in der Mehrzahl der Fälle kaum eine grundlegende Entscheidung zugunsten des Naturschutzes gefallen sein. Wettengel stellte 1993 fest, daß nicht erst die Kriegsereignisse die Umsetzung

---

421 W. Schoenchen, Naturschutz und Landschaftspflege als Planungsaufgaben, in: Raumforschung und Raumordnung H. 5/1937 S. 195.

422 H. Klose, A. Vollbach, Das Reichsnaturschutzgesetz vom 26. Juni 1935 und die Naturschutzverordnung vom 18. März 1936, Berlin 1939, S. 28.

423 H. Klose, A. Vollbach, Das Reichsnaturschutzgesetz ... , a. a. O. S. 72.

des Reichsnaturschutzgesetzes verhinderte, während des Krieges aber natürlich sukzessive die Arbeit der Naturschutzbehörden beschnitten wurde.[424]

Das Dilemma der Naturschutzbehörden im Nationalsozialismus wird auch in der praktischen Naturschutzarbeit, wie sie der Sächsische Heimatschutz verstand, deutlich. So berichtete Graf Vitzthum von Eckstädt auf dem sächsischen Naturschutztag im Meißen am 21. Juni 1937 über die Aufnahme von Naturdenkmalen: „Wir würden auf diesem Gebiete sicherlich schon schneller vorwärts gekommen sein, wenn der hohen Naturschutzbehörde, die zur Durchführung des Gesetzes unerläßlichen Geldmittel im Haushaltsplan hätten bereitgestellt werden können. Der Herr Finanzminister hat begreiflicherweise zu Anfang den Standpunkt vertreten, daß für die Durchführung von Aufgaben, die das Reich aufgrund eines neuen Gesetzes den Länderbehörden stellt, auch das Reich die Mittel zur Verfügung stellen muß. Das ist ein Grundsatz der bis jetzt allgemein im Verhältnis zwischen Reich und Ländern galt. Nachdem wir festgestellt hatten, daß sowohl Preußen, als auch in anderen Ländern für die Durchführung des Naturschutzes Landesmittel bereitgestellt worden sind, hat sich auch der sächsische Herr Finanzminister bereitgefunden, in den Haushaltsplan für 1937 Mittel hierfür einzusetzen, allerdings ist der Betrag noch so gering, daß ich ihn heute lieber nicht nennen will."[425]

Diese Aussage ist ein anschauliches Beispiel dafür, daß gerade in bezug auf Natur- und Landschaftsschutz Gesetzestext und Wirklichkeit weit auseinander klafften. Noch viel größer wird der Gegensatz allerdings, wenn man bedenkt, daß unter den Bedingungen des Krieges, angesichts industrieller Expansion und militärischer Zerstörungen enormen Ausmaßes, traditionelle Naturschutzarbeit nur noch eine Alibifunktion ausüben konnte. Auch der Landesverein Sächsischer Heimatschutz wurde an seiner Arbeit zunehmend gehindert. Seine Mitteilungen mußten kriegsbedingt 1941 ihr Erscheinen einstellen.

5.2.2 Die Flächenaufteilung

5.2.2.1 Das Reichserbhofgesetz und die Mutterbodenwirtschaft

Der Flächenentzug für bergbauliche Zwecke hatte in Mitteldeutschland schon seit einigen Jahren für Konflikte zwischen Landwirtschaft und

---

424 M. Wettengel, Staat und Naturschutz 1906-1945. Zur Geschichte der Staatlichen Stelle für Naturdenkmalpflege in Preußen und der Reichsstelle für Naturschutz, in: HZ 257(1993) S. 390f.

425 Landesverein Sächsicher Heimatschutz, Mitteilungen H.1-4/1938 S. 84.

Kohlenindustrie geführt. Von der Machtübernahme der Nationalsozialisten erhofften sich die Bauern eine Stärkung ihrer Position. Die romantische Überhöhung des Bauernstandes in der nationalsozialistischen Ideologie hatte dazu entscheidend beigetragen. Über diese rein agitatorischen Punkte hinaus gab es aber tatsächlich neue Grundsätze in der Bauernpolitik Walther Darres, die mitteldeutsche Bauern optimistisch stimmen konnten. So heißt es in einem Schreiben des Verwaltungsamtes des „Reichsbauernführers" an die Wirtschaftsgruppe Bergbau vom 31.3.1933: „Eine charakteristische Erscheinung für alle Bezirke, in denen Bergbau im Tagebau betrieben wird, ist der Anblick von meist mehr oder weniger verfallenen Bauernhöfen, die rings von großen Baggerlöchern umgeben sind. Als ordnungsgemäße bäuerliche Betriebe sind diese Besitzungen nicht mehr anzusprechen. Es handelt sich vielmehr um Besitzungen, die stückweise Land verloren haben und infolgedessen nicht mehr lebensfähig sind. Es bedarf keiner weiteren Ausführung, daß ein derartiges Verfahren des Landerwerbs für Zwecke des Bergbaus mit einer nationalsozialistischen Bodenordnung schlechthin unvereinbar ist. Ich bin daher fest entschlossen, in Zukunft Maßnahmen dagegen zu ergreifen, daß landwirtschaftliche Betriebe veranlaßt werden Land abzugeben, ohne daß die Frage sorgfältig geprüft ist, wie die Restbetriebe dort lebensfähig erhalten werden können." [426]

Von ebenso großer Bedeutung war, was mit dem abgebauten Grundstücken geschehen würde. Schon immer hatten die landwirtschaftlichen Interessenten gefordert, daß abgebaute Flächen umgehend wieder urbar gemacht würden. Frühere, private Abbauverträge enthielten meist entsprechende Passagen. Seit den 20er Jahren aber nahm die devastierte Fläche im Leipzig-Bornaer Revier unaufhaltsam zu, ohne daß grundlegende gesetzliche Regelungen getroffen worden waren. Der Neuaufschluß weiterer Großtagebaue führte zur Zuspitzung des Problems. So ist es nicht verwunderlich, daß in Vorbereitung des Espenhainer Werkes von der Reichsstelle für Raumordnung an die Landesplanungsgemeinschaft Sachsen die Bitte herangetragen wurde, „daß im Interesse der Landwirtschaft die hochwertigen Böden nach Möglichkeit geschont werden" sollten. Auch die Mölbiser Hochkippe war ursprünglich nicht intendiert. Aber nach dem Einsturz der Förderbrücke des Tagebaus Böhlen wurde die neue Brücke so dimensioniert, daß die Aufschlußmassen des Espenhainer Tagebaus nicht in Böhlen verkippt werden konnten.[427] Da die Probleme offenkundig wurden, wurde im Sommer eine Untersuchung betreffs der Wiederurbarmachung vorgenommen. Hatte das Oberbergamt noch im Mai

---

426 SStA Leipzig, BKW Borna AG Nr. 33.

427 SHStA Dresden, KH Leipzig Nr. 4206.

1939 verlauten lassen, daß eine geregelte Mutterbodenwirtschaft nur dann zu verlange sei, wenn der Boden sofort wieder aufgebracht werden kann, wurden weitergehende Vorschriften am 16.11.1939 reichseinheitlich erlassen. Zunächst war der Erlaß auf Unternehmen des Reiches oder der Länder und weiterer öffentlich-rechtlicher Körperschaften beschränkt.[428]

Die „Richtlinien für die Urbarmachung der Tagebaue" vom 16.07.1940[429] galten dann für alle Tagebaubetriebe unter behördlicher Aufsicht. Auch danach war die Haldenaufschüttung erlaubt, „wenn es dem Bergwerksbesitzer aus betrieblichen Gründen oder wegen Gefährdung der Wirtschaftlichkeit" nicht möglich war, den Abraum in einem anderen Tagebau unterzubringen (§ 2). In § 5 wurde gefordert: „Handelt es sich bei dem obersten Baggerschnitt um wertvollen Kulturboden, so ist dieser möglichst wieder als Kulturschicht zu verwerten. Bodenschichten, die für den Pflanzenwuchs schädliche Bestandteile enthalten, dürfen, soweit dies technisch und wirtschaftlich durchführbar ist, nicht als oberste Schicht verwandt werden. Den Mutterboden muß der Bergwerksbesitzer, soweit seine besondere Gewinnung nach Mächtigkeit (mindestens 0,50 m) möglich und nach Güte (hoher Gehalt an Humusstoffen) gerechtfertigt ist, vor Beginn des Abbaus ohne schädliche Beimischungen abtragen und ihn möglichst bald für die Rekultivierung verwenden." Auch hier wurde ein sehr großer Ermessensspielraum gelassen und als limitierender Wert die Wirtschaftlichkeit festgelegt. Allerdings wurde auch festgelegt, daß für die Urbarmachung ein besonderer Betriebsplan bei der Bergbehörde vorzulegen sei, der ständig aktualisiert werden müsse (§8) und die Urbarmachung im Einvernehmen zwischen Oberbergamt, Verwaltungsbehörden und dem Landesbauernführer zu erfolgen hat (§9).

Die behördlichen Bestimmungen allein sagen noch nichts über den tatsächlichen Zustand der Wiederurbarmachung aus. Im Borna-Leipziger Revier gab es bereits seit 1938 den erhöhten Anforderungen durch den Espenhainer Neuaufschluß geschuldet, eine recht weitgehende Zusammenarbeit von Bergbehörden und bäuerlicher Interessenvertretung. Die Leiter des Bergamtes Leipzig bzw. der Landbauaußenstelle Leipzig der Landesbauernschaft führten regelmäßige Kontrollen bei den Werken durch so daß „durch diese Zusammenarbeit das Verständnis der Werksleitungen

---

428 Reichswirtschaftsministerialblatt (RWMBl.) 1939 S. 617, in: SHStA Dresden, Landesregierung Sachsen, Ministerium für Wirtschaft Nr. 1520

429 RWMBl. 1940, S. 318, Abschrift enthalten in: SStA Leipzig, BKW Borna AG Nr. 454.

wesentlich gefördert wurde und die Fortschritte den Verhältnissen entsprechend im allgemeinen befriedigen".[430]

Unter dem Arbeitskräftemangel der Kriegsjahre war die Fortführung der nicht unmittelbar kriegswichtigen Mutterbodenwirtschaft jedoch außerordentlich erschwert. Die Betriebe stellten sie zumindest teilweise der Reihe nach ein. Für die Jahre 1940 bis 1945 ergibt sich für den Bergamtsbezirk Leipzig folgendes Bild:[431]

	entzogene Fläche in ha	**wieder nutzbar gemacht in ha**
1940	306,1	42,8
1941	297,3	20,8
1942	198,9	14.0
1943	108,4	114,3
1944	277,8	134,2
1945	112,4	49,1

Weswegen gerade in den letzten Kriegsjahren eine solch enorme Zunahme der Urbarmachung erfolgt sein soll, ist nicht schlüssig. Unterlagen zu einzelnen Werken betonen eher, daß Mutterbodengewinnung nicht mehr vorgesehen war.[432] Möglich wäre, daß bereits gewonnene Massen aus den Tagebauaufschlüssen und -erweiterungen aufgebracht worden sind. So war der ASW im Kohlenabbauvertrag mit dem Land Sachsen vom 30.06.39 in § 10 eine gesonderte Gewinnung des Mutterbodens vorgeschrieben worden.[433]

Eine rechtliche Grundlage, die Position der Landwirtschaft zu stärken, bot auch das Reichserbhofgesetz vom 29.9.1933, nachdem ein Erbhof weder verkäuflich noch belastbar war (§ 37).[434] Dieses Gesetz erregte denn auch in Bergbaukreisen einiges Aufsehen. Der Rechtsausschuß des Debriv befaßte sich sofort am 12.10. mit dieser neuen Situation. Seine Vorschläge für die Durchführungsverordnung beziehen ich insbesondere darauf, daß bisher

430 So die Landesbauernschaft Sachsen am 25.10.1940: SStA Leipzig, AH Borna Nr. 3877, Bl. 103.

431 SHStA Dresden, Landesregierung Sachsen, Ministerium für Wirtschaft Nr. 1520 Bl. 7b.

432 So die DEA- Verwaltung Borna am 23.12.41: SHStA Dresden, KH Leipzig Nr. 4200.

433 SStA Leipzig, ASW Espenhain Nr. 201.

434 RGBl. I S. 685ff. Auf eine prinzipielle Wertung dieses Gesetzes wird hier verzichtet.

abgeschlossene Verträge bestehen bleiben müßten, ebenso wie die bisher für den Bergbau geltenden Sondervorschriften. Außerdem könne eine Genehmigung dann nicht verwehrt werden, „wenn ein überwiegendes allgemein-wirtschaftliches Interesse an der Verfügung über die Sachen und Rechte zu Gunsten des Bergbaus besteht.“ Auch die Denkschrift der Fachgruppe Bergbau des Reichsverbands der Deutschen Industrie vom 14.11.1933 betont besonders die wirtschaftlich dominierende Stellung des Bergbaus gegenüber der Landwirtschaft: „Wir haben auf Aufforderung nachgewiesen, daß in den Gebieten des Deutschen Reiches noch große Vorräte an Braunkohle, und zwar auf Jahrhunderte vorhanden sind, deren Abbau, Weiterverarbeitung und Veredelung aus wirtschafts- und wehrpolitischen Gründen zum Nutzen der Volksgemeinschaft geboten ist.“[435] Beim Bergbaulichen Verein Borna fand am 25.9.1934 mit der Landesplanung eine Besprechung über den Einfluß des Gesetzes auf den Flächenaufteilungsplan für das Bornaer Braunkohlengebiet statt. Auch der verantwortliche Bezirksplaner der westsächsischen Landesplanung, Mackowsky konzedierte, daß es den Flächenaufteilungsplan unbrauchbar machen würde, wenn die Erbhofflächen jetzt herausgelöst werden müßten.[436] Allerdings war festgelegt, daß die Anerbengerichte zur Förderung öffentlicher Zwecke die Veräußerung genehmigen konnten. In der Praxis spielte dann auch das Reichserbhofgesetz keine Rolle für den Ankauf des Bodens bzw. der Abbaugerechtigkeit, da nach anfänglicher Verunsicherung die Anerbengerichte in der Regel die Veränderungen genehmigten. Es ist bekannt, daß die Anerbengerichte auch bei anderen Transaktionen sehr großzügig verfuhren, beispielsweise, wenn es um den Verkauf für militärische Zwecke ging. Hier waren es, ähnlich wie im nordwestsächsischen Braunkohlegebiet die Bauern, die sich protestierend auf die Blut-und-Boden-Politik beriefen.[437]

Die Bergbautreibenden sahen in den nationalsozialistischen Siedlungsplänen in Osteuropa eine willkommene Chance, Auseinandersetzungen mit den Bauern zu umgehen. Erbhöfe sollten, wo eine Restnutzung nicht mehr wirtschaftlich tragbar war, möglichst vollständig erworben werden. „Die neu erworbenen Gebiete im Osten bieten für derartige Ansiedlungen genügend Raum, nur müßte auch hier die Umsiedlung behördlicherseits in die Hand genommen werden. Man erlebt immer wieder, daß der Bauer seinen Erbhof gar nicht verkaufen will, sondern nur jeweils dringend benötigte Teilstücke abgibt, weil

435 SStA Leipzig, Braunkohlenwerk Kraft I Thräna Nr. 66.

436 SStA Leipzig, BKW Borna AG Nr. 453, Bl. 104.

437 F. Grundmann, Agrarpolitik im „Dritten Reich“. Anspruch und Wirklichkeit des Reichserbhofgesetzes, Hamburg 1979, S. 77.

er an seiner Scholle hängt, deshalb an einer Umsiedlung nicht interessiert ist, vielmehr hofft, ausgekohltes Land zur Vergrößerung seiner Anbaufläche wieder zu erhalten", kommentierte die Zeitschrift Braunkohle 1942 ihre Vorstellungen.[438]

5.2.2.2 Landesplanung und Raumordnung

Die widerstreitenden Interessen der verschiedenen Bodennutzer begleiteten den Braunkohlenbergbau seit seiner Entstehung. Nach dem Ersten Weltkrieg hatten sich die Interessenkonflikte jedoch so verschärft, daß ein regulierendes Eingreifen unumgänglich wurde. Diesen Zweck diente die Institutionalisierung der Landesplanung bei den Kreishauptmannschaften.[439] In den 20er Jahren wurden durch die mit dieser Thematik betrauten Mitarbeiter überwiegend örtliche Flächennutzungspläne erarbeitet; einer der Vordringlichsten war der für den vom Braunkohlenbergbau besonders betroffenen Bornaer Bezirk. Die Arbeiten daran begannen 1928. Die Planungen für Verkehr, Siedlungen, Gewerbe und andere Räume wurden immer wieder dadurch erschwert, daß verbindliche Abbaugrenzen durch die Braunkohlenwerke und Bergämter nicht genannt werden. Auch mit den sächsischen Finanzministerium gerieten die Landesplaner deswegen in Konflikt. Da aber die Lagerstättenerkundung in den fraglichen Gebieten noch nicht abgeschlossen war, ergaben sich nach Aufstellung von Plänen immer wieder Veränderungen.

Im Zuge der nationalsozialistischen Umstrukturierung der Verwaltung und deren Zentralisierung veränderten sich die Bedingungen für die Arbeit der Landesplanungsbehörden. Am 15.07.1936 wurde die Landesplanungsgemeinschaft im Reichsstatthalterbezirk Sachsen gegründet. Die politische Ausrichtung der Tätigkeit wurde offen propagiert. Landeshauptmann Dr. Jarmers, Abteilungsleiter der Reichsstelle für Raumordnung, charakterisierte auf einer Kundgebung der Reichsarbeitsgemeinschaft für Raumforschung an der Universität Leipzig am 22.06.1936 die Raumordnung nicht als technische Angelegenheit, sondern als politische Aufgabe,

---

438 Braunkohle H. 17/1942, S.186/87, enthalten in: SStA Leipzig, BKW Borna Nr. 33.

439 Siehe Kap. 4.1.2.

„namentlich die schöpferische Gestaltung des Raumes nach einem von der politischen Führung gesetzten Ziel".[440]

Genau darin ist das Dilemma der Planungsarbeiten in den Jahren des Nationalsozialismus begründet. Es wurde zwar die Position der Landesplanung in dieser Zeit verstärkt, doch stand die gesamte Raumordnung letztlich unter dem Zwang, die deutschen Kriegspläne absichern zu helfen. Dies war auch ein wesentlicher Grund für die Errichtung einer zentralen Reichsstelle für Raumordnung im Jahre 1935 unter Leitung von Hans Kerrl gewesen.[441] Denn erst die weitreichenden Umgestaltungspläne (Autobahnbau, Rüstungsindustrie usw.) machten eine straffe zentrale Leitung überhaupt notwendig. Bemerkenswert offen wurden die Gründe für die Schaffung der Reichsstelle dargelegt: „Die Landbeschaffung verursachte der Wehrmacht vielfach erhebliche Schwierigkeiten. In Erkenntnis dieser für das Reich und damit für die Allgemeinheit und im besonderen für die Wehrmacht sehr nachteiligen Zustände hatte die Wehrmacht nicht nur für die Landbeschaffung, sondern auch für eine große Reihe wehrpolitischer und wehrwirtschaftlicher Forderungen, ein ganz besonders hohes Interesse an der Errichtung einer alle Vorhaben zusammenfassenden und übergeordneten Stelle."[442]

Diese Pläne waren es auch, die die entsprechenden Entscheidungen der Behörden bestimmten. An zahlreichen Beispielen ist nachvollziehbar, daß in den 30er Jahren die industrielle Entwicklung absolute Priorität genoß, insbesondere nach Verkündung des Vierjahresplanes. In dem geplanten Umfang konnten die Aufgaben der Reichsstelle allerdings nicht gelöst werden. Es war angedacht, einen zentralen Flächenordnungsplan für das gesamte Deutsche Reich aufzustellen, der die Verteilung von Siedlungs- und Industriegebieten regeln sollte, eine solche Regelung kam letztlich aber nicht zum Tragen, da die tatsächlichen Eingriffsmöglichkeiten zu begrenzt

---

440 Nationalsozialistisches Mitteilungsblatt des Gauamtes für Kommunalpolitik Sachsen, H. 15 v. 1.8.1936 S.496. Zum „Gründergeist" der Raumordnung auch K. Meyer, Raumforschung in: Raumforschung und Raumordnung H.1/1936 S.2: „Der Nationalsozialismus hat bei seiner Machtergreifung eine völlig zerstörte Volksordnung und einen ebenso zerstörten Raum angetroffen. Ein Volk in Klassen und Parteien zerspalten, ein Raum ohne jede volksmäßige Ordnung - das war die Erbschaft, die er übernahm."

441 RGBl. I, 1935, S. 793

442 W. Stubenrauch, Raumordnung und Wehrmacht in: Raumforschung und Raumordnung H.1/1936 S.11.

blieben.[443] Die 60köpfige Reichsstelle strebte die Mitwirkung bei den Ressortministerien an, konnte jedoch eine verbindliche Außenwirkung ihrer Pläne nicht durchsetzen.[444] Abgesehen werden muß hier von den menschenverachtenden rassistisch bedingten Großraumplanungen des „Generalplans Ost", mit dem sich für die Planer die Hoffnung verband, ihre neuen Theorien erstmals ohne „mühselige Rücksichtnahme auf die Bevölkerungs-, Siedlungs- und Verkehrsstrukturen im Altreich" zu erproben.[445]

Von Belang ist aber auch, daß gerade in dieser Zeit und ebenfalls im nationalsozialistischen Gedankengut verankert, Institutionen geschaffen wurden, die nicht industrielle Interessen vertraten. Neben der zweifellos beschleunigten Industrialisierung gab es ebenso starke Interessenvertretungen z. B. der Bauern. Ihr durch den Reichsnährstand vergleichsweise guter Organisationsgrad gegenüber der Zeit vor 1933 ermöglichte deutlichere Interessenartikulation. Gerade die Bedeutung der Landwirtschaft darf auch für die Vorbereitung des Krieges nicht unterschätzt werden. Ebenso, wie die Problematik der Rohstoffversorgung für die Industrie eine traumatische Erfahrung des Ersten Weltkrieges bedeutete, war es der Steckrübenwinter 1917/18. Hungersnöte in Deutschland sollten die Kriegführung nicht mehr beeinträchtigen können. „Nahrungsfreiheit" wurde als Ziel der nationalsozialistischen Agrarpolitik formuliert.[446] Daraus ergab sich ein konfliktgeladenes Verhältnis zu den Ansprüchen der Industrie, was auch darin zum Ausdruck kommt, daß als Ziele der Raumordnung sowohl eine Stärkung der Landwirtschaft, als auch eine Stärkung der inneren Rohstoffgewinnung

---

443 E. Pahl-Weber, Die Reichsstelle für Raumordnung und die Ostplanung, in: M. Rössler/S. Schleiermacher (Hg.), Der "Generalplan Ost". Hauptlinien der nationalsozialistischen Planungs- und Vernichtungspolitik, Berlin 1993, S. 148.

444 Deutsche Verwaltungsgeschichte, Bd. 4: Das Reich als Republik und in der Zeit des Nationalsozialismus, Stuttgart 1985 S. 830.

445 M. Rössler/ S. Schleiermacher, Der „Generalplan Ost" und die Modernität der Großraumordnung. Eine Einführung, in: M. Rössler/S. Schleiermacher (Hg.), Der „Generalplan Ost" ... , a. a. O. S. 8; Dazu auch: M. Rössler, K. Meyer und der „Generalplan Ost" in der Beurteilung der Nürnberger Prozesse, in: ebenda, S. 356ff. Rössler billigt diesen Planungen auch eine Modernität zu: „Modern meint hier, eine qualitativ neue Entwicklung, nämlich die zweckrationale, technokratische Ausgestaltung der Planung als Herrschaftstechnologie, d. h. die Konstruktion des NS-Staates im Ostraum."

446 K. D. Bracher/M. Funke/H.-A. Jacobsen, Nationalsozialistische Diktatur ... , a. a. O., S. 304.

formuliert wurden, was für Nordwestsachsen besondere Bedeutung hatte.[447] Wenn auch letztlich zugunsten der Industrie entschieden wurde, so ermöglichten doch die ebenfalls institutionalisierten Interessenvertretungen anderer Gesellschaftsbereiche, daß Auseinandersetzungen sehr heftig und z. T. bis in die höchsten Ebenen ausgetragen wurden. Was das nordwestsächsische Braunkohlerevier betrifft, fanden diese ihren Ausdruck in der koordinierenden Arbeit der Bezirksstelle Leipzig der Landesplanungsgemeinschaft (Landesplanung Leipzig).[448]

Der durch die Landesplanung aufgestellte Flächennutzungsplan für den Bornaer Braunkohlenbezirk war vom Sächsischen Ministerium des Innern am 16.07.1935 gebilligt worden.[449] Bei der Interessenabgrenzung hatte man besonders Wert darauf gelegt, die Bautätigkeit der Kommunen auf die Ortslagen zu beschränken. Trotzdem kam es in den folgenden Jahren häufig zu Veränderungen, die nun fast ausschließlich im Interesse des Bergbaus vorgenommen wurden. „Die damals noch nicht absehbare Bedeutung der Braunkohle für die Wehrfreiheit und - in neuester Zeit - für die Kriegswirtschaft hat diese Abgrenzung in manchen Fällen zugunsten der restlosen Gewinnung der Braunkohle sogar noch in Wegfall kommen lassen, so daß mit dem Abbruch ganzer Ortschaften gerechnet werden muß." heißt es dazu in einer Denkschrift der Landesplanung Leipzig.[450] Dabei ging es meist nicht um sofortige Devastierungen, da die existierenden Werke über umfangreiche Kohlenfelder verfügten, sondern um perspektivische Planungen über die weitere Entwicklung der Abbaurichtung und -geschwindigkeit. Auf diese Weise wurde bereits seit längerem geplant, daß zahlreiche Ortschaften dem Kohlenabbau weichen mußten.

Die meisten von ihnen wurden den Plänen gemäß tatsächlich abgerissen, wenn auch unter gänzlich anderen politischen Bedingungen. So waren die Planungen für den Abriß der Orte Rüben und Zehmen bereits 1940 abgeschlossen als sie am 18.9.1940 zu Bergbauflächen erklärt wurden. Die Devastierung war für Rüben ca. 1953 und für Zehmen ca. 1958 vorgesehen.[451] Tatsächlich wurden die Dörfer zwischen 1956 und 1958 abgerissen. Die Landschaftszerstörung erfolgte über die Grenzen politischer Systeme hinaus

447 K. Meyer, Raumordnung, in: Raumforschung und Raumordnung H. 1/1936, S. 7.

448 Die Landesplanungsgemeinschaften stellten ein unmittelbares Anknüpfen an die bereits seit der Weimarer Zeit bestehenden sächsischen Landesplanungsstellen dar.

449 SHStA Dresden, KH Leipzig Nr. 4162.

450 SStA Leipzig, BKW Borna Nr. 109.

451 SHStA Dresden, KH Leipzig Nr. 4161.

mit beachtenswerter Kontinuität. Dies ist um so bemerkenswerter, als auch der gegenwärtig durch seinen Kampf um Erhalt in den Schlagzeilen stehende Ort Heuersdorf[452] bereits 1940 für den Abbruch vorgesehen war.[453] Da im Prinzip jede Gemeinde im Braunkohlengebiet eines Tages vom Abbau betroffen werden konnte, wurden in den vorläufigen Planungen Zeitpunkte festgelegt, bis zu dem die Ortschaften mit Sicherheit ohne Anspruch auf Entschädigung zu räumen waren. Die Lösung des Interessenkonflikts bestand in einer Verschiebung auf ca. 60-100 Jahre. Folgende „Schonfristen" wurden gewährt:[454]

Goldene Höhe bei Markkleeberg	bis 2033
Meusdorf	bis 2010
Liebertwolkwitz-Süd	bis 1983
Liebertwolkwitz-Ost	bis 1956
Großpösna	bis 1984
Holzhausen	bis 1983
Flughafen Mockau	bis 2033
Eythra	bis 2010
Wachau	bis 1983

Wie maßlos die Gier nach der Braunkohle war, kann u. a. das Beispiel der DEA belegen. Mindestens seit 1937[455] betrieb sie systematisch die Ausdehnung ihrer Abbaugrenzen über die im Plan festgelegten zunächst bis in die Ortslage Kieritzsch hinein, mußte aber wegen erheblicher Schwierigkeiten mit dem Eigentümer der entsprechenden Grundstücke diesen Plan vorerst fallen lassen. Und spätestens seit 1940 wurden Verhandlungen darum geführt, über Regis-Breitingen eine Bausperre zu verhängen. Am 28.5.1940 stellte die DEA den Antrag, die gesamte bebaute Ortslage unter Bergbauflächenschutz zu stellen. Unter Regis-Breitingen sollten 10 Mio Tonnen Braunkohle anstehen und zwar unter dem außerordentlich günstigen Abraumverhältnis von 1:1 und

452 Siehe z. B: Sächsische Zeitung (SZ) 19./20. August 1995; SZ 21. August 1995; SZ 30. Januar 1996.

453 SHStA Dresden, KH Leipzig Nr. 4161.

454 SHStA Dresden, KH Leipzig Nr. 4235.

455 Die DEA hatte bereits in den 20er Jahren die Ortsdevastierung für ca. 15 Gemeinden geplant, Siehe Kap. 4.3.2.

besser. Diese Kohle sollte sich darüber hinaus durch ihren mittleren Teergehalt von 13 bis 14 % ausgezeichnet zum Verschwelen eignen. Das Oberbergamt Freiberg errechnete, daß damit 500 000 t Teer und Leichtöl gewonnen werden könne, so daß die Regiser Schwelanlage ca. 3 Jahre lang damit betrieben werden könne. Der Drehpunkt eines neuen Tagebaues südlich von Regis sollte so gewählt werden, daß Breitingen innerhalb von 8 Jahren abgebaggert würde. Für Regis war die Devastierung um 1965 vorgesehen.

Die DEA stellte allerdings fest, daß unter rein privatwirtschaftlichen Gesichtspunkten der Abbau unter Ortslagen nicht lohnend sei. In einem Brief an das Regierungspräsidium in Leipzig wird dazu ausgeführt, daß aber die in Regis seit 1935 im Interesse der Wehrwirtschaft und im Einvernehmen mit der Reichsregierung errichteten Schwelanlagen einen außerordentlich gestiegenen Kohlenbedarf aufweisen und gerade die Schwelkohle eine wesentliche Grundlage der Rüstungswirtschaft darstellt.[456] Für die Erhöhung der Treibstoffproduktion wäre auch eine Stadt von ca. 3 500 Einwohnern nicht verschont worden. Nördlich von Regis-Breitingen war bereits auf ausgekohltem, verfülltem Gelände der Baubeginn für eine neue Siedlung geplant, die später auch die umzusiedelnden Bürger der Orte Blumroda, Hartmannsdorf und Görnitz aufnehmen sollte, die ebenfalls dem Kohleabbau weichen sollten.

Die Preußische Landesanstalt für Wasser- Boden- und Lufthygiene war seitens des Regierungspräsidiums Leipzig im Juni 1941 mit der Anfertigung eines Gutachtens über die Luftverhältnisse der neuen Siedlung betraut worden. Die immer zahlreicher werdenden Klagen über Luftverschmutzung hatte dazu geführt, daß bei Anlage von Wohngebäuden dem Abstand von den Braunkohlenwerken, der vorherrschenden Windrichtung usw. große Aufmerksamkeit geschenkt wurde. Im fraglichen Gutachten kam man zu dem Ergebnis, daß „Neu-Regis" nicht ungünstiger als die existierende Stadt liege. Hinsichtlich der Windverhältnisse sei die Lage sogar besser, da der neue Ort mindestens 1 000 m Abstand zur Schwelerei habe. Besonders hervorgehoben wurde auch das Bemühen der DEA durch Staubfilter und eine Entschwefelungsanlage die lufthygienische Situation zu verbessern.[457]

Die Pläne zur Devastierung von Regis-Breitingen gelangten jedoch in dieser Form nicht zur Ausführung, da die DEA Ihren Antrag am 29.4.1943 wieder zurückzog. Die Gründe für diese Entscheidung konnten leider nicht ermittelt werden. Falls nicht neue Gegebenheiten in der Tagebauentwicklung dafür

---

456 SHStA Dresden, KH Leipzig Nr. 4161.

457 SStA Leipzig, BKW Kraft I Thräna Nr. 37.

ausschlaggebend gewesen sind,[458] liegt die Vermutung nahe, daß die Vernichtung einer so großen Ortschaft doch erhebliche Schwierigkeiten erwarten ließ. Für die Umsiedlung der Einwohner wären z. B. größere Kapazitäten im Wohnungsbau notwendig gewesen. Schon in der bestehenden Stadt Regis-Breitingen herrschten sehr ungenügende Wohnverhältnisse. Der Bürgermeister teilte dem Landrat von Borna am 23.11.1940 z. B. mit, daß in 175 Familien der Stadt 416 Untermieter untergebracht seien, 352 ledige Personen in Notunterkünften wie Baracken oder Gasthäusern lebten, junge Ehepaare bei ihren Eltern wohnten und es somit keine Seltenheit sei, daß 2 bis 4 Personen sich einen Raum teilen mußten, und auch Räume bewohnt waren, die als unhygienisch bezeichnet werden müßten. Mit zunehmender Kriegsdauer war aber selbst die Lösung solcher Probleme immer schwieriger geworden. Für die neue Siedlung wären ca. 2000 Wohnungen erforderlich gewesen.[459] Wie sollte unter diesen Umständen die Umsiedlung einer ganzen Stadt durchgeführt werden?

Die weniger große Ortschaft Witznitz aber wurde zum ersten Fall im Bornaer Braunkohlenrevier, in dem eine ganze Ortslage dem Kohlenabbau zum Opfer fiel. Die Beseitigung des Dorfes wurde in wenigen Jahren beschlossen und ausgeführt. Die DEA hatte am 11.02.1938 beim Ministerium für Wirtschaft und Arbeit beantragt, den Ort Witznitz für Kohleabbauzwecke freizugeben, da die Entwicklung des Tagebaus Witznitz zum Großtagebau durch diesen Ort und den Wyhrafluß behindert würde. Die durch den Vierjahresplan bedingte Fördersteigerung ließe sich nur durch den Abbau der Ortslage erreichen. Insgesamt rechnete man mit 4,8 Mio t Kohle. Es war klar, daß die Beseitigung des Ortes noch auf große Schwierigkeiten stoßen würde, deshalb wurde um Unterstützung durch das Ministerium gebeten.[460] Immerhin hatte Witznitz 508 Einwohner, eine Kirche, eine Schule, ein Pfarrhaus, ein Gemeindehaus, einen Friedhof, 17 Gewerbegrundstücke, 11 Bauerngüter und zahlreiche Wohnhäuser, also eine gewachsene, intakte Infrastruktur.[461] Die Witznitzer Einwohner und Gemeindevertreter sahen ihre Zukunft nach der Kohle sehr skeptisch, und kämpften um die Erhaltung des Ortes. Um in den Verhandlungen im Interesse der DEA rasch weiterzukommen, wurde daher der

---

458 Es spricht einiges dafür, daß die DEA vorsorglich viele Flächen als Bergbauvorbehaltsflächen beantragte, um in der Entwicklung der Tagebauflächen möglichst flexibel auf veränderte Anforderungen reagieren zu können.

459 SHStA Dresden, KH Leipzig Nr. 4161.

460 Stadtarchiv (StA) Borna, Stadtverwaltung Borna Nr. 19, vorläufige Registratur (1326), Bl. 5.

461 SHStA Dresden, KH Leipzig Nr. 4161.

Vorschlag aufgegriffen und die kurzfristige Eingemeindung von Witznitz nach der Stadt Borna betrieben, von deren Seite man sich eine entgegenkommendere Haltung versprach, da Borna schon seit längerem unabhängig von der DEA an der Eingemeindung von Witznitz interessiert war. Folgerichtig konzentrierte sich nun der ganze Widerstand der Witznitzer darauf, die Eingemeindung zu verhindern. Mehrere Verhandlungen zwischen Borna und Witznitz seit Februar 1939 waren bereits erfolglos ausgegangen, obwohl den Witznitzern eine Anzahl von Vorteilen versprochen wurde. Der Landrat (Piegler) erklärte daraufhin, „die Zustimmung zum Eingemeindungsvertrag sei von dem jetzigen Gemeindeleiter nicht zu erreichen. Es sei erwogen, einen Staatskommissar dafür einzusetzen. Jedenfalls werde Sorge getragen werden, daß die Eingemeindung noch rechtzeitig vor sich geht."[462] Diese Möglichkeit war nach Erlaß der Deutschen Gemeindeordnung vom 30. Januar 1935 gegeben, die die fortschrittliche sächsische Gemeindeordnung von 1923/25 ablöste und nach der es keine gewählten Gemeindevertreter mehr gab und der Bürgermeister faktisch durch die NSDAP eingesetzt wurde.

Der Eingemeindungsvertrag sollte noch Dezember 1939 abgeschlossen werden. Die endgültige Eingemeindung wurde jedoch erst am 19. August 1940 mit Wirkung vom 1.10.1940 „aus Gründen des öffentlichen Wohls" durch den Reichsstatthalter in Sachsen, Martin Mutschmann, vollzogen.[463] 1941 wurde der Ort devastiert. Die Bewohner mußten sich schriftlich verpflichten, die Wohnungen im Frühjahr oder Sommer zu räumen.[464] Die Erfahrungen, die die DEA mit der Liquidierung eines ganzen Ortes machte, waren nicht so ermutigend, daß man sich weitere Devastierungen diesen Ausmaßes vorgenommen hätte. Vom Oberbergamt zu einem Abriß des Ortes Ruppersdorf gedrängt, erklärte das Rositzer Werk im September 1944, daß dies unter den gegebenen Umständen völlig ausgeschlossen sei. Die 5 Jahre vorher bereits in Auftrag gegebenen Ersatzbauten für die Umsiedlung der Witznitzer seien bisher noch nicht fertiggestellt. Unter Kriegsbedingungen sei die Zerstörung von Wohnraum anders zu beurteilen, als unter normalen Umständen. Wie einer Aktennotiz vom 30.9.1943 zu entnehmen ist, waren auch die Besitzverhältnisse hier völlig anders als in Witznitz. „In Witznitz waren wir bereits 1914 Eigentümer sämtlicher Äcker oder hatten grundbuchlich gesicherte Aufkaufrechte auf diese zu festen Preisen. Die Gehöfte waren daher wirtschaftlich nicht mehr lebensfähig und dadurch außerordentlich weitgehend

---

462 StA Borna, Stadtverwaltung Borna Nr. 19, vorläufige Registratur (1326) Bl. 38.

463 StA Borna, Stadtverwaltung Borna Nr. 19, vorläufige Registratur (1326) Bl. 53.

464 StA Borna, Stadtverwaltung Borna Nr. 19, vorläufige Registratur (1326) Bl. 96.

entwertet. Es war für die Bauern ein Glück, daß die Dorflage aufgekauft wurde ", heißt es darin.[465]

Für die nach Borna umgesiedelten Familien bedeuteten die Schwierigkeiten bei der Wohnraumbeschaffung z. T. erhebliche Nachteile. So wurden Familien mit 1 bis 2 Kindern Zweiraumwohnungen mit der Empfehlung zugewiesen, die restlichen Möbel irgendwo unterzustellen. Für diese kleineren Wohnungen war nicht selten ein höherer Mietpreis zu entrichten, der bis 20 % des Einkommens betragen konnte. Die Leiterin der Frauenschaft, wendete sich diesbezüglich beschwerdeführend an die Stadtverwaltung, um die Interessen der umgesiedelten Familien zu vertreten. Aber sie wurde rasch auf ihre eigentlichen Pflichten hingewiesen, die darin bestanden, „für die schwierigen Verhältnisse auch Verständnis zu schaffen". Schließlich müsse „auch der Einzelne bereit sein, ein Opfer zu bringen".[466]

Nach dem 1935 bestätigten Flächenaufteilungsplan für den Bornaer Bezirk konzentrierten sich die Arbeiten der Landesplanung auf einen Großraumplan von Leipzig und Umgebung. Die Interessengegensätze polarisierten sich hier in Form der ASW als bergbautreibendem Betrieb und damit dem sächsischen Staat und der Großstadt Leipzig, die als „Reichsmessestadt" für den sächsischen Staat ebenfalls von Bedeutung war. Andere als die Interessen der beiden großen Kontrahentinnen wurden bei diesen Planungen zur Bedeutungslosigkeit verurteilt. So wurde in der 7. Sitzung des technischen Ausschusses zur Bearbeitung eines Großraumplanes von Leipzig am 11.6.1942 festgehalten, daß die Bürgermeister der betroffenen Gemeinden von den Planungen keine Kenntnis erlangen sollten. „Es sei unerwünscht, die großen, von höherer Warte zu betrachtenden Fragen der Struktur des Wirtschaftsraumes von Leipzig im Kreise der örtlich interessierten Bürgermeister zu stellen."[467]

Die Arbeiten zum Großraumplan sollten die Grundlage für die Räumliche Gestaltung der Nachkriegszeit bilden[468] aber natürlich wurden auch aktuelle Problemstellungen behandelt. Seitens der Stadt Leipzig war schon seit den 20er Jahren darauf verwiesen worden, daß der Stadt jegliche Ausdehnungsmöglichkeiten fehlen, da neben den Landesgrenzen im Norden und Nordwesten der Gürtel der Braunkohlevorkommen ein weiteres Wachsen der Stadt kaum ermöglicht.

---

465 SStA Leipzig, Rositzer BKW Nr. 205.

466 StA Borna, Stadtverwaltung Nr. 19, vorläufige Registratur (1326) Bl. 97.

467 SHStA Dresden KH Leipzig Nr. 4172, Bl. 66.

468 U.a. sollte der Leipziger Hauptbahnhof als Durchgangsbahnhof umgestaltet werden.

In einer Denkschrift aus dem Jahr 1941 setzte sich der Oberbürgermeister von Leipzig mit den Möglichkeiten der Stadt auseinander, den „Erlaß zur Vorbereitung des deutschen Wohnungsbaus nach dem Kriege, vom 15. November 1940“[469] umzusetzen. Besonderer Wert werde darauf gelegt, die Geburtsziffern zu erhöhen. Leipzig lag auf diesem Gebiet hinter anderen deutschen Großstädten zurück. Neben anderen Gründen wurde vor allem die unzureichenden Ausdehnungsmöglichkeiten des Stadtgebietes, die dazu führten, daß Leipzig eine besonders hohe Bevölkerungsdichte aufwies, dafür verantwortlich gemacht. Während im Stadtkreis Leipzig zwischen den Volkszählungen vom 16.6.1933 und 17.5.1939 die Wohnbevölkerung sogar zurückging, hatte der Landkreis noch eine Bevölkerungszunahme zu verzeichnen.[470] Nun ist die Tendenz der Vorortbildung keine typisch Leipziger Erscheinung. Die Denkschrift besteht allerdings zu einem erheblichen Teil aus Argumentationen für die Eingemeindung der Vororte. Problematisch scheint eher, daß auch deren Kapazitäten sich bald erschöpfen mußten. Wirkliche Ausdehnungsmöglichkeit für Leipzig war außerordentlich beschränkt. Dem Braunkohlenbergbau nicht vorbehaltenen Flächen standen nur im Nordwesten, nördlich der Elsteraue, und im Osten in Richtung Taucha und Borsdorf zur Verfügung.

Die hohe Siedlungsdichte Leipzigs sollte verringert werden, was unter Kriegsbedingungen auch unter dem Aspekt des Luftschutzes notwendig wurde. Nicht vergessen werden sollte auch, daß der Siedlungsgedanke außerdem einen Versuch darstellte, durch weitere soziale Differenzierung die in Leipzig traditionell starke Arbeiterbewegung zu schwächen. Es wurde also eine lockere Bebauung angestrebt, die mit Grünflächen durchsetzt werden sollte. Über 1 000 ha Kleingartenflächen sollten bereitgestellt werden. Außerdem war Ersatz für die südliche Pleißenaue, die vom Kohlenabbau betroffen würde, vorgesehen.[471]

Da man an der Tatsache des nahenden Abbaus nicht rütteln konnte, reifte in Leipzig der Plan heran, den Braunkohlenbergbau, wenn er denn schon käme, möglichst rasch an die Stadtgrenzen heran zu holen und zuerst die stadtnahen Vorkommen zu erschließen. Damit wollte man die jahrzehntelangen Bausperren verhindern oder eindämmen und in möglichst wenigen Jahren, nach Auskohlung der Flächen Bauland zur Verfügung haben. Diesen Vorstellungen wurde jedoch nicht entsprochen. Es sollten keine neuen Aufschlüsse erfolgen

469 RGBl. I 1945, S. 1495.

470 "Die Raumnot der Reichsmessestadt Leipzig", Denkschrift des Oberbürgermeisters von Leipzig, Freyberg, o. O. 1941, S. 4f.

471 Ebenda, S. 25.

und die in Frage kommenden Gebiete (Dölitz, Wachau, Liebertwolkwitz) wiesen zu ungünstige Lagerbedingungen für den damaligen technischen Stand auf.[472]

Über die Forderung hinaus, daß ausreichend Bauland zur Verfügung gestellt werden müsse, machten die Vertreter der Stadt auch darauf aufmerksam, daß einer solchen Großstadt wie Leipzig auch ausreichend Grünflächen zur Verfügung stehen müßten. Diese Diskussionen gingen bis auf das Jahr 1911 zurück, als erstmals bekannt wurde, daß unter der Harth Kohle im Tagebau zu gewinnen war.[473]

Als ein gravierendes Problem wurde auch die Vernichtung des Hochwassergebietes, das der ganzen Gegend den Charakter als Niederungsland gab, erkannt. Die Umgestaltung der Auenlandschaft wurde zu recht als ein noch größerer Eingriff in den Landschaftshaushalt verstanden, als die Abholzung der Harth.[474] Bis ins Frühjahr 1938 lassen sich Bemühungen um eine komplexe Grünflächenplanung für Leipzig und Umgebung zurückverfolgen.[475] Diese Planungen wurden sehr wesentlich von dem Bemühen getragen, Ersatz für die vom Kohlenabbau in Anspruch genommenen Flächen zu schaffen. Bei der Festlegung der Flächen, die zu diesem Zweck gestaltet werden sollten, spielte eine wesentliche Rolle, daß die Werke Kulkwitz und Böhlen von der Stadt Leipzig zu isolieren wären. Deshalb wurde auch angestrebt, Teile der Elster und Pleißenaue aus dem Kohlensperrgebiet herauszulösen, um nach dem Wegfall der Harth eine Isolierung Leipzigs gegen die Schwelgase der Werke zu bewirken. Dazu war vorgesehen, die Elsteraue nördlich der Linie Cospuden - Zöbigker und die Pleißenaue ab Debitzdeuben zu erhalten. Als Ersatz für die Harth als Naherholungsgebiet der Leipziger Bürger sollte ein breiter Grünstreifen vom Naunhofer Forst bis in den Leipziger Osten angelegt und die Parthenaue weiter ausgebaut werden.

Bei den Besprechungen der Landesplanungsgemeinschaft Sachsen beim Oberbergamt und der Lagerforschungsstelle Freiberg am 27. Juni 1938 forderten die Landesplaner die Freigabe der Auen aus der Braunkohlenplanung. Diese seien nicht von Menschenhand wieder herstellbar. Die Freigabe der Auen wurde allerdings strikt abgelehnt, da die Braunkohle in dieser Gegend neben der des Zeitz - Weißenfelser Reviers die einzige gute Schwelkohle in Deutschland sei. Leipzig müsse eben die Entwicklung nehmen, die Städte des

---

472 SHStA Dresden KH Leipzig Nr. 4172 Bl. 68.

473 Siehe Kap. 4.3.2.

474 SHStA Dresden, KH Leipzig Nr. 4158 und 4172 Dok. 41.

475 SHStA Dresden, KH Leipzig Nr. 4158.

rheinischen Industriegebietes seit 50 bis 100 Jahren hinter sich hätten, die Entwicklung zur Industrie- und Bergwerksstadt, war die Meinung der Lagerstättenforschungsstelle. Der Einwurf des Vertreters der Landesplanung, daß man trotzdem nicht all die Fehler wiederholen müsse, unter denen die Industriestädte kranken, fand kein Gehör. Alle Planungen sollten davon ausgehen, daß das Kohlevorkommen und seine Ausbeutung nicht beeinträchtigt werden dürfe. Trotz mehrfacher Vorsprachen sowohl bei der ASW als auch beim Oberbergamt Freiberg, blieb man in der Frage der Auen unnachgiebig, „da im Zeichen des Vierjahresplanes kein Mensch die Verantwortung dafür übernehmen könne". Die Vertreter der Landesplanung mußten sich vom Oberbergamt sogar den Vorwurf gefallen lassen, daß sie ihrer Aufgabe nicht nachkämen, da sie eigentlich der Kohlenindustrie absolute Priorität einräumen müßten.[476]

Tatsächlich sollte die Raumordnung das ungestörte Arbeiten von kriegswichtigen Betrieben sichern helfen. Zur besseren Koordinierung erließen der Leiter der Reichsstelle für Raumordnung und der Reichswirtschaftsminister am 6.4.1939 einen Erlaß an die Wirtschaftsgruppe Bergbau, daß der Bergbauberechtigte die Bergbauflächen an die Landesplanungsgemeinschaften zu melden hat. In Bergbaukreisen wurde diese Regelung als eine Lebensfrage für den Bergbau bezeichnet. „Die vielen Beeinträchtigungen, die in der Rücksichtnahme auf Bauwerke lagen, die über den Lagerstätten erstellt wurden, stören den Abbau der Lagerstätten oder lösen Entschädigungen für anerkannte Schäden von ungemeiner Höhe aus", kommentierte die Deutsche Bergwerks-Zeitung die Notwendigkeit des Erlasses.[477] Es unterliegt keinem Zweifel, daß die Meldung der Bergbauflächen dazu dienen sollte, sie vor unerwünschter anderweitiger Nutzung freizuhalten. Glücklicherweise sahen die Landesplaner in Westsachsen, die seit der Weimarer Zeit auch in persönlicher Kontinuität arbeiteten, ihre Aufgabe anders und waren um tatsächlichen Interessenausgleich bemüht. Daß aufgrund der politischen Zielsetzung durchgreifende Erfolge nicht zu erzielen waren, sollte ihnen nicht angelastet werden. Durch ihre Arbeit gelang es aber, in Einzelfragen Änderungen zu erzwingen und einen noch rigoroseren Raubbau zu verhindern. Dabei wird immer wieder die diffizile Interessenlage der Beteiligten deutlich. Es war im Sinne der Landesplanung, den weiter Raum greifenden industriellen Anlagen auch entsprechende Grünflächen entgegenzusetzen und Erholungsmöglichkeiten zu schaffen, wobei als Vorbild das preußische Gesetz zur Erhaltung des Baumbestandes und zur

---

476 SHStA Dresden, KH Leipzig Nr. 4158.

477 Abschrift aus: Deutsche Bergwerks-Zeitung Nr. 136 vom 15.6.1939 in: SHStA Dresden KH Leipzig Nr. 4202.

Erhaltung und Freigabe von Uferwegen im Interesse der Volksgesundheit vom 18. Juli 1922 wirkte. Bei den Planungen wurde eng mit dem Landesverband Sächsischer Heimatschutz zusammengearbeitet. Wie sehr allerdings die Sorge um ausreichende Grünflächen mit ökonomischen Belangen verknüpft war, zeigt sich in der interessanten Konstellation, daß „eine Belastung der Gemeinden und der Anlieger in unproduktive Grünflächen schwer empfunden“ wurde[478] und die auf landwirtschaftlich hochwertigem Gelände geplanten Aufforstungen auf den Widerstand landwirtschaftlicher Interessenvertreter stieß.[479] Dagegen hatten gerade die Bergbautreibenden durchaus ein Interesse an den Grünflächenplanungen, da dadurch ein Schutz der Bergbauflächen gewährleistet sei, daß Grünflächen eine Bebauung nicht zuließen.[480] Bei der späteren Einbeziehung der Grünflächen in den Bergbau rechnete man - offensichtlich nicht zu Unrecht - damit, daß wesentlich geringere Widerstände zu überwinden waren, als wenn man sich gegen Eigentümer bebauter Grundstücke durchsetzen müßte.

In der Phase der wirtschaftlichen Kriegsvorbereitung war eine größere Zahl an Anlagen zur Mineralölgewinnung vorgesehen. Unter anderem hatte die Gewerkschaft Montania im Frühjahr 1938 einen Braunkohlentagebau und eine Schwelanlage mit einer Kapazität von 725 000 t/a in Lauterbach bei Bad Lausick geplant. Das Lausicker Hermannsbad, einer der wenigen Kur- und Erholungsorte des mitteldeutschen Industriegebietes, war dadurch in Gefahr geraten. Die Leipziger Bezirksstelle der Landesplanungsgemeinschaft äußerte sich von Beginn an ablehnend zu diesem Vorhaben. Bad Lausick hatte bereits 1935 die Verlegung der Kohleabbaugrenzen in größere Entfernung von den Kuranlagen beantragt. Dieser Antrag wurde vom sächsischen Innenministerium abgelehnt, da die Abbaugrenzen angeblich weit genug entfernt lägen, um den Kurbetrieb nicht zu beeinträchtigen. Sie lagen damals nur 1 000 m vom bebauten Stadtkern, 600 m vom Kurpark und 150 m vom Stadtpark entfernt. Der Landrat von Borna hatte sich in Vorbereitung auf die zu erwartenden Auseinandersetzungen im Hessischen Bad Nauheim, das etwa 10 km entfernt des Kraftwerks und Schwelwerks Wölfershain lag, kundig über die dortigen Bedingungen gemacht. Dort erfuhr er, daß die Beeinträchtigungen selbst bei dieser Entfernung verheerend seien. Wiederholt beschwerten sich dort die Ärzte über gesundheitliche Beeinträchtigungen ihrer Kurgäste und auch diese selbst empörten sich zahlreich.

---

478 Die Landesplanung im westsächsischen Braunkohlegebiet, Folge 2, Februar 1930. S.1

479 SHStA Dresden, KH Leipzig Nr. 4172, Bl. 47.

480 SStA Leipzig, BKW Borna AG Nr. 453, Bl. 36.

Das bei Lauterbach geplante Werk sollte dagegen in nur 4 km Abstand von Bad Lausick errichtet werden, so daß wesentlich größere Beeinträchtigungen zu erwarten waren. Die Landesplanungsgemeinschaft ließ von der Preußischen Landesanstalt für Wasser- Boden- und Lufthygiene ein Gutachten anfertigen, das die Abgaseinwirkungen des geplanten Werkes auf die Ortslage diskutieren sollte. Diese gutachterliche Äußerung ist von einer beachtlichen Indifferenz. Zwar werden die Folgen der unbedingt zu erwartenden Abprodukte wie schweflige Säure, Schwefelwasserstoff, organische Schwefelverbindungen und Staub genannt, doch direkte Bezüge zum geplanten Werk werden nur vage hergestellt. So heißt es u. a.: „Durch den Betrieb sind unter gewissen Wind- und Witterungsverhältnissen nachteilige Abgaseinwirkungen für das Bad selbst nicht mit Sicherheit auszuschließen“[481] In der abschließenden Empfehlung werden die Befürchtungen der Verwaltung des Hermannsbades und der amtlichen Dienststellen zwar als sachlich begründet bezeichnet, das Ausmaß der Belästigungen wird jedoch als nicht so groß eingeschätzt, daß der wirtschaftliche Betrieb des Bades nennenswerten Schaden leiden müßte, sofern die gewerbepolizeilichen Bedingungen eingehalten würden. Das Gutachten rief dann auch in der Region deutlichen Unwillen hervor. Gegen die Emission organischer Schwefelverbindungen, wie sie auch nach der Einschätzung der Landesanstalt zu erwarten waren, gab es z. B. bisher keine geeigneten technischen Vorkehrungen; daß die auf 1 500 kg in der Stunde geschätzte Emission von schwefliger Säure keine Auswirkungen auf die Menschen haben würde, mußte ebenfalls stark bezweifelt werden. Der Landrat von Borna, seit Jahren mit den Problemen der Werke in Regis und Böhlen bestens vertraut, bezeichnete das Gutachten als „naive Schönmalerei“. Er fand dann auch den entscheidenden Einwand. Wollte man alle technisch möglichen Vorkehrungen treffen, die zum ordnungsgemäßen Betrieb einer solchen Anlage notwendig erscheinen, stiegen die Kosten in enorme Höhe. Selbst die wirtschaftlich starke ASW hatte sich schließlich gegen die kostenintensiven Elektrofilter u. ä. gewehrt. Sei ein Betrieb wie die Gewerkschaft Montania überhaupt in der Lage, dann den Selbstkostenpreis von 80 RM pro Tonne Teer zu halten, der als Voraussetzung für die Bereitstellung von Reichsmitteln zum Bau des Werkes galt?

Wahrscheinlich gaben diese wirtschaftlichen Überlegungen den Ausschlag dafür, daß Bad Lausick von der Ansiedlung einer Großschwelerei verschont blieb, zumal in geologisch günstigerer Lage in Espenhain ein großes Werk bereits geplant war.

---

481 SHStA Dresden, KH Leipzig Nr. 4207.

5.2.2.3 Die Auseinandersetzungen mit Grundbesitzern - das Beispiel der Freiherren von Friesen

Die Auseinandersetzungen zwischen den Braunkohlenindustriellen und ortsansässigen Grundbesitzern lassen sich gut am Beispiel der Familie von Friesen auf Rötha nachvollziehen. Die Familie war seit 1592 im Besitz umfangreicher Ländereien und mit über 670 ha Grundbesitz eine der vermögendsten in der Region.[482] Im Königreich Sachsen gehörten die Friesens auch politisch zu den einflußreichen Kreisen.

Auch in Sachsen war die Position des niederen Adels im Zuge der Industrialisierung im 19. Jahrhundert stark geschwächt worden. Die Friesens konnten dem durch ihre guten Beziehungen lange Zeit entgehen. Mit dem Übergang zu kapitalistischen Methoden in der Landwirtschaft, hier insbesondere des Gartenbaus konnten sie den seit den 1830er Jahren veränderten Bedingungen weitgehend Rechnung tragen. Der Gartenbau entwickelte sich zum prägenden Produktionszweig dieser Gegend. Am 1.4.1876 wurde im Einvernehmen mit dem Landesobstbauverein für das Königreich Sachsen eine Gärtnerlehranstalt gegründet, die jährlich ca. 40 Lehrlinge zur Ausbildung als Gärtner, Gärtnereigehilfen und Baumwärter aufnahm.[483] Der größte Teil des Bibliothek des französischen Pomologen Decaisne wurde nach dessen Tod aufgekauft, ausgedehnte Obstplantagen und Gewächshäuser angelegt und 1883 eine moderne Obstverwertungsfabrik errichtet.[484] Allerdings stand die Lehranstalt wegen ihrer konservativen Betriebsführung und autoritärer Erziehungsmethoden stark in der Kritik. Der sächsische Gartenbauverband und die sächsischen Baumschulenbesitzer machten Front gegen die Ausbildungsstätte, da sie insbesondere deren Konkurrenz zur Handelsgärtnerei fürchteten.[485] Seit 1886 wurde die Lehranstalt ohne Zuschüsse weitergeführt, mußte aber aus

---

482 SHStA Dresden, Oberlandesgericht Dresden Nr. 479, Bl. 7, (Stand 1929). 1919 waren es noch über 700 ha. Einzig die Familie Krug von Nidda verfügte in der AH Borna über größeres Grundeigentum. SStA Leipzig AH Borna Nr. 8211, Bl. 10.

483 B. W. Schöne, Die sächsische Landwirtschaft, ihre Entwicklung bis zum Jahre 1925 sowie Einrichtung und Tätigkeit des Landeskulturrates Sachsen, Dresden 1925, S. 267.

484 SHStA Dresden, MdI Nr. 15804, Bl. 67, darin auch: Jahresberichte der Gärtnerlehranstalt zu Rötha.

485 SHStA Dresden, MdI Nr. 15804, Bl. 74; B.W. Schöne, Die sächsische Landwirtschaft ..., a. a. O. S. 267f.

finanziellen Gründen 1888 aufgelöst werden.[486] Zwar wurde in Rötha weiterhin ausgebildet, aber in bescheidenerem Umfang.[487]

Im Mittelpunkt stand nun Großproduktion und Obstverarbeitung. Röthaer Obstsäfte und -konserven genossen weit über Sachsen hinaus einen guten Ruf, ebenso wie die Obstgehölze selbst, die in der 1878 gegründeten Baumschule herangezogen und auch ins Ausland u. a. bis nach Amerika exportiert wurden.[488] Die Röthaer Obstweinschänke war für Leipziger Bürger seit 1888 ein beliebtes Ausflugsziel. Zur Zeit der Baumblüte zog es Tausende an den Wochenenden hierher.

Darüber hinaus stellte Schloß Rötha für den Leipziger Südraum einen bedeutenden Kulturfaktor dar. Hervorzuheben sind u. a. die herrliche Schloßanlage mit ihrem gepflegten englischem Park und die Friesensche Bibliothek mit ca. 10000 Bänden. 1721 stiftete die Familie der Röthaer Kirche St. Georg eine Silbermannorgel.[489]

Die traditionsreiche und traditionsbewußte Familie legte viel Wert auf Pflege des kulturellen Erbes.[490] Bei der Auflösung der Familienanwartschaft nach Gesetz vom 9.7.1928, sah der Familienbeschluß vor, eine Familienstiftung ins Leben zu rufen sowie einen Verein zu gründen, dem eine beträchtliche Menge an Kunstgegenständen übereignet werden sollte.[491]

Dem industriellen Fortschritt dagegen standen die Friesens von jeher ambivalent gegenüber. Nur so ist auch zu erklären, daß beim Bau der Eisenbahnstrecke Leipzig - Hof Mitte des vorigen Jahrhunderts das damals unbedeutende Dorf Böhlen Bahnanschluß erhielt und nicht die benachbarte Stadt Rötha.[492] Diese konservativen Bestrebungen lassen sich auch am Testament des Friedrich von Friesen vom 23.12.1867 nachweisen in dem u. a. folgendes festgelegt war: „Die zum Familienfideikommiß gehörigen Güter und

---

486 SHStA Dresden, MdI Nr. 15804, Bl. 123.

487 Bis 1922 wurden insgesamt 975 Personen als Obstbaumwarte ausgebildet, bis 1924 467 Straßenwärter und 126 Amtsstraßenmeister und sonstige technische Beamte, B. W. Schöne, Die sächsische Landwirtschaft ... , a. a. O., S. 268.

488 SStA Leipzig, AH Borna Nr. 3893, Bl. 102.

489 H. Brauße/K. Illge/R. Thiele, Rötha in alten Ansichten, Zaltbommel 1992, S. 27.

490 So war Hermann v. Friesen (1802-1882) Mitbegründer des Sächsischen Kunstvereins.

491 SHStA Dresden Oberlandesgericht Dresden Nr. 479, Bl. 16.

492 Dagegen war Richard von Friesen (1808-1884) als Minister für eine moderate Förderung des Gewerbes und Protektion des Eisenbahnwesens bekannt.

Grundstücke sind stets in ihrem Bestande, Werte und Umfange zu erhalten und zu verbessern."[493] Insbesondere wurde großer Wert auf den Erhalt des Waldes gelegt. Dazu hieß es: „Es darf kein Holz ausgerodet oder in eine andere Kulturart verwandelt werden."[494]

Liquiditätsprobleme der Besitzer so umfangreicher Güter zwangen jedoch zunehmend zur Ausnutzung vorhandener Ressourcen. So ließ man 1892 die Tonvorkommen auf ihre Brauchbarkeit hin untersuchen und die Ausdehnung der Braunkohlenlager erkunden.[495] Eindeutig wurde das Hauptaugenmerk auf eine weitere Entwicklung des Gartenbaus, des Obstbaus und der Obstverwertung gelegt. Das vorsichtige Herantasten an die Erschließung anderer Einnahmequellen muß mehr unter dem Zwang des finanziellen Druckes gesehen werden und war wohl kaum Ausdruck einer Aufgeschlossenheit dem industriellen Fortschritt gegenüber, denn zu dieser Zeit hatten andere Grundeigentümer im Bornaer Raum bereits eine Reihe von Braunkohlenbetrieben eröffnet bzw. die Abbaurechte verkauft.

Mit einigen der Grubenbesitzer hatte Friesen, der größte Grundbesitzer der Gegend, Verträge über die Einleitung von Grubenwässern in Gewässer auf seinen Grundstücken abgeschlossen, wobei er sich das Recht auf jederzeitigen Widerruf vorbehielt.[496] Die Ausbeutung der eigenen Bodenschätze wurde erst um die Jahrhundertwende erwogen. 1901 wurden für ca. 100 ha in Espenhainer Flur Abbaurechte an die Gewerkschaft Margaretha verkauft.

Seit 1909 liefen Verkaufsverhandlungen über Kohleabbaurechte für ein Gebiet von ca. 200 ha. Der vorbereitete Vertrag enthielt u. a. auch Maßregeln über die Wiederherstellung des landwirtschaftlich nutzbaren Bodens. Im § 9 heißt es: „Die Rückgabe ist unzulässig, solange infolge des Abbaus noch Gefahren für die Bewirtschaftung bestehen. Die zurückzugebende Fläche ist in landwirtschaftlich nutzbaren, eingeebneten Zustande mit genügendem Wasserabfluß zurückzugeben ..." Zusätzlich wurde bestimmt: „Der Abbauberechtigte ist dann aber auch verpflichtet, das im Tagebau abgebaute Areal wieder einzuebnen, den Humusboden beim Abbau im Tagebau besonders abzuräumen und nach der Einebnung auf die abgebaute Fläche oben möglichst

493 SHStA Dresden, Oberlandesgericht Dresden, Nr. W479, Bl. 9.

494 SHStA Dresden, OLG Dresden Nr. W 479, Bl. 10.

495 SStA Leipzig, Grundherrschaft (GH) Rötha Nr. 2465, Bl. 7, 19.

496 SStA Leipzig, GH Rötha Nr. 2465, Bl. 43, 56, Verträge mit Wilhelm Herfurth, Borna (8.7.1896), Louis Neumann, Bhf. Kieritzsch (10.8.1899).

gleichmäßig wieder auszubreiten, ohne daß natürlich dieser Humus für jedes Grundstück besonders aufzubewahren wäre."[497]

Im August und Oktober 1913 gelangte der Staat in Besitz von Kohleabbaurechten auf Friesenschem Besitz. Aus den vorliegenden Quellen ist zu erkennen, daß zu dieser Zeit die Kontrolle über Grundbesitz und Kohleabbaurechte von Seiten der Friesens noch voll gegeben war. Doch schon die Veräußerungen in den 20er Jahren wurden unter ungünstigeren Umständen getätigt. Basierend auf dem sächsischen Kohlenregal von 1918 und den folgenden Gesetzen kaufte der Staat und später die ASW Grundstücke in großem Stil. Wurden anfangs noch beträchtliche Summen für den Ankauf bereitgestellt und die Entschädigungen großzügig bemessen, so wurde schon bald der Preis heruntergehandelt, denn die ASW stand wegen ihrer uneffektiven Arbeitsweise und Verschwendung sehr im Kreuzfeuer der Kritik. Die mit dem Erwerb von Grundstücken betrauten leitenden Angestellten der ASW, Dr. Förster und Baurat Held waren wegen ihrer rigorosen Verhandlungsmethoden bei den Grundeigentümern bekannt. Friesen schrieb an Rechtsanwalt Breit in Dresden am 21.8.1928 wegen der Aufwertung der 1923 verkauften Grundstücke: „Die ganze Gegend stand, dies ist durchaus nicht zuviel behauptet, unter dem Terror der beiden oben benannten Beamten .... Die Entschädigungsfrage wurde dauernd verschleppt, mit der Wegnahme der Felder wurde offen und versteckt gedroht, die Mark fiel und fiel ..." Lippendorfer Bauern sollen Held zugerufen haben: „Wenn Sie noch einmal wagen hierher zu kommen, um derartige Anerbieten zumachen, so prügeln wir Sie mit dem Knüppel aus dem Dorfe."[498] Dieses Aufbegehren änderte nichts daran, daß die Bauern laut Friesen durch den „fehlenden Geschäftsgeist" z. T. erheblich unter dem Wert verkauften.

Die in den 30er Jahren erfolgten Verkäufe und Enteignungen weisen aber auch die Friesensche Familie als deutlich in der Defensive aus. Im November 1936 war die ASW an Heinrich von Friesen herangetreten, um für das geplante neue Braunkohlenwerk Espenhain die notwendigen Grundstücke zu kaufen. Neben einer Anzahl kleinerer Bauernhöfe sollte auch das Rittergut Espenhain erworben werden. Heinrich von Friesen notierte sich in Stichpunkten die Bedingungen, die er bei den nächsten Verhandlungen zu stellen gedachte. U. a. wollte er darauf bestehen, daß Austauschflächen bereitgestellt würden. „Ich will nicht noch mehr Land verlieren", notierte er. Außerdem sollten unbedingt die enormen Luftverschmutzungen der

497 SStA Leipzig, GH Rötha Nr. 2849.

498 SStA Leipzig, GH Rötha Nr. 2835.

Braunkohlenwerke zur Sprache gebracht werden.[499] Schon 1933, als in Böhlen das Benzinwerk errichtet werden sollte, hatte v. Friesen seinen Rechtsanwalt aufgefordert, gegen das geplante Werk vorzugehen. „Wir sind, wie sie wissen, mit Rauch und Ruß aus dem Großkraftwerk und den Brikettwerken Böhlen schon reichlich gesegnet. Möglicherweise treten nun zu den Ruß- und Schwefeldämpfen, unter denen wir bereits leiden, auch noch mehr Ruß- und andere Dämpfe aus dem neuen Benzinwerk. Aber jetzt soll doch der Bauer geschützt werden! Noch ist es Zeit solche Schritte zu unternehmen, denn der Bau des Benzinwerkes hat noch nicht begonnen! Aber Eile tut not, denn man scheint schon in nächster Zeit den ersten Spatenstich tun zu wollen."[500] Die Hoffnung, daß die Blut- und Boden- Politik der Nationalsozialisten seinen Grundbesitz vor den heftigen Übergriffen der Braunkohlenindustrie zu schützen vermöchte, erwies sich jedoch als trügerisch.

Mit zahlreichen Einzelprotesten bei verschiedenen Stellen suchte er nun sein Interesse auch im Falle der Luftverschmutzung durchzusetzen. Er wurde nicht müde, bei jedem größeren Gasaustritt sofort mit dem Werk in Verbindung zu treten. Im Frühjahr 1936 telefonierte er mehrfach - auch nachts - mit dem Direktor bzw. leitenden Angestellten des Böhlener Werkes, um seinem Ärger Ausdruck zu verleihen. Über die Telefongespräche in der Nacht vom 19.4. zum 20.4.1936 gegen 24 Uhr berichtete Direktor Michael u. a. daß Friesen sich an alle maßgebenden Landes- und Reichsstellen wenden wolle und „daß er es satt habe, das Schaukelspiel, in dem man versuche, einmal die Brabag und einmal die ASW für die auftretenden Zustände verantwortlich zu machen, weiterhin hinzunehmen. Herr v. Friesen erging sich noch einmal in heftigen Angriffen auf unser Werk Böhlen, wobei er sogar äußerte, daß die Betriebe der ASW eine Sauwirtschaft seien, die den Menschen in der Umgebung nicht einmal mehr das Recht zum Atmen ließen. Auch die Frage der Rußbelästigung und Flugaschenbelästigung wurde herangezogen."[501] Friesen machte in den Telefongesprächen die jeweiligen Gesprächspartner persönlich für die Mißstände verantwortlich und forderte Zivilcourage, um „energisch bei vorgesetzten Stellen zu protestieren. Wenn ein Ingenieur gegen Übelstände nicht anginge, sondern die Gesundheit der Umwelt in Gefahr bringe, dann handle er genauso wenig pflichtgetreu, wie ein Offizier, wenn er das Leben der eigenen Truppe aufs Spiel setze."[502]

---

499 SStA Leipzig, GH Rötha Nr. 2851.

500 SStA Leipzig, GH Rötha Nr. 2833.

501 SStA Leipzig, ASW Böhlen Nr. 692.

502 Ebenda.

Friesen versuchte mit allen Mitteln, seinen Grundbesitz zu erhalten. So betrieb er mindestens seit Anfang 1937 die Anerkennung seines damals noch 549 ha umfassenden Besitzes als Erbhof.[503] Am 29.3.1937 ließ die ASW anfragen, ob Friesen Rötha nicht insgesamt verkaufen wolle. „Ich habe dies abgelehnt mit dem Hinweis, daß er der Stammsitz der Familie sei und ich daher trotz aller Schwierigkeiten, die sich für mich aus der künftigen Lage ergeben werden, mich nicht zu dem schwerwiegenden Schritte entschließen könne, diesen Stammsitz aufzugeben“, notierte sich Friesen.[504] Interessant ist auch, daß im Zusammenhang mit den Espenhainer Verhandlungen eine geschlossene Front der landwirtschaftlichen Betriebe errichtet werden konnte. Am 16.8.1937 fand eine Besprechung der Eigentümer von Grundstücken der Fluren Espenhain, Mölbis und Muckern, die der Tagebauaufschluß betreffen würde, statt. Zwar ging es nicht darum, sich dem Kohlenabbau ganz zu verschließen, da nach dem sächsischen Enteignungsgesetz von 1902[505] die Enteignung ohnehin beschlossen war. Doch sollten im Wege freier Vereinbarung wenigstens die Preise günstiger gestaltet werden, denn nach § 78 war es möglich, daß die Enteignungsbehörde den von den Beteiligten geschlossenen Vertrag bestätigte. Man einigte sich darauf, zuerst die Großgüter in Verhandlung treten zu lassen, an deren erzielten Preisen man sich orientieren könne.

Am 2.10.1937 fand eine weitere Zusammenkunft der Rittergutsbesitzer statt, auf der beschlossen wurde, sich mit den Bauern und der Kreisbauernschaft in Verbindung zu setzen „um eine Einheitsfront herzustellen“.[506] Zu diesem Zweck fand am 8.10.1937 eine Besprechung der Betroffenen statt. Hier konnte zusammengetragen werden, welche Preise in anderen Gegenden für Braunkohlenfelder gezahlt worden waren. Das anfängliche Angebot der ASW von 2000 RM/ha wurde als Unverschämtheit zurückgewiesen. Rittergutspächter Boden (Muckern) forderte dagegen mindestens 4000 RM/ha. Grundlage seiner Berechnung müsse der Wiederbeschaffungswert sein. Nach einem landwirtschaftlichem Gutachten war der Wert des Gutes mit 3800 RM/ha anzusetzen. Die Chance der Wiederbeschaffung war damit trotzdem noch nicht gegeben, da durch die dauernde Beanspruchung bisher landwirtschaftlich genutzten Gebietes im gesamten mitteldeutschen Raum überhaupt, sei es für Zwecke der Wehrmacht, der Industrie, der Reichsautobahn, des Mittellandkanals, der Siedlungen usw. eine

---

503 SHStA Dresden KH Leipzig Nr. 4234.

504 SStA Leipzig, GH Rötha Nr. 2851.

505 GVBl. 1902 S. 153ff.

506 SStA Leipzig, GH Rötha Nr. 2851.

außerordentliche Verknappung an Grund und Boden eingetreten war.[507] Dazu kam noch, daß durch die Unverkäuflichkeit der Erbhöfe der Markt noch weiter eingeschränkt worden war. Infolge der Verhandlungen konnten beim Verkauf der Güter zwischen 3 000 und 4 000 RM erzielt werden. Verglichen mit denen im übrigen mitteldeutschen Raum lagen die Preise aber noch weit unter den in ähnlichen Fällen gezahlten.

Obwohl die Quellen zu einem erheblichen Teil das Bemühen widerspiegeln, möglichst günstig zu verkaufen, wäre es falsch davon auszugehen, daß es sich in der Hauptsache lediglich darum handelt, daß Friesen nur Geschäftsinteresse bekundet und eben den größtmöglichen Gewinn erzielen wollte. Vielmehr sprechen persönliche Notizen und Briefe an Verwandte und Freunde deutlich dafür, daß tatsächlich die Sorge um den jahrhundertealten Besitz, die Naturschönheiten und kulturellen Werte das bestimmenden Element des Handelns bildeten. Daß neben dem Bemühen, den Grundbesitz möglichst dem Zugriff der ASW zu entziehen auch harte Verkaufsverhandlungen geführt wurden, ist nur in der Natur der Sache begründet, da bei ergebnislosen Verhandlungen ohnehin immer die Enteignung mit von Behörden festgelegten Entschädigungen drohte. Für den Aufschluß des Tagebaues Espenhain hatte die ASW schon im Frühjahr 1937 beim Oberbergamt Freiberg die Enteignung ca. 600 ha beantragt. Den Enteignungsbeschluß begründete das Oberbergamt am 6.11.1937 folgendermaßen: „Die Durchführung des Vierjahresplanes erfordert zwingend, daß zur Deckung unseres Treibstoffbedarfes alle Kräfte eingesetzt werden. Dazu bedarf es unbedingt auch der sofortigen Erschließung weiterer Kohlevorkommen und der Errichtung von Anlagen zur Weiterverarbeitung der gewonnene Kohle.“[508]

In der politischen Diskussion um die Beeinträchtigung der Landwirtschaft durch den Braunkohlenbergbau wurden, wenn überhaupt, eher die bäuerlichen Interessen berücksichtigt. So wurden die Rittergüter Espenhain, Muckern und Mölbis vollständig enteignet. Dadurch war nicht nur das für den Tagebauaufschluß notwendige Gelände gesichert, sondern es konnte gleichzeitig Land für die Auffüllung ebenfalls betroffener Erbhöfe gewonnen werden, wie der Landrat von Borna am 24.3.1939 der Landesplanungsgemeinschaft berichtet und unter dem Stichwort „Ansiedlung auf Nicht-Erbhofland bedingt Auflösung größerer Güter“ zur Nachahmung empfiehlt.[509] Schon beim Tagebauaufschluß des Werkes Böhlen Anfang der 20er Jahre

507 SStA Leipzig, GH Rötha Nr. 2851.

508 SStA Leipzig, AH Borna Nr. 5473, Bl. 108.

509 SHStA Dresden, KH Leipzig Nr. 4206.

waren die betroffenen Bauern teilweise mit Land aus Rittergütern entschädigt worden.[510]

Die Chancen für einen Erhalt der Friesenschen Güter schwanden so dahin. In einem Brief an seinen Cousin Stefan von Friesen schreibt Heinrich von Friesen: „Bekanntlich wird mir Espenhain wegen eines Tagebaues weggenommen und mein Wald verschwindet zum größten Teil wegen Anlegung eines Stausees." Bisher habe er die Verhandlungen allein geführt, es ergebe sich aber die Frage, wie weit er den Bogen spannen dürfe, d. h. ob er durch freie Verhandlung weiter komme oder es letztlich auf die Enteignung ankommen lassen könne.[511]

Immer wieder sträubte sich Friesen gegen einen Gesamtverkauf seines Besitzes, drang vielmehr darauf, daß genau die Areale zu benennen wären, die für den Abbau gebraucht würden. Die ASW dagegen, der harten Auseinandersetzungen mit Friesen - auch wegen der ständigen Schadenersatzansprüche wegen Luftverschmutzung[512] - überdrüssig, wollte möglichst komplett erwerben. Friesen war sich im klaren darüber, daß seine Chancen gering waren, kämpfte aber wie ein Löwe um jeden Quadratmeter seines Besitzes. In einem Brief an den o. g. Cousin vom 13.12 1937 berichtet er von einem Gespräch mit Vertretern der ASW, in dem die Bemerkung fiel, „‚daß man doch über alles verhandeln solle, da ja doch von Rötha (nicht Espenhain!) nichts übrigbliebe'. Ich lächelte blöd und liebenswürdig und tat, als ob ich nicht verstünde."[513]

Friesen verstand die ernsthafte Gefahr für seinen Grundbesitz sehr wohl. Das Problem war nur, daß die genaue Entwicklung nicht in allen Einzelheiten vorherzusehen war. Rittergutsbesitzer Brandstetter-Degener (Rüben), mit dem Friesen guten Kontakt pflegte, äußerte bereits im Sommer 1937: „Ich habe den Eindruck, daß die Landwirtschaft in der Umgebung von Böhlen früher oder später erheblich beeinträchtigt werden wird, zumal seit im Osten unseres Bezirkes ein neuer Tagebau erschlossen wird. Vielleicht wäre ein Verkauf heute günstiger als in 10 oder 20 Jahren."[514] So bereitete sich auch Friesen darauf vor, Rötha vollständig zu verlieren. Vor dem Verkauf wollte er aber die schriftliche Bestätigung einholen, daß die Anerkennung seines Besitzes als

---

510 A. Frh. v. Hammerstein, Die Entwicklung der Landwirtschaft in Nordwestsachsen und ihre Beziehungen zum Braunkohlenbergbau, Diss. Leipzig 1933, S. 27.

511 SStA Leipzig, GH Rötha Nr. 2851.

512 Siehe Kap. 5.2.3.

513 SStA Leipzig, GH Rötha Nr. 2851.

514 SStA Leipzig, GH Rötha Nr. 2851.

Erbhof auch auf einen eventuell neu zu Erwerbenden übertragen würde. Vorläufig versuchte Friesen jegliche Übereinkunft mit der ASW zu vermeiden. Am 30.6.1937 bat er um die Mitwirkung der Landesplanung, da er der am meisten betroffene in dieser Angelegenheit sei. Der ASW kündigte er jegliche Kooperationsbereitschaft auf und erteilte fortan nur noch Genehmigungen (z. B. zum Betreten seiner Grundstücke, dem Bau von Leitungen usw.), zu denen er gesetzlich verpflichtet war.[515] Nach langwierigen Verhandlungen erzielte Heinrich von Friesen ca. 3200 RM pro ha.[516] Das war längst nicht soviel, wie er erwartet hatte und hätte für den Erwerb neuer Grundstücke kaum ausgereicht. Da das Rittergut außerdem sehr hoch hypothekarisch belastet gewesen war, wurde der größte Teil des Erlöses an die Gläubiger ausgezahlt.[517]

Aufgrund „heimtückischer Äußerungen" wurde Heinrich von Friesen am 10.9.1943 inhaftiert und vor das Leipziger Sondergericht gestellt. Die Anklagepunkte bezogen sich auf verschiedene Ausführungen Friesens, sowohl über die militärische Lage als auch über die NS-Führungsriege. Unter anderem wurden ihm auch negativ wertende Äußerungen über die Wirtschaftspolitik vorgeworfen, die in besonderem Zusammenhang mit seinen Streitigkeiten mit der ASW standen. Immerhin hatte Friesen bis dahin fast die Hälfte seines Grundbesitzes wegen des Kohleabbaus eingebüßt. Im einzelnen führte er zu seiner Verteidigung u. a. folgendes aus: „Seit einigen Jahren führe er schwierige Verhandlungen mit den, Sächsischen Werken', die zur Errichtung ihrer industriellen Unternehmungen Teile seiner Ländereien hätten erwerben wollen. Von dem Rittergut seien auch bereits 140 ha Acker und 74 ha Wald für den Bau eines Stausees abgetrennt worden. Daß so aus den blühenden gartenbaulich genutzten Ländereien jetzt Kohlenabbau betrieben (werde) und andere industrielle Werke entstanden seien, habe ihn sehr bekümmert. Weil auch bei den Verhandlungen mit den Sächsischen Werken, wobei sogar von der Enteignung seines Schlosses die Rede gewesen sei, ihm viele Widerstände staatlicher und Parteistellen entgegengesetzt worden seien, weil er ferner die Absicht gehabt habe, sein Schloß in ein Museum oder dgl. umzuwandeln, ihm aber durch die Verwaltungsstellen gesagt worden sei, man könne dieserhalb nicht an den Gauleiter Mutschmann herantreten, da er herzkrank und Choleriker sei, sei er (der Angeklagte) verbittert gewesen."[518] Bei der Urteilsfindung hielt ihm das Gericht diese wirtschaftlichen Schwierigkeiten

---

515 SStA Leipzig, GH Rötha Nr. 2851.

516 SStA Leipzig, ASW Espenhain, Nr. 576, Bl. 16.

517 SStA Leipzig, ASW Espenhain Nr. 577.

518 SStA Leipzig, Landgericht Leipzig Nr. 3299, Urteil S. 5.

tatsächlich zugute, insbesondere, daß er „namentlich eine durch die sächsischen Werke verursachte Entwicklung vor Augen sah, die ihm als Eigentümer eines alten Familienbesitzes besonders berühren mußte“[519]. Seine nervöse und leicht erregbare Art wurden ebenfalls diesen besonderen Umständen zugeschrieben. Insgesamt kam Heinrich von Friesen mit einer Gefängnisstrafe von 10 Monaten davon, was im Vergleich mit anderen Urteilen nach dem Heimtückegesetz außerordentlich milde erscheint. Sicher hat dazu auch beigetragen, daß Friesen nach dem Scheitern des Attentats vom 20. Juli 1944 „als Ausdruck seiner Genugtuung über das Mißlingen des Anschlages“ einen Betrag von 5000 RM spendete.[520]

Es ist nicht nachzuweisen, ob diese Spende Friesens u. U. als eine Schutzgeste gewertet werden muß, um den Verdacht abzuwenden, Kontakt zu Widerstandsgruppen unterhalten zu haben. Die Anklage jedenfalls wußte zu berichten, Friesen habe geäußert „wenn der Krieg vorbei sei, werde das Offizierskorps die Regierung übernehmen und die SS würde man verschwinden lassen“.[521]

Das Verhalten der Freiherren von Friesen zum Industrialisierungsprozeß im Leipziger Südraum bettet sich in mehrere Entwicklungslinien ein, die sich in bestimmtem Maße überlagern. Beginnend bereits im 19. Jahrhundert setzte mit der Industrialisierung ein Prozeß ein, der den wirtschaftlichen Machtverlust des Adels einleitete. Spätestens seit 1832 (u. a. Agrarreformgesetze vom 17.3.1832 und vom 1.1.1833, Aufhebung der Patrimonialgerichtsbarkeit zum 1.10.1856) geriet der Adel unter erhöhten Anpassungsdruck. Der niedere Adel fiel dem bereits im 19. Jahrhundert verstärkt zum Opfer. Trifft dies für so bedeutende Familien wie die Friesens noch nicht zu, so ist doch die Trendwende unverkennbar. Im gleichen Zeitraum war auch ein deutlicher Rückgang des politischen Einflusses des Adels zu verzeichnen, wenn auch wiederum die Friesens insgesamt eher davon profitierten, da sie sich sehr zeitig auf neue Bedingungen einzustellen vermochten. Erlitten die Friesens aufgrund ihrer insbesondere politisch einflußreichen Stellung im 19. Jahrhundert noch kaum reale Machteinbußen, gerieten sie im 20. Jahrhundert, spätestens jedoch nach 1918 ebenfalls unter Druck. Dazu kommt, daß die etwa seit der Jahrhundertwende im Leipziger Südraum rasch voranschreitende Industrialisierung vollständig vom Standortfaktor Braunkohle bestimmt wird, mit allen damit verbundenen Problemen für die Struktur und Umwelt dieses Territoriums. Da die Verbürgerlichungsbestrebungen der Friesens sich von

519 Ebenda, S. 16.

520 Ebenda, S. 15.

521 Ebenda, S. 8.

Beginn an auf eine große Nähe zu Landwirtschaft richteten und die Nutzung der Bodenschätze nur in geringem Maße in Betracht gezogen wurde, mußten Konflikte mit der aufstrebenden Braunkohlenindustrie unvermeidlich sein.

Doch auch das sächsische Kohlenregal von 1918[522] ist als besondere Konfliktursache anzusprechen. Es entzog den Grundeigentümern, denen bis dahin das Recht auf Gewinnanteil am Unterirdischen zustand, mit Gesetz vom 21.7.1919 diesen Vorteil,[523] so daß es kaum noch möglich war, kohleführendes Land wirklich gewinnbringend zu veräußern. Zwar waren die Friesens auch vor 1918 offensichtlich nur mäßig daran interessiert, die Ausbeutung der Bodenschätze zu betreiben. Doch es stellt sich die Frage, wie deren Reaktion auf die spätestens seit 1924 chronischen Liquiditätsprobleme gewesen wäre, hätten sie die Chance gehabt, eine beträchtliche Einnahmequelle zu erschließen. Unter den gegebenen Umständen war der wirtschaftliche Ruin aber kaum aufzuhalten. Letztlich verhinderten der Bodenentzug und die aus den industriellen Anlagen resultierenden Beeinträchtigungen den Übergang zu einem gärtnerischen Großbetrieb, der auf lange Sicht effektiv hätte bewirtschaftet werden können.

Gewiß nicht zu unterschätzen ist aber auch das persönliche Engagement und wertkonservative Überzeugungen der Friesens zumindest was die Art der Konfliktaustragung betrifft. Bei einem Gesamtverkauf wäre die ASW Heinrich von Friesen finanziell sehr entgegengekommen, da auf diese Weise mit einem Mal viele Probleme und Auseinandersetzungen erspart geblieben wären. Auch die Bereitstellung anderer Grundstücke hätte bei prinzipiellem Einverständnis Friesens sicher leichter gelöst werden können. Den jahrhundertealten Stammsitz der Familie aufzugeben, konnte sich Heinrich von Friesen aber nicht entschließen. Gerade darin besteht seine besondere Stärke. So blieb ihm nur die jahrelange Auseinandersetzung mit der ASW, Behörden und schließlich auch der NSDAP.

Auch in der Gegenwart gibt es einen nahezu identischen Fall von Verweigerungshaltung und zwar im Zusammenhang mit den Atomprojekten von Gorleben. Schon 1978 waren Andreas Graf Bernstorff mehr als 35 Mio Mark dafür geboten worden, daß er die für eine Wiederaufbereitungsanlage notwendigen Grundstücke verkauft. Bernstorff verkaufte nicht, „denn das ist auch eine Frage der Moral - zu zeigen, daß man mit Geld nicht alles kaufen kann. Und irgendwie steckt das in einem auch noch drin, daß man mit

---

522 GVBl. 1918 S. 153.

523 GVBl. 1919, S. 195.

Grund und Boden nicht umgehen darf, wie mit jedem x-beliebigen Besitz."[524] So scheint es, daß traditionsbewußtes Verhalten allzu euphorischer Fortschrittsgläubigkeit etwas entgegenzusetzen vermag, insbesondere natürlich dann, wenn Besitz und Einfluß als Machtfaktoren geltend gemacht werden können. Im Falle der Friesens waren aber diese Komponenten im Dritten Reich bereits zu schwach, um die gigantischen Produktionspläne der nationalsozialistischen Wirtschaftsplaner aufzuhalten. Neben dem Ausbau Böhlens erfolgte 1938 doch der Neuaufschluß des Tagebaues Espenhain und die Einrichtung weiterer Verarbeitungskapazitäten.

5.2.3 Konkurrierende Wassernutzung

Mit den Ausbauplanungen der braunkohleverarbeitenden Betriebe in Sachsen stellten sich neue Probleme dar. Deshalb wurden für Schwelereien Bergpolizeivorschriften erarbeitet, die am 1.5.1936 in Kraft traten.[525] Neben Bestimmungen des Arbeits- Brand- und Katastrophenschutzes beinhalteten diese auch umweltrelevante Bestimmungen. So wurde im § 8 gefordert: „Der Betrieb ist so zu gestalten, daß gemeinschädliche Einwirkungen, besonders durch Rauch, Staub oder Flugasche, Abgase und Abwässer der Schwelerei vermieden werden. Dies gilt auch für den Fall, daß Schwelgase in die freie Luft abgeführt werden." Nach aller Voraussicht war auch mit stärkeren Wasserbeeinträchtigungen zu rechnen. Der Schutz der Wasserläufe wurde gleich mehrfach im Gesetz angemahnt, u. a. im § 2: „Bei der Anlage ist außerdem auf Wasserläufe aller Art besondere Rücksicht zu nehmen. Die Anlagen sind so einzurichten, daß die Wasserläufe durch Abfallstoffe jeder Art nicht verunreinigt werden. Dies muß bei Einreichung des Betriebsplans beachtet werden." Einerseits wurden also die Vorschriften für Schwelereien präzisiert, andererseits gerade im Interesse des schnellen Ausbaus kriegswichtiger Industrien die Möglichkeiten genauer Prüfung der geplanten Projekte eingeschränkt. So wurde im Februar 1936 in einer Änderung des sächsischen Wassergesetzes das vereinfachte Genehmigungsverfahren ermöglicht.[526]

Die Brabag Böhlen nahm Anfang 1936 den Betrieb auf, noch vor Verkündung des Vierjahresplanes, in dem dann von Hitler gefordert wurde,

---

524 Die ZEIT, 7.1.1994, S. 63.

525 Sächsisches Verwaltungsblatt I, 1936 S. 205.

526 R. Fischer, Die Wirkung der Wassergesetze als Schutz der Benutzung der Gewässer unter besonderer Berücksichtigung des preußischen und sächsischen Gesetzes, Diss. Dresden 1937, S. 36.

binnen 18 Monaten den Ausbau der deutschen Brennstofferzeugung zum Abschluß zu bringen. Mit dem Aufbau des Hydrierwerkes wurden auch neue Anlagen der ASW errichtet. Das neue Schwelwerk war für die Versorgung der Hydrierung gedacht. Es sollten im Jahr 200 000 t Teer erzeugt werden. Für den Brikettbedarf von 4 850 t/d wurde eine neue Brikettierungsanlage gebaut.[527]

Die neuen Anlagen in Böhlen brachten u. a. einen bedeutenden Anstieg des industriellen Wasserbedarfes. Nach ursprünglichen Plänen sollte das neue Schwelwerk über Grundwasserbrunnen versorgt werden, was bei der ohnehin angespannten Wassersituation von den Behörden nicht genehmigt werden konnte, zumal eine weitere Ausdehnung der Tagebaue vorgesehen war. Der Wasserbedarf für die Hydrierung betrug schätzungsweise 750-1 500 m³/h. Es wurde vereinbart, dieses Wasser aus der Pleiße zu entnehmen, die in Zeiten geringer Wasserführung jedoch selbst nur 3 600 m³/h aufwies.[528] Für die Wasserversorgung der ASW und Brabag wurde 1935 die Gauliser Mühle gekauft und dort ein Wasserwerk errichtet.

Da für das Schwelwerk keine geeigneten, kostengünstigen Entphenolungsverfahren zur Verfügung standen, wurden die phenolhaltigen Abwässer der Schwelerei und Hydrierung gemeinsam der Abwasserbehandlung unterzogen. Sie wurden zuerst in einer Trikresyl-Phosphatanlage behandelt, in der Phenole mittels Lösungsmittel extrahiert wurden. Die so gewonnenen Phenole wurden weiterverarbeitet, die restlichen Abwässer mit Asche vermischt und entgast. Bei den verbleibenden Abwässern rechnete man mit einem Phenolgehalt von 1 mg/l. Sie sollten gemeinsam mit anderen Böhlener Abwässern der Pleiße zugeführt werden, wobei mit einer Verdünnung auf Hundertstel mg/l gerechnet wurde.[529]

Für Schwelereiabwässer war bereits ein biologisches Klärverfahren, das sogenannte Magdeburger P-Verfahren oder Nolte-Verfahren erfolgreich getestet. Beim Magdeburger P-Verfahren wurden phenolabbauende Bakterien eingesetzt, die durch Zugabe von Phosphor- und Stickstoffverbindungen günstige Entwicklungsbedingungen erhielten.[530] In Böhlen entschied man sich aus wirtschaftlichen Gründen jedoch für eine gemeinsame Entsorgung beider Abwasserarten. Eine Bekanntmachung über die beabsichtigte Einleitung des Abwassers in der Öffentlichkeit erfolgte nicht. Am 10.7.1936 wurde die von der Amtshauptmannschaft Borna die wasserpolizeiliche Erlaubnis erteilt, mit

527 SStA Leipzig, AH Borna Nr.7357, Bl. 41.

528 SStA Leipzig, AH Borna Nr. 7357, Bl. 28.

529 Ebenda, Bl. 29.

530 A. Thau, Leitfaden der Braunkohlenchemie, Halle 1949, S. 210.

der Auflage, daß jedes der Werke den Phenolgehalt der Pleiße um nicht mehr als 0,2 mg/l erhöhen dürfe. Man ging davon aus. daß der Phenolgehalt oberhalb der Einleitungsstelle 0,1 mg/l betrüge und ein Gehalt von 0,5 mg/l als unschädlich angesehen werden müsse.[531] Allerdings sollten innerhalb eines Jahres Vorschläge für eine Senkung gemacht werden. Die Werke hatten darüber hinaus den Phenolgehalt der Pleiße täglich festzustellen und zu protokollieren. Außerdem wurde eine monatliche Überprüfung des Wassers durch eine unabhängige Stelle eingeführt.[532]

Betriebsinterne Informationen über die Funktionsweise der Entphenolung sprechen davon, daß die Trikresyl-Phosphatanlage weit hinter den geplanten Ergebnissen zurücklag. Der Gehalt an Restphenolen lag wesentlich höher als ursprünglich angenommen und auch der Lösungsmitteleinsatz war wesentlich zu hoch, um eine wirtschaftliche Betriebsführung zu gewährleisten. Das lag besonders daran, daß Schwelereiabwässer und Hydrierabwässer, die unterschiedliche Zusammensetzung hatten, gemeinsam behandelt wurden.[533]

Den Behörden waren in bezug auf die zu erwartenden Wasserverunreinigungen kaum Eingriffsmöglichkeiten gegeben. Deshalb betonten die Amtshauptmannschaft und das Bergamt: „Eine Versagung der beantragten Erlaubnis auf Einleitung von Betriebsabwässern ist ausgeschlossen, da es sich bei dem Unternehmen der Antragstellerin und der Braunkohle-Benzin-Akt.-Ges. um eine Anlage handelt, die im Interesse der Reichsverteidigung errichtet werden mußte." Es stand aber fest, daß durch die Einleitung eine wesentliche Verunreinigung der Pleiße verursacht würde und daß durch die Neuartigkeit der Anlage für Behörden und Sachverständige schwer zu beurteilen sei, welche Nachteile für „Publikum und Nachbarschaft zukünftig erwachsen können".[534]

Zu diesem Zeitpunkt bestanden allerdings schon erste Erfahrungen mit der Verunreinigung des Pleißewassers durch den Betrieb, denn seit Produktionsaufnahme hatte sich die Wasserqualität schlagartig verschlechtert. Die Kurvendiagramme zeigen deutlich die erheblichen Beeinträchtigung des

---

531 Problematisch an Abwässern ist jedoch immer auch deren besondere Zusammensetzung. So enthielten die Schwelereiabwässer neben ein- und mehrwertigen Phenolen z. B. auch Fettsäuren und Ammoniak und waren überdies erwärmt Das Problem synergistischer Wirkung kann hier aber nicht behandelt werden.

532 SStA Leipzig, AH Borna Nr. 7357, Bl. 146.

533 SStA Leipzig, Brabag Böhlen Nr. 96 II-4-b/2.

534 SStA Leipzig, AH Borna Nr. 7357, Bl. 148ff.

Flusses im Jahr 1936 gegenüber 1935, wie sie sich dem Leipziger Tiefbauamt an der Stadtgrenze darstellten.[535]

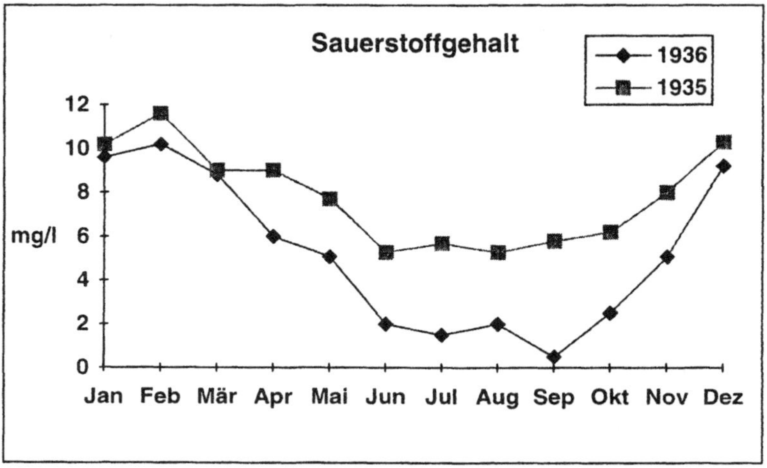

Abbildung 1

535 SStA Leipzig, ASW Böhlen Nr. 692.

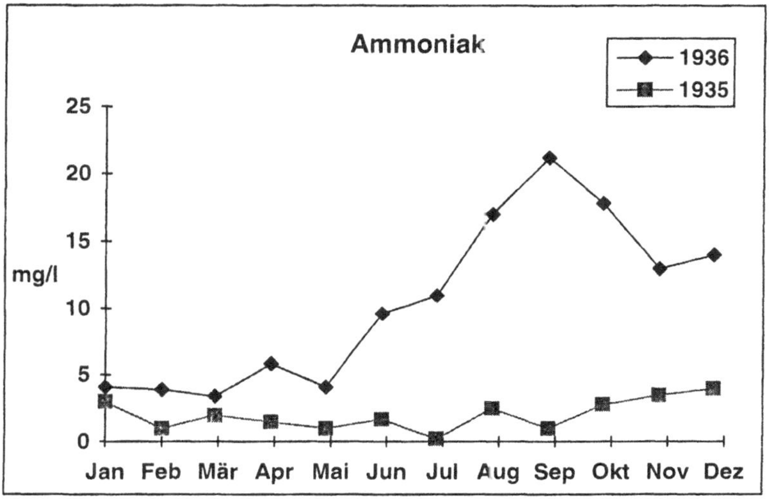

Abbildung 2

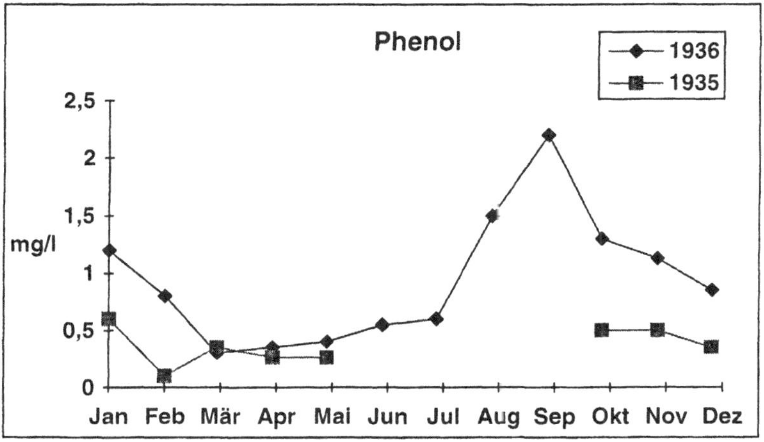

Abbildung 3

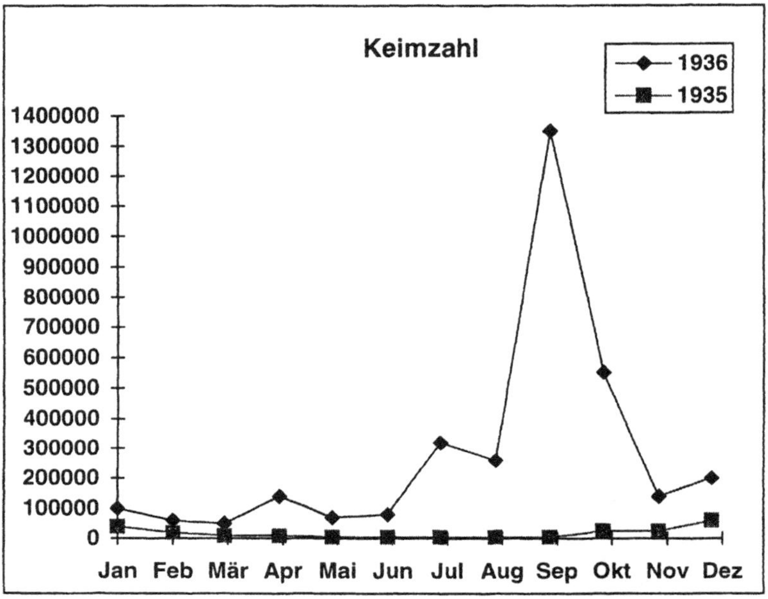

Abbildung 4

Wie an den Diagrammen deutlich zu erkennen, wurde die Verunreinigung der Wasserläufe mit der Inbetriebnahme der chemischen Braunkohlenverwertung zu einem ernsthaften und andauernden Problem. Den Phenolgehalt der Pleiße betreffend, waren die Probleme durchaus an denen des Ruhrgebiets meßbar.[536] Neben den geschädigten Fischereibetrieben, die bereits durch die Wasserverschmutzung in den 20er Jahren immer wieder geschädigt wurden, waren jetzt auch verstärkt Gewerbebetriebe betroffen, die den Zustand der Pleiße nicht mehr tolerieren konnten. Das Wasserbauamt Leipzig berichtete z. B. über ein großes Fischsterben am 21.7.1936: „Sämtliche Rechen mußten den ganzen Tag über gereinigt werden, damit die toten Fische nicht noch mehr üblen Geruch verbreiten."[537] Es wurde geschätzt, daß ca. 60-70 Zentner toter Fische in Leipzig angeschwemmt wurden. Nach heftigen Protesten Leipzigs vorgenommene Messungen ergaben am Auslauf der ASW eine Konzentration

---

536 Nach der täglichen Ruhrprobe in Essen ergab sich für die Jahre 1943-52 ein durchschnittlicher Wert von ca. 0,12 mg/l; vgl.: U. Förstner (Hg.):Schadstoffe im Wasser, Bd. 2, Boppard 1982, S. 90.

537 SStA Leipzig, AH Borna Nr. 7359 Bl. 8.

von 70 mg/l Phenol.[538] Das Gaschwitzer Gemeindebad mußte geschlossen werden, andere Bäder stellten Ihre Wasserversorgung mit großem finanziellen Aufwand auf Leitungswasser um.

Im Sommer 1935 waren insgesamt 10 Einsprüche gegen die beantragte Wasserbenutzung durch die ASW und Brabag bei der Amtshauptmannschaft eingegangen. Neben zwei Unterhaltungsgenossenschaften, die offensichtlich befürchteten, bei zunehmender Verschmutzung für die Reinigung verantwortlich gemacht zu werden, verwahrten sich neben einem Rittergutsbesitzer und dem Bürgermeister der Gemeinde Kreudnitz die Besitzer einer Pappenfabrik in Trachenau sowie 5 Mühlenbesitzer dagegen.[539] Durch Wasserentzug, Flußverlegungen und Verschmutzung hatten gerade diese Betriebe besonders zu leiden. Einige hatten andererseits durch die erweiterten Tagebaue, die in immer größeren Mengen Wasser heben und in das Flußsystem bringen mußten, auch zeitweise Vorteile.

Auf andere Weise waren die landwirtschaftlichen Betriebe betroffen. Zum einen wurde ihnen das Grundwasser entzogen, was zum Trockenfallen von Brunnen führte und die Auewiesen und -wälder erheblich beeinträchtigte, andererseits brachten die regelmäßigen Überschwemmungen im Auengebiet seit Zunahme der Verschmutzung nicht mehr den gewünschten Düngungseffekt, sondern führten zu Vegetationsschäden. Im Einspruch des Rittergutsbesitzers Brandstetter-Degener heißt es deshalb: „Das Wasser hat oft eine tiefschwarze Färbung, stinkt und ist selbst zur Besprengung nicht geeignet, geschweige denn, daß der frühere Fischreichtum vernichtet ist. Selbst bei Hochwasser, wo das Verhältnis des Pleißewassers zu den Abwässern ein günstiges ist, bestand schon immer die Gefahr, die überschwemmten Fluren durch allzu große Abwässerbestandteile vergiftet werden. Wenn der Plan der ASW ausgeführt wird, wird in Zukunft die Pleiße hauptsächlich Abwässer führen.“ Er forderte deshalb: „Abwasser dürfen in Zukunft nur in die Pleiße geleitet werden unter der scharf beobachteten Bedingung, daß die Fischzucht

---

538 Ebenda, Bl. 43, Der Jahresmittelwert der täglichen Ruhrprobe in Essen 1943 betrug 0.18 mg/l, U. Förstner (Hg.): Schadstoffe im Wasser, Bd. 2 Phenole, Boppard 1982 S. 90.

539 SStA Leipzig, AH Borna Nr. 7357, Bl. 70ff. Das ist insoweit auch ein Hinweis auf die Gewerbestruktur des Gebietes, als hier außerordentlich viele Wassermühlen existierten. Nach den statistischen Erhebungen des Jahres 1913 war die KH Leipzig in Sachsen die mit der größten Anzahl an Mühlen (29,6 %). Hier wurde auch die größte Getreidemenge, vermahlen. Mehr als ein Drittel der Gesamtmenge wurde hier produziert. Mit 74,7 % überwogen in Sachsen die Wassermühlen. Allein in der AH Borna waren von 92 Mühlen 84 von Wasserkraft getrieben; ZSStLA 1913, S. 225ff.

wieder möglich wird es gilt jetzt, begangenes Unrecht nicht zu vergrößern und zu verewigen sondern gutzumachen.“[540] Das Bemerkenswerte an diesem Brief ist, daß hier erstmals eine Forderung auftaucht, die nicht den Status quo zu erhalten sucht, sondern einen Zustand herbeiführen soll, der den früher üblichen Gemeingebrauch wieder möglich machen soll. Gerade diese Passage stieß bei der Behörde auf heftigen Widerstand. Sie wurde als Versuch interpretiert, aus der Abwassereinleitung Nutzen zu ziehen. Dazu aber sei die Maßnahme, „die dazu beitragen soll, das Reich sobald wie möglich in der Treibstoffversorgung unabhängig zu machen, nicht da.“[541] Damit wird also Mitte der 30er Jahre davon ausgegangen, daß die traditionellen Wassernutzungen der Pleiße ohnehin nicht mehr gegeben seien, wobei die Pleiße inzwischen unter den Flüssen verbucht wird, wie man in den 20er Jahren noch Ruhr oder Emscher einstufte. Mit dem deutlichen Hinweis darauf, daß eine öffentliche Verhandlung überdies nur die kostenpflichtige Zurückweisung des Einspruches zur Folge hätte, wurde Brandstetter-Degener praktisch zum Rückzug gezwungen. Ähnlich erging es auch den anderen Einspruchererhebenden.[542]

Der Regierungspräsident von Merseburg, über das Vorhaben der ASW informiert, hatte sich ebenfalls bedenklich über die Abwasserverhältnisse geäußert, da die Stadt Halle einen Teil ihres Trinkwasserbedarfes aus der Elster deckte. Er verwies auf die guten Erfolge des Ammoniakwerkes Merseburg, das durch Verspülung des Abwassers auf Halde keine Beeinträchtigung des Saalewassers hervorrufe. Zwar wurden im Grundwasser immerhin 0,001 mg/l Phenol gefunden, was aber als phenolfrei angesehen wurde.

Diese ebenfalls zweifelhafte Entsorgungsmethode machte Schule. Zwar war im November 1936 verboten worden, daß Schwelereiabwässer in den Boden gelangen, doch das Böhlener Werk verspülte seine Abwässer mit einem Gehalt von 1 300 mg/m³.[543] Darauf gingen die phenolbedingten Gewässerbelastungen zunächst zurück. Am 22.2.1938 beantragte die ASW offiziell die Zulassung dieser Verfahrensweise beim Oberbergamt. Stündlich sollten 15-20 m³ Schwelwässer in den 1926 beim Spülkippenbruch entstandenen Schlammteich des Tagebaues versickern. Da diese Art der Abwasserentsorgung sehr umstritten war, rief das bei verschiedenen Institutionen Bedenken hervor. Auch das Oberbergamt befürchtete später auftretende Probleme z. B. bei der

540 SStA Leipzig, AH Borna Nr. 7357, Bl. 86ff.

541 Ebenda, Bl. 88.

542 Ebenda, Bl. 147.

543 SStA Leipzig, AH Borna Nr. 7358, Bl. 175.

Trinkwasserversorgung. Deshalb wurden mehrere Gutachten in Auftrag gegeben. Es äußerten sich das Sächsische Geologische Landesamt, die Gewerbeaufsicht Leipzig sowie die Preußische Landesanstalt für Wasser- Boden- und Lufthygiene. Im wesentlichen waren die Äußerungen zustimmend. Übereinstimmend wurde festgestellt, daß eine Gefährdung des Grundwassers nur dann möglich sei, wenn der Böhlener Tagebau zum Erliegen käme und das steigende Grundwasser u. U. die im Boden gespeicherten Phenolmengen wieder aufnehmen könne. Im übrigen böten die regelmäßigen Wasseranalysen (u. a vierteljährlich durch die Preußische Landesanstalt für Wasser-, Boden- und Lufthygiene) ausreichend Gewähr für eine problemlose Entsorgung.[544] Der vom Oberbergamt für längstens 3 Jahre befürwortete Antrag wurde vom Sächsischen Ministerium für Wirtschaft und Arbeit am 29. Juni 1940 bis Ende 1941 genehmigt unter der Auflage, „alsbald“ mit dem Bau einer Entphenolungsanlage zu beginnen. Monatliche Berichte zum Fortgang der Arbeiten wurden gefordert. In ähnlicher Weise wurden die Arbeiten am Neubau Espenhain überwacht. Hier war es geplant, die phenolhaltigen Abwässer in den alten Tiefbauschacht „Margarethe“ zu verbringen, dagegen erhob sich aber auch innerbetrieblich Protest.[545] Im Gegensatz zum Zeitz-Weißenfelser Revier, wo phenolhaltige Abwässer in tiefere Erdschichten versenkt wurden, legte man in Sachsen besonderen Wert darauf, daß tiefere Grundwasserzonen nicht betroffen werden dürften, um die Trinkwassergewinnung nicht zu gefährden.[546]

Die Beschwerden über Wasserverschmutzung, die seit 1936 gehäuft auftraten, gingen durch die Verspülung des Schwelwassers ins Erdreich zunächst zurück.

---

544 SStA Leipzig, AH Borna Nr. 7358, Bl. 212.

545 SStA Leipzig, ASW Espenhain Nr. 136

546 H. Barthel, Braunkohlenbergbau und Landschaftsdynamik. Ein Beitrag zum Problem der Beeinflussung der Kulturlandschaft in den Braunkohlenrevieren, dargestellt am Beispiel des Zeitz-Weißenfelser Reviers, Gotha 1962, S. 217.

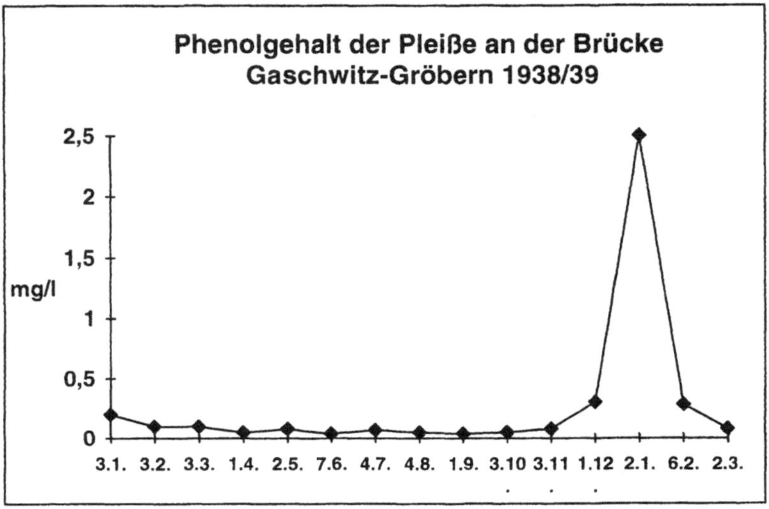

Abbildung 5

Trotzdem kam es bei Betriebsstörungen nach wie vor zu erheblichen Belastungen wie z. B. der Meßwert vom 2.1.1939 zeigt.[547] Die Verlagerung des Problems vom Wasser auf den Boden verzögerte seine Wahrnehmung. Wie die Proben der Tagebauwässer der Jahre 1937/38 beweisen, kam schon recht bald das Phenol wieder zum Vorschein. Bei der Entnahme aus der Südlichen Grenzstrecke des Oberflözes, wo sich das Problem am deutlichsten zeigte, waren noch im Dezember 1937 deutlich unter 0,5 mg/l gemessen worden. In den folgenden Monaten stieg der Meßwert unaufhörlich an und erreichte im März einem vorläufigen Höhepunkt, indem die Werte zwischen 1,5 und 3,0 mg/l schwankten.[548] Wie problematisch die vermeintliche Lösung des Verspülens der Abwässer war, wurde auch schon wenige Wochen nach erteilter Genehmigung sichtbar. Am 4.8.1940 kam es zu einem Einbruch des phenolhaltigen Abwassers, das 2 Tage lang an die Pleiße abgegeben wurde.[549]

Dabei ist zu beachten, daß nicht nur die Schwelereibetriebe, sondern auch das Benzinwerk phenolhaltige Abwässer ableiteten. So wurde vom Brabag-

547 SStA Leipzig, ASW Böhlen Nr. 589.

548 SStA Leipzig, ASW Böhlen Nr. 908. Auf welche Weise hier gegengesteuert worden ist, war leider nicht zu ermitteln. Auch die Meßreihe bricht bedauerlicherweise Ende März 1938 ab.

549 SStA Leipzig, AH Borna Nr. 7359 Bl. 132.

Werk Böhlen für den September 1939 vermerkt, daß von der Pleiße 637 600 m³ Wasser mit einem Phenolgehalt von 0,05 mg/l bezogen und ca. 700 000 m³ mit einem Gehalt von 0,23 mg/l abgegeben worden sein.[550]

Auf wiederholte Beschwerde der Landesbauernschaft wurden auch vom Sächsischen Minister für Wirtschaft und Arbeit immer wieder Anordnungen getroffen, die dem Schutz der Gewässer dienen sollten (5.10.1939, 21.8.1940). Zwar wurde hervorgehoben: „Die schädlichen Einleitungen stellen ein Vergehen gegen die Interessen der Volksgemeinschaft dar. Gegen deren Urheber ist deshalb, wenn sie einwandfrei festgestellt worden sind, sofort mit den schärfsten Mitteln vorzugehen."[551] Jedoch ist von Bestrafungen, nichts bekannt.

Die Phenolentsorgung gestaltete ich außerordentlich schwierig. Eine Phenolgewinnung wäre ebenfalls denkbar gewesen. Sie war jedoch erst mit der Errichtung großer Werke, die bedeutende Mengen an Phenol erzeugten, wirtschaftlich geworden. Dazu kam auch der durch die Kunststofferzeugung als Ersatzstoffgewinnung stark angestiegene Bedarf an Phenolen. Zu einem Rückgang der Flußbelastung sollte es dementsprechend nach einer weiteren Kapazitätserweiterung des Böhlener Schwelwerkes und der Errichtung eines Braunkohlengaswerkes sowie dem Bau des Phenoplastwerkes im Zusammenhang mit der Errichtung des Braunkohlenwerkes Espenhain kommen. Diese Harz- und Preßmassenfabrik zählte 1940 zu den besonders dringlichen Bauvorhaben. Etwa 10 Tonnen Rohphenol sollten pro Tag verarbeitet werden, so daß grundsätzlich mit einer Besserung der Wasserverhältnisse gerechnet wurde.[552] Zur Lieferung entsprechender Phenolmengen hatte die ASW mit verschiedenen Phenolgewinnungsverfahren experimentiert. Dazu war im Werk Hirschfelde 1937/38 eine Versuchsanlage zur Verdampfung und anschließender Extraktion mit Natronlauge eingerichtet worden. Da auch das nicht den gewünschten Erfolg brachte, wurden Versuche zur Ausdampfung gemeinsam mit der Firma Koppers fortgesetzt. Das dabei eingeführte Dampfumlaufverfahren, wurde ab Dezember 1939 großtechnisch erfolgreich angewendet.[553] Um eine höhere Phenolausbeute zu erreichen, waren inzwischen auch von Seiten des Reiches Arbeiten am Braunkohleforschungsinstitut der Bergakademie Freiberg angeregt worden. Das Reichsamt für Wirtschaftsausbau beauftragte die chemische Abteilung des

---

550 SStA Leipzig, Brabag Böhlen Nr. 4.

551 SHStA Dresden, MdI Nr. 16234/92, Bl. 157.

552 SHStA Dresden, KH Leipzig Nr. 4201.

553 SStA Leipzig, Brabag Böhlen Nr. 96. II-4-b/8.

Instituts damit, Methoden zur Güte und mengenmäßigen Bestimmung von Phenolen auszuarbeiten sowie neue Phenolquellen zu erschließen.[554]

Hier liegt ein weiterer Fall dafür vor, daß aus zunächst lästigen Abprodukten der Produktion Ausgangsstoffe für neue Industrien werden, ohne daß deshalb die Umweltproblematik gelöst werden könnte.[555] Abgesehen von der Verlagerung von Umweltproblemen auf andere Industrien zeigte sich auch hier bald, daß die Belastungen zwar relativ verringert wurden, durch die enorme Steigerung der Produktion letztlich absolut aber stiegen. Die Erweiterung der Schwelerei von 1939 bis 1941 um etwa ein Drittel ihrer bisherigen Kapazität erfolgte mit der Anlage der neuen Entphenolungsanlagen, so daß auch die Phenolausbeute stieg. Später (12.12.1941) wurde auch eine biologische Kläranlage nach Nolte nachgeschaltet, so daß bis 1942 die Abwasserreinigung der ASW (auch das neue Werk Espenhain erhielt 1941 eine biologische Kläranlage)[556] sicher die modernste im Untersuchungsgebiet war und vermutlich auch darüber hinaus kaum leistungsfähigere Anlagen existierten. Es ist bekannt, daß der Leipziger Zoo 1941 in der Lage war, seinen Futterfischbedarf aus der Pleiße zu decken.[557] Gleichwohl kam es immer wieder zu schweren Zwischenfällen, insbesondere nach Betriebsaufnahme des Werkes Espenhain. Am 20.6.1941 suchte die ASW z. B. um Genehmigung zur Einleitung von phenolhaltigem Wasser in die Pleiße nach, obwohl der festgelegte Grenzwert deutlich überschritten wurde.[558]

Die durch die jeweilig dem Bergbau nachgeschalteten Verarbeitungsanlagen mit ihren neuartigen Abprodukten dürfen nicht darüber hinwegtäuschen, daß durch den gewaltigen Anstieg der Produktion auch die traditionellen, bergbaubedingten Wasserbelastungen teilweise erhebliche Größenordnungen erreichten. Zwar muß man davon ausgehen, daß technisch gesehen die Klärung der Abwässer von Sink- und Schwebstoffen in den 30er oder 40er Jahren kein

---

554 SHStA Dresden, Ministerium für Volksbildung, Nr. 16090, Bl. 74.

555 Zur chemischen Industrie, für deren Entwicklung zu einem beträchtlichen Teil die Verwertung von Abprodukten anderer chemischer Prozesses bedeutend waren: D. Osterroth, Soda, Teer und Schwefelsäure. Der Weg zur Großchemie, Hamburg 1985, auch wenn man dessen Einschätzung, daß die chemische Industrie dazu beitrug, „dem Menschen größere Unabhängigkeit von der Natur zu verschaffen“ (S. 94) nicht unbedingt beipflichten muß.

556 SStA Leipzig, ASW Espenhain Nr. 211

557 W.-D. Beer, Untersuchungen über toxische Wirkungen von Phenolen auf Wasser- und Landorganismen. Diss. Leipzig 1957, S. 2.

558 SStA Leipzig, ASW Espenhain Nr. 136.

Problem gewesen wäre, doch die Kläranlagen hätten so dimensioniert sein müssen, daß sie dem Wachsen der Produktion Schritt gehalten hätten. Selbst diese Probleme, seit der Frühzeit des Braunkohlenbergbaus bekannt, blieben bestehen. So hatte das Werk Espenhain bis Ende 1940 die Genehmigung, bis zu 350 l/s in den Göselbach zu leiten.[559] Laut Beschwerde der Landesbauernschaft war diese Genehmigung um 100 % überschritten worden. Da der kleine Göselbach diese Mengen nicht aufnehmen konnte, war das Abernten der Wiesen unmöglich, zumal sie durch den hohen Sinkstoffgehalt von zeitweise weit über 100 mg/l verschlammt wurden. Der Versuch eines Bauern, diesbezüglich Bergschädenansprüche geltend zu machen, scheiterte. 1942 wurde die Erlaubnis vom Landrat auf 135 l/s eingeschränkt und die Räumung des Göselbettes angeordnet. Die ASW legte gegen diese Auflagen Rekurs ein. Betriebsintern wurde in der Niederschrift über eine Besprechung mit dem Straßen- und Wasserbauamt aber eingeräumt: „Da wir letzten Endes doch einmal nach jahrelanger Ablehnung guten Willen bekunden müssen und da unseres Erachtens zu erwarten ist, daß die Bereitstellung der Leute Schwierigkeiten verursachen wird und kaum mit einem schnellen Anfang zu rechnen ist, so schlagen wir vor zuzustimmen. Schließlich muß nunmehr an die Räumung der Göselklärteiche herangegangen werde, damit nicht dauernd das vorgeschriebene Maß von 100 mg/l überschritten wird, wodurch wir den Behörden erst die Möglichkeit geben, Forderungen an uns zu stellen.“ Da über das Jahr 1942 hinaus keine Informationen mehr vorliegen, ist anzunehmen, daß genau diese vermuteten Schwierigkeiten in den späten Kriegsjahren eingetreten sind, zumal sich auch in anderen Bereichen das Jahr 1943 als Wendepunkt für die Chancen der Durchsetzung von umweltschutzbedingten Auflagen herauskristallisiert.[560]

Der Zustand der fließenden Gewässer sowie der ständig steigende industrielle Wasserbedarf brachten letztlich die Werke selbst in eine bedrückende Situation. Zum Teil wurden durch die Erschließung tieferer Grundwasserhorizonte und den Bau von überregionalen Wasserleitungen die notwendigen Wassermengen in guter Qualität bereitgestellt, wie für die Mineralölwerke der DEA.[561] Die unhaltbaren Zustände sollten auch durch die Bildung des Weißelsterverbandes durch Verordnung vom 23.7.1934 verändert werden. Dem Weißelsterverband oblag die Überwachung der Abwassereinleiter, gegebenenfalls hatte er die Ab- oder Flußwasserreinigung zu übernehmen, womit seine Zuständigkeit weit über die der bisherigen

559 Diese und die folgenden Angaben aus: SStA Leipzig, ASW Espenhain Nr. 134

560 Siehe S. 208.

561 SStA Leipzig, BKW Ramsdorf Nr. 19.

Wassergenossenschaften hinausreichte. Der Verband hatte seinen Sitz in Gera, er umfaßte nicht nur das sächsische sondern auch das thüringische und preußische Einzugsgebiet. Bereits am Oberlauf wurde die Weiße Elster von tschechischen und deutschen Textilbetrieben verschmutzt, im thüringischen Braunkohlengebiet mußte sie ebenfalls eine große Abwasserfracht aufnehmen, mit Eintritt in das nordwestsächsische Revier wurde sie abermals zu einem Abwassersammler. Nach verwaltungstechnischen Vorarbeiten wurde deshalb seit 1935 ein engmaschiges Flußüberwachungssystem in 7 Überwachungsbezirken eingeführt sowie Vorarbeiten für die Talsperre Pirk in Angriff genommen.[562] 1937 wurden 7900 Fluß- und Abwasserproben entnommen.[563] Da mit der Planung eines weiteren Großbetriebes in Espenhain der Wasserverbrauch weiter enorm steigen mußte, wurde ein Projekt angegangen, das langfristig die Versorgung mit brauchbar sauberem Wasser sichern sollte. Dafür wurde die Anlage eines Stausees an der Pleiße vorgesehen. 1,5 m^3/s sollten zur Klärung abgeleitet werden und anschließend in einem 1,8 bis 2 Millionen m^3 umfassenden See durch eine durchschnittliche Aufenthaltsdauer von 14 Tagen biologisch aufbereitet werden. Baubeginn war Ende Januar 1938. Für März 1939 war die Inbetriebnahme vorgesehen, zog sich aber wegen Arbeitskräftemangel bis zum Sommer 1940 hin.[564]

Der Stausee brachte eine spürbare Verbesserung der Wasserqualität. So konnte z. B. der Sink- und Schwebstoffgehalt um 78 % gesenkt werden.[565] Es gab auch große Bemühungen um eine naturnahe Gestaltung des Areals. So wurde der See zumindest teilweise von einem Waldgürtel umschlossen und im Südteil eine Vogelschutzinsel eingerichtet.

Es darf aber dabei keineswegs unterschlagen werden, daß allein die Anlage des Stausees eine tiefgreifende Veränderung der Landschaft darstellte. Für das Projekt mußte ein ca. 45 ha großer Wald weichen und das in einem Gebiet, das an Baumbestand ohnehin nicht besonders reich und von großindustriellen Anlagen umschlossen war. In Vorbereitung des Baues wurden auf wesentliches Betreiben des Grundstückseigentümers Freiherrn von Friesen Verhandlungen geführt, an denen u. a. auch die Naturschutzbehörde, Vertreter des Ministeriums für Wirtschaft und Arbeit sowie der Kreishauptmannschaft Leipzig teilnahmen. Die Leipziger Bezirksstelle der Landesplanungsgemeinschaft Sachsen bemühte sich um die Aufnahme des Stausees in die

562 Gesundheitsingenieur. Zeitschrift für die gesamte Städtehygiene, Heft 1/1938 S. 14.

563 Weißelsterverband. Jahresbericht 1937, S. 6.

564 Ebenda, Jahresbericht 1937, S.8; Jahresbericht 1940, S. 9.

565 Ebenda, Jahresbericht 1940, S. 10.

Landschaftsschutzkarte. Dabei wurde auch der anzulegende Waldschutzstreifen von ca. 100 m Breite festgelegt. Der Naturschutzbeauftragte Dr. Hermann äußerte sich kritisch zu den Plänen, konnte jedoch weitergehende Schutzmaßnahmen nicht durchsetzen.[566] Eine grundlegende Entscheidung, den schönen z. T. sehr alten Wald zu erhalten, wurde aus wirtschaftlichen Gründen nicht für möglich erachtet. Auch der Schutz besonderer Baumgruppen wurde verworfen. „Die in dem Auewald vorhandenen alten und an sich erhaltungswürdigen Bäume, insbesondere die jahrhundertealte sogenannte 'Gute-Nacht-Eiche' würden nach übereinstimmender Ansicht der Sachverständigen, auch wenn man ihre Standorte durch Anlegung von Inseln zunächst aus dem Stausee hinaus heben wollte, doch mit absoluter Sicherheit sehr bald eingehen. Nachdem erkannt werden muß, daß die Lage des Auewaldes zwischen den beiden teils vorhandenen, teils in der Entstehung begriffenen großen Industrieanlagen doch alsbald seines Charakters als Erholungsstätte beraubt werden würde, das Landschaftsbild über kurz oder lang durch den Kohlenabbau auch an dieser Stelle ohnehin schwere Einbußen erleiden müßte, konnten sich die Teilnehmer nicht verschließen, daß die geplante Schaffung eines großen Stausees vom Gesichtspunkte des Landschaftsschutzes gegenüber den sonst eintretenden Veränderungen des Landschaftsbildes verantwortet werden kann.“, lautet eine Notiz der Besprechung vom 16.12.1937.[567]

Wie nicht anders zu erwarten, trug in der Auseinandersetzung um den Vorrang von wirtschaftlichem oder naturschützerischem Interesse die Wirtschaft den Sieg davon, zumal bei ihrem kriegswichtigen Stellenwert. Das Argument, daß „die Durchführung der gewaltigen Aufgaben der Industrie im Rahmen des Vierjahresplanes“ nicht beeinträchtigt werden dürfe, verhinderte jede grundlegende Alternative. Einwendungen zugunsten der Natur wurden nur im Sinne kosmetischer Operationen zugelassen. Hauptsächlich wurde dabei Wert auf das Landschaftsbild gelegt.

Die Anlage des Stausees brachte jedoch über die Waldvernichtung noch weitere gravierende Einschnitte in die bestehenden Verhältnisse. Seit 1939 traten immer wieder Überschwemmungen im Süden Leipzigs auf. Zwar ist das Frühjahrshochwasser im Auengebiet normal und durchaus erwünscht, doch wiederholten sich die Vorgänge in ungewöhnlich schwerer Form. Die in Rötha befindliche Auewald und -wiesenfläche von insgesamt ca. 150 ha hatte größere Auswirkungen für den Leipziger Süden stets abgefangen. Da der Stausee nicht für den Hochwasserschutz sondern für die Klärung und Bereitstellung von

---

566 SHStA Dresden, KH Leipzig Nr. 4255.

567 StA Leipzig, GH Rötha Nr. 2896.

Brauchwasser angelegt wurde, waren die Auswirkungen auf den Unterlauf verheerend. Durch das am See außerdem begradigte Flußbett strömte nun das Wasser in großer Geschwindigkeit. Insbesondere das Hochwasser im März 1942 hatte eine solche Gewalt, daß es neu errichtete Dammbauten wegriß und vom überspülten Boden die Humuserde wegschwemmte, so daß der Kiesgrund hervortrat.[568]

Die Wasserverhältnisse waren in der Pleißen- und Elsteraue schon seit Beginn der 30er Jahre in vielfältiger Weise verändert worden. Entscheidend trugen dazu die zahlreichen Flußverlegungen bei, die vorgenommen wurden, um weitere Abbaufelder für die Braunkohlenwerke zu gewinnen. So wurde die Wyhra, ein Nebenfluß der Pleiße mehrfach verlegt. Von Oktober 1933 bis September 1935 erhielt sie auf ausgekohltem Gelände westlich ihres ursprünglichen Laufes auf 2,3 km Länge ein neues Bett. Die Verlegung wurde als ein bedeutender Beitrag zur Arbeitsbeschaffung gefeiert, da man nur einen Bagger einsetzte, um die Handarbeit zu fördern. Außerdem wurde betont, daß die Verlegung über die Werksinteressen weit hinaus reichte, da die Verlegung nicht unbedingt notwendig gewesen sei, aber rein volkswirtschaftliche Gesichtspunkte für eine restlose Verwertung der Kohle bestimmend seien. Auf die Folgen nationalsozialistischer Wirtschaftspolitik ist bereits hingewiesen worden, jedoch ist zu bedenken, daß Planungen für die Wyhra-Verlegung auf das Jahr 1930 zurückgehen.[569] Mit dem Hinweis auf den volkswirtschaftlichen Nutzen wollten sich die Werke von jeher nur der Kritik, die es an solchen Projekten gab, entziehen. Durch die Verlegung wurde ein Abbaufeld von ca. 60 ha gewonnen. Das neue Flußbett verfolgte den Lauf der Bahnlinie Leipzig - Borna - Geithain.[570] Eine weiter Wyhra-Verlegung zwischen Lobstädt und Großzössen wurde 1943/44 vorgenommen. Ähnlich der „naturnahen" Gestaltung beim Autobahnbau wurde auch hier die Mitarbeit eines Landschaftsgestalters vorgeschrieben, sowie Vorschriften zur Ufergestaltung gemacht. So heißt es in der Genehmigung durch den Landrat von Borna und das Oberbergamt Freiberg vom 16.3.1943. „Die Böschungen sind lückenlos zur Begrünung zu bringen, soweit nicht Befestigung derselben durch Steine und Faschinen vorgesehen ist."[571] Ursprünglich wurde sogar noch die Auflage erteilt, daß, falls es zur Verhinderung von Schäden für die Anlieger notwendig sein sollte, der frühere Zustand wieder hergestellt werden müßte, was auf heftigen Widerstand der DEA stieß. Diese Bestimmung wurde dann

568 Ebenda.

569 SStA Leipzig, BKW Borna Nr. 26 Bl. 48.

570 SStA Leipzig, BKW Borna Nr. 39.

571 SStA Leipzig, AH Borna Nr. 8272, Bl. 126.

insofern gemildert, als die Wiederherstellung des alten Zustandes nur „nach Befinden des Landrates zu Borna und des Oberbergamtes Freiberg“ verlangt werden konnte.[572] Zur restlosen Ausnutzung der Kohlelager waren sehr umfangreiche Eingriffe in die Wasserläufe geplant. Die Planungsbehörden gingen dabei von möglichst schonenden, landschaftsadäquaten Eingriffen, sofern es solche überhaupt gibt, aus. Der Planung für eine gemeinsame Verlegung von Wyhra und Pleiße gingen folgende Überlegungen voraus: „In gleicher Weise sind wir aber auch der Nachwelt gegenüber verpflichtet, nicht anstelle einer schönen Landschaft ein unausgeglichenes Gebilde zu hinterlassen, das unsere Nachfahren vielleicht als ‚Kultursteppe‘ ansehen. Wir müssen also bemüht bleiben, die neue Landschaft so zu formen, daß sie einigermaßen als Ersatz für die von uns ausgenutzte Erdoberfläche angesprochen werden kann.“ Gleichzeitig wurde festgestellt, daß diese Anforderungen sich für die vorliegende Planung nicht durchsetzen lassen.[573] „Mit Rücksicht auf die außerordentlichen Kosten“ sah die DEA im Mai 1941 von einer Pleißeverlegung zu dieser Zeit ab und verschob das Einschwenken des Tagebaues in die Pleißenaue um ca. 20 Jahre.[574] Ein grundsätzlicher Verzicht auf die unter den Flüssen liegende Kohle wurde ernsthaft nie in Erwähnung gezogen. Auf diese Weise wurde die Struktur des Südraumes bis in die jüngste Vergangenheit verhängnisvoll zerstört. Weite Gebiete sind von einer sinnvollen Verkehrsstruktur heute abgeschlossen. Zuweilen durchzieht nur ein Sicherheitspfeiler die Landschaft, auf dem Eisenbahn, Straßen und Wasserläufe auf engstem Raum fast parallel den Leipziger Süden durchschneiden.[575]

5.2.4 Interessenbeeinträchtigung durch Luftverschmutzung

Seit dem Ausbau des Böhlener Werkes zum Großkraftwerk mit Braunkohlenstaubfeuerung hatten die Anwohner häufig Grund, über die Luftverschmutzung zu klagen.

Mit der Kapazitätserweiterung des Standorts Böhlen im Interesse der Kriegsvorbereitung und der Schwerpunktverlagerung auf die chemische Verwertung der Kohle zur Erzeugung von Treibstoffen setzte allerdings ein bisher noch nicht bekanntes Maß der Belästigung und Beeinträchtigung ein.

---

572 SStA Leipzig, AH Borna Nr. 8272. Bl. 127-139.

573 SStA Leipzig BKW Borna Nr. 110, Bl. 48, Zitat S. 2.

574 SStA Leipzig, BKW Borna Nr. 110 Bl. 59.

575 Problemlandschaft Südraum Leipzig. Ansätze zur Entwicklung einer Kulturregion. Exposé, o. O. 1992.

Dabei müssen sowohl die Abgase der chemischen Verarbeitung als auch der Umstand Beachtung finden, daß die Kraftwerks- und Brikettierkapazität für die Versorgung der neuen Anlagen wesentlich erweitert wurde.[576] Das Kraftwerk emittierte insbesondere Asche-, Ruß- und Kohlepartikel, die für jeden leicht als Verschmutzung wahrzunehmen waren, sowie große Mengen an Schwefeldioxid. Die Brikettfabriken, die nur zum Teil mit elektrischen Entstaubungsanlagen ausgerüstet waren, erzeugten ebenfalls Kohlenstaub. Durch die Schwelerei gelangte außerdem Schwefelwasserstoff im Gemisch mit verschiedenen organischen Schwefelverbindungen in die Umgebung, in den Beschwerden meist als „fauliger Geruch“ bezeichnet. Das Gaswerk emittierte Ammoniak. Über die Emissionen selbst lagen leider - anders als bei der Wasserverschmutzung - kaum verwertbare Meßdaten vor.

Eine Vorstellung vom Grad der Luftverschmutzung kann aber die Produktionsstatistik des Böhlener Werkes liefern. Wurden im Kraftwerk 1926 noch ca. 18 000 MWh erzeugt, waren es 1936 bereits ca. 780 000 MWh und 1943 etwa 1 310 000 MWh. Die Teer- und Leichtölerzeugung, 1936 mit 150 166 t aufgenommen, erreichte 1943 über das Doppelte.[577]

So breiteten sich ab Januar 1936, mit der Inbetriebnahme der Schwel- und Hydrieranlagen die Luftverunreinigungen über einem großen Teil des Leipziger Südraumes spürbar aus. Luftuntersuchungen des Instituts für landwirtschaftliche Bakteriologie und Bodenkunde der Universität Leipzig in Rötha zeigten bezüglich des Schwefeldioxids folgende Ergebnisse:[578]

Messung Nr.	Windrichtung	SO_2 : Luft (Mittel)
1	West	1 : 1850610
2	vom Werk	1 : 184980
3	Nordost	1 : 793015

Diese Werte waren auch nach dem damaligen Stand der Rauchschadenforschung außerordentlich bedenklich, hatte Wislicenus doch als sicheren Wert für die Schädlichkeit ein Verhältnis von 1:500 000 angegeben,

576 Zu Aufbau und Erweiterung des Böhlener Werkes: Fritz Hönsch, Historisch ökonomisch-geographische Untersuchung ... , a. a. O.

577 Die Produktionsstatistik des Werkes Böhlen siehe Anhang; SStA Leipzig, ASW Böhlen Nr. 1187, Bericht über das Braunkohlenwerk Böhlen S. 5.

578 SStA Leipzig, AH Borna Nr. 2407, Denkschrift S. 7.

wobei er betonte, daß deutliche Schwellenwerte theoretisch gar nicht bestehen.[579]

Nicht nur in den Böhlen unmittelbar benachbarten Ortschaften, sondern z. B. auch aus dem ca. 6 km entfernten Gaschwitz wurden Beschwerden vorgetragen. In einem Beschwerdebrief schilderte der Rechtsanwalt Ludwig Kretzschmar die Situation so: „Abgesehen von ihrem nicht näher zu bezeichnenden schlechten Geruche sind diese Gase so beißend und stechend, daß es, sobald sie auftreten, fast unmöglich ist, sich im Freien oder im Zimmer bei geöffnetem Fenster aufzuhalten. Ich selbst wachte einmal wegen des schlechten Geruches nachts auf. Wenn ich auch sofort das Fenster schloß, so waren die innerhalb kurzer Zeit eingedrungenen Gase doch so stark, daß sie mich zunächst am einschlafen verhinderten und namentlich die Augen empfindlich belästigten. Ich bin durchaus gesund und in keiner Weise empfindlich. Wieviel mehr als gesunde Erwachsene müssen aber kleine Kinder oder empfindliche und kränkliche ältere Leute darunter leiden."[580] Auch aus dem 6 km südöstlich gelegenen Hain und dem 14 km entfernten Rohrbach wurden entsprechende Klagen laut. Alle Eingaben, wurden zunächst entschieden zurückgewiesen. Belästigungen in Rohrbach z. B. könne es nicht geben, da auf einem so langen Weg die Industrieabgase verdünnt würden, so daß sich eher in der Nähe des Werkes Gesundheitsschäden bemerkbar machen müßten. Dies sei aber nicht der Fall.[581] Diese Argumentation entsprach aber selbst nach dem damaligen Kenntnisstand nicht der Wahrheit. Der Böhlener Direktor Michael berichtete selbst am 20. April 1936: „In diesem Zusammenhang will ich noch erwähnen, daß durch den Sturm der letzten Tage in unserem eigenen Werke nicht zu verantwortende Zustände feststellbar waren. Die Abgase sowohl aus dem Kraftwerksbetriebe als auch aus den übrigen Brikettfabrik- und Schwelereibetrieb wurden hinter den hohen Betriebsgebäuden vom Sturm Regen und Schnee in einer Weise niedergedrückt, daß man kaum noch die Wege finden konnte. Dabei war es nicht möglich, die Augen längere Zeit offenzuhalten; der umherfliegende Schmutz machte dies unmöglich".[582]

Neben den zahlreichen Beschwerden der Bewohner benachbarter Ortschaften wie Gaulis und Rötha trugen gerade die Beschäftigten des Brabag - Werkes, das unmittelbar neben der ASW gebaut worden war, gesundheitliche Schäden

---

579 E. Haselhoff, Grundzüge der Rauchschadenkunde. Anleitung zur Prüfung und Beurteilung der Einwirkung von Rauchabgasen auf Boden und Pflanzen, Berlin 1932.

580 SStA Leipzig, ASW Böhlen Nr. 692.

581 Ebenda.

582 Ebenda.

davon. Auch die Betriebsanlagen der Brabag litten beträchtlich unter den Staubablagerungen und korrosionsfördernden Dämpfen aus dem ASW Betrieb. Nach einem Bericht der Werksleitung vom 11.3.1942 gaben die Luftverhältnisse seit Bestehen des Werkes immer zu Beanstandungen Anlaß. In großem Umfang kamen bei den Beschäftigten vor allem Augenverletzungen durch Flugstaub vor. Bindehautentzündung, Narbenbildung und Hornhauttrübungen gehörten zu den häufigsten Erkrankungen. 1939 gab es ca. 8000 Fälle. Des weiteren gehörten Katarrhe der Atmungsorgane, Magen-Darmerkrankungen und Kopfschmerzen u. ä. dazu.[583] Die Brabag registrierte verstärkt gesundheitliche Störungen und erheblichen Arbeitsausfall sowie Minderung der Leistungsfähigkeit im Allgemeinen.[584] Dies ist um so mehr von Bedeutung, als für die Einstellung umfangreiche Tauglichkeitsuntersuchungen vorgenommen und nur Arbeiter mit guter körperlicher Konstitution überhaupt eingestellt wurden. Auch die Werbung um neue Arbeitskräfte gestaltete sich schwierig, obwohl ihnen günstige soziale Bedingungen geboten wurden. Das Werk verfügte z. B. über einen Betriebsarzt und weiteres medizinisch geschultes Personal. Darüber hinaus war ein Facharzt für Inneres vertraglich verpflichtet. 1939 waren auch die therapeutischen Möglichkeiten wesentlich erweitert worden.[585] Hinzu kam, daß weit über die Hälfte der Beschäftigten in werkseigenen Siedlungen und Wohnungen in Werknähe untergebracht war. Überdurchschnittliche Entlohnung wurde ebenfalls gewährt.[586] Diese relativ guten Lebensbedingungen hatten aber auch entscheidende Nachteile. Vor allem erhöhten sie die Abhängigkeit vom Werk. Wohnungen neben dem Betrieb hatten zwar den Vorteil des geringen Arbeitsweges aber zu dem Nachteil ständiger Verfügbarkeit für betriebliche Belange oder von der NSDAP angesetzten Veranstaltungen kam noch, daß die o. g. Gesundheitsbeeinträchtigungen nach Schichtende nicht aufhörten. Viele begründeten ihr Weggehen mit den außerordentlich schlechten Luftverhältnissen in Böhlen.[587]

---

583 SStA Leipzig, Brabag Nr. 41 Bl. 6f.

584 1939 kamen auf jede Arbeitskraft der Brabag-Stammbelegschaft durchschnittlich 12 Fehltage wegen Arbeitsunfähigkeit, 1943 waren es 22: G. Valentin, Die Errichtung der Braunkohlen- Benzin- AG ... , a. a. O., S. 196.

585 SStA Leipzig, Brabag Nr. 38.

586 An der Bergakademie Freiberg beklagte man sich bitter über die mangelnden finanziellen Mittel, die es unmöglich machten, gute Mitarbeiter zu halten, da sie von der Brabag mit wesentlich höheren Löhnen und Gehältern abgeworben wurden, die teilweise doppelt so hoch lagen: SHStA Dresden Finanzministerium Nr. 2310 , Bl. 38ff.

587 SStA Leipzig, Brabag Nr. 41 Bl. 7.

Es ist auffällig, daß bis Mitte der 30er Jahre fast ausschließlich Klagen wegen Sachbeschädigungen, Flurschaden, Ertragsminderung, also wegen materieller Verluste vorgebracht wurden, während seitdem sehr intensiv auch das Problem gesundheitlicher Schädigungen in den Beschwerden auftauchte. Gerade die Ruß- und Flugaschenablagerung, die schon seit längerem existierte, aber mit der neuen Ausbaustufe des Böhlener Standortes eine enorme Zunahme erfuhr, war schon seit geraumer Zeit Gegenstand von zahlreichen Entschädigungsansprüchen aus umliegenden Ortschaften. Die Bauern drängten auf eine Lösung des Problems dieser sichtbaren Schädigungen, weil der Futteranbau unter dieser Beeinträchtigung litt. Die stark mit Kohle- und Aschepartikel verunreinigten Pflanzen konnte man den Tieren nicht verabreichen, ohne gesundheitliche Störungen bei ihnen befürchten zu müssen.

Doch für die Bewertung und Entschädigung materieller Verluste insbesondere bei landwirtschaftlichen Produkten war ein Zustand, wenn auch nicht des gegenseitigen Einvernehmens, so doch gegenseitig berechenbaren Verhaltens eingetreten. Seit Ende der 20er Jahre hatte sich ein System herausgebildet, nachdem Schäden nach jährlicher Schätzung finanziell oder anderweitig materiell abgegolten wurden. Üblich war z. B. die kostenlose Kohlelieferung oder die Bereitstellung von Rübenblattwaschanlagen für stark verschmutztes Futter. Zu Rechtsstreitigkeiten kam es dabei selten, da die meisten Bauern finanziell nicht in der Lage waren, langwierige Auseinandersetzungen mit den Braunkohlewerken zu führen. Aber auch die Werke waren an einvernehmlichen Lösungen interessiert, um nicht durch Prozesse größeres Aufsehen zu erregen.

Die Landesbauernschaft hatte in Person des Kultursachverständigen Seidemann z. B. beim Neuaufschluß von Espenhain angeregt, Versuchsfelder anzulegen, deren Zustand für die Beurteilung von Ertragsausfällen der Landwirtschaft mit herangezogen werden sollte. Damit sollte eine gewisse Objektivität in die Verhandlungen gebracht werden. Die Espenhainer Bauleitung hatte zunächst kein Interesse daran, ließ sich aber in einer Aussprache doch überzeugen, daß es auch für das Braunkohlenwerk günstig wäre, sicher auch, um sich gegen übertriebene Entschädigungsklagen der Bauern behaupten zu können. Für die Anlage von Versuchsparzellen wurde die Finanzierung jedenfalls bereitgestellt. Das Pflanzenbauinstitut der Universität Leipzig und die Landwirtschaftsschule in Bad Lausick führten Untersuchungen durch.[588]

Da aber Rauchschäden nicht nur das Problem der Braunkohlenwerke und Kraftwerke waren, hatte die Industrie 1941 an der Bergakademie Freiberg eine

---

588 SStA Leipzig, ASW Espenhain Nr. 16.

Rauchschadenforschungsstelle eingerichtet, so daß bei eventuellen Prozessen versierte Gutachter zur Verfügung standen.[589] Die Rauchschadenforschung hatte in Sachsen bereits eine lange Tradition. Erkenntnisse über die Schadensbilder von Rauchschäden lagen bereits seit Mitte des 19. Jahrhunderts vor,[590] so daß die Wirkung der Schadstoffe an sich bekannt war. Der Nachweis des Verursachers war allerdings inzwischen nicht mehr eindeutig möglich, da auf geringem Raum eine ganze Anzahl braunkohleverarbeitender Betriebe existierte.

Anders bei den gesundheitlichen Beeinträchtigungen. Die Wirkung der fraglichen Stoffe und Verbindungen auf den menschlichen Organismus war noch wenig erforscht. Den besten Kenntnisstand kann man noch bei der Untersuchung von schadstoffexponierten Arbeitsplätzen voraussetzen, wie sie der Gewerbehygiene unterstand. Und selbst hier stand man noch sehr am Anfang, wurde doch die erste Berufskrankeitenverordnung erst am 12.5.1925 verabschiedet.[591] Darüber hinausreichende Untersuchungen waren praktisch kaum auswertbar, auch wenn seit dem spektakulären Anstieg der Todesfälle während des großen Smogs in London im Januar/Februar 1880 eine direkte Beziehung vermutet und gesundheitliche Auswirkungen des Rauches untersucht wurden.[592] Die hergestellten Zusammenhänge ließen sich jedoch nicht in wissenschaftlich überzeugender Weise quantifizieren. Anerkennung in der Praxis fanden umweltrelevante Untersuchungen aber immer nur dann, wenn sie unangreifbare Ergebnisse vorweisen konnten.[593] Die Schwierigkeit für die Wirkungsforschung besteht aber bis heute darin, „daß die Auswirkungen der weitaus meisten Umweltbelastungen nicht oder nur mangelhaft bekannt sind sowie Schwellenwerte, die Krankheit von Gesundheit zuverlässig trennen zu

---

589 F.-J. Brüggemeier/Th. Rommelspacher, Blauer Himmel über der Ruhr. Geschichte der Umwelt im Ruhrgebiet 1840-1990, Essen 1992, S. 60.

590 Siehe S. 130.

591 Siehe: G. Moschke, Der Weg zur ersten Berufskrankheitenverordnung in Deutschland vom 12. Mai 1925, Diss. B, Magdeburg 1984.

592 G. Spelsberg, Rauchplage ... , a. a. O. S. 137; A. Fruböse, Die Bedeutung der verunreinigten Luft für die menschliche Gesundheit mit besonderer Berücksichtigung der Großstädte und Industriebezirke, Berlin 1927.

593 1932 wurden als „wenig lästig“ 20-30 mg/m³ schweflige Säure in der Luft angesehen. Nach 15 Minute stelle sich bei 40 mg/m³ eine „Reizung“ ein: M. Grünwald, Die Wirkung verunreinigter Luft auf Leben und Gesundheit, in: Rauch und Staub Nr. 7/1932, S. 90; Zum Vergleich: Die maximal zulässige Arbeitsplatzkonzentration (MAK- Wert) liegt heute bei 5 mg/m³: Das Umweltlexikon, Köln 1993₃, S.627.

unscharf sind oder sich überhaupt nicht eindeutig festlegen lassen Hinzu kommt, daß Einzelpersonen über unterschiedliche ‚Umweltelastizität' verfügen."[594]

Das ändert nichts daran, daß spätestens Mitte der 30er Jahre eine ernsthafte Gesundheitsgefährdung für die Bewohner der in der Hauptwindrichtung gelegenen Orte im Umkreis von mindestens 5 km gegeben war. Beispiele für schlagartig sich vermehrende Beschwerden seit 1935/36 gibt es viele. So trat die Reichsbahndirektion Halle im Februar 1938 an die ASW heran, da unter den Einwirkungen des nahegelegenen Werkes bereits mehrere Schrankenwärter in Gaulis erkrankt wären und von diesem Posten hatten zurückgezogen werden müssen. „Da es nicht ausgeschlossen ist, daß derartige Erkrankungen auch plötzlich während der Dienstschicht auftreten, in Form von Ohnmachtsanfällen od. drgl., so daß der Wärter seinem Dienst nicht nachkommen kann, ohne vorher Ablösung herbeigerufen zu haben, liegt Betriebsgefahr für die Reichsbahnstrecke vor", heißt es in dem Schreiben.[595]

Nach einer Denkschrift der Bürger von Rötha aus dem Jahr 1935 traten in der Gegend folgenden Krankheiten gehäuft auf: Augenbindehauterkrankungen, Magenkrankheiten und Krankheiten der Schleimhäute, Erbrechen und asthmatische Beschwerden sowie starke Störungen des Allgemeinbefindens „besonders dann, wenn die Vergasungen anhaltend auftreten"[596]

Insbesondere für die Kessel der Braunkohlenstaubfeuerung wäre eine Entstaubungsanlage notwendig gewesen. Die technischen Möglichkeiten dafür waren gegeben. Nach Aussage des Gewerbeaufsichtsamtes vom 17.5.1935 waren allerdings die mechanischen Möglichkeiten, den Staub trocken abzuscheiden gering. In Versuchsanlagen hatte sich nur ein Wirkungsgrad von 20 % ergeben. Die Naßentstaubung bzw. elektrische Abscheidung wurde aus Kostengründen (pro m² Kesselheizfläche 150-200 RM) für nicht durchführbar erklärt.[597]

Diese Zustände veranlaßten das Eingreifen der Amtshauptmannschaft Borna. Am 14.8.1936 fand eine gemeinsame Besprechung der zuständigen

---

594 R. Bertl, Der Einfluß der Schall- und Staubemission durch Braunkohlentagebaue auf Lästigkeitsreaktionen und die Gesundheit von Menschen in benachbarten Siedlungen - ein Beitrag zur umwelthygienischen Ursache - Wirkungsforschung und zur Raumplanung in einer Bergbaulandschaft, Diss. Freiberg 1991, S. 10.

595 SStA Leipzig, ASW Böhlen Nr. 692.

596 SStA Leipzig, AH Borna Nr. 2407.

597 SStA Leipzig, AH Borna Nr. 5827, Bl. 107.

Institutionen (Oberbergamt, Kreishauptmannschaft, Gewerbeamt, Amtsarzt u. a.) statt. Ein Ergebnis wurde indes nur insofern erzielt, daß festgestellt wurde, man könne den Werken neue Betriebsbedingungen kaum auferlegen. Für eine Presseaufklärung sei es noch zu früh, Eingaben sollten „hinhaltend" beantwortet werden. Nach (!) der Unterredung wurde eine Besichtigung der am stärksten betroffenen Flur Gaulis sowie eine Inspektion der Klärteiche und Abwassergräben vorgenommen.[598] Da die geführten Gespräche nicht den gewünschten Effekt erzielt hatten, sollte ein unabhängiger Sachverständiger ein Gutachten zu den Mißständen erstellen. Dafür wurde der Ausschuß für Rauchbekämpfung beim Reichsverband der Technischen Überwachungsvereine (RTÜV) vorgesehen. Das Gutachten wurde mit der entscheidenden Einschränkung verfaßt, daß nur die Entstehung, Vermeidung und Beseitigung Schornsteinauswürfe von Kesselanlagen Beachtung finden könnten, da sich die Arbeitsgruppe mit der Wirkung von Gasen und Dämpfen und festem Auswurf auf Menschen und Umwelt nicht befaßt habe. Ziel der Arbeit war, ein Urteil darüber fällen zu können, ob die vom Werk getroffenen und geplanten Maßnahmen zur Verminderung des Flugstaubauswurfes nach dem Stand der Technik ausreichend seien. Im Gutachten wurde festgestellt, daß je nach Auslastung der Kessel im Kesselhaus II (Staubfeuerung) zwischen 7 und 11 Tonnen Flugstaub pro Stunde emittiert würden. Es sei verständlich, daß bei diesen großen Auswurfmengen immer wieder Klagen laut würden, die wahrscheinlich noch lebhafter wären, wenn nicht bei der geringen Schlothöhe von 46 m ein wesentlicher Teil dieses Auswurfes auf werkseigenem Gelände oder dem der Brabag niederginge.[599]

Am meisten waren also von den Rauch- und Schwelgasen insbesondere die bei der ASW bzw. dem benachbarten Brabag-Werk beschäftigten Arbeiter betroffen, wobei interessanterweise eine offizielle Beschwerde der Brabag über die ASW 1942 Anlaß zu noch umfangreicheren Untersuchungen der Luftverhältnisse gab. Bei einer Besichtigung der Forschungsstelle für Rauchschäden der Bergakademie Freiberg gab der Betriebsarzt der ASW z. B. eine außerordentliche Steigerung bei Neuerkrankungen an Magengeschwüren an.[600] Festgestellt wurde bei der Besichtigung, daß der Flugascheanfall durch seinen hohen Gehalt an SiO_2 (in vielen Bereichen war die Silikose bereits als Berufskrankheit anerkannt) „krankmachende Wirkung haben könnte". Im Ganzen gesehen kam Dr. Küger zu dem Schluß, daß keine untragbaren

598 SStA Leipzig, ASW Böhlen Nr. 692.

599 SStA Leipzig, ASW Böhlen Nr. 1125.

600 SStA Leipzig, ASW Böhlen Nr. 793.

Verhältnisse herrschten. Immerhin wies das Werk inzwischen eine Entschwefelungsanlage auf, die stündlich etwa 75 000 m^3 Gas bewältigte.

Entstaubungsversuche waren seit 1929 vorgenommen worden. Die außerordentliche Feinheit des Staubes bewirkte aber bei den herkömmlichen Verfahren (z. B. Zyklonentstaubung) nur eine sehr geringe Verbesserung, so daß die Entstaubung aus Wirtschaftlichkeitsgründen fallengelassen worden war. Durch veränderte Feuerungstechnik und Kornvergröberung des Staubes konnten geringfügige Verbesserungen erzielt werden. Da aber der Produktionsausstoß bis 1943 ständig stieg, erhöhte sich auch der Schadstoffausstoß. Die Staubablagerungen auf dem Werksgelände der Brabag erreichten 1940 durchschnittlich 655 kg pro Stunde und 1941 schon 934 kg.[601] Die Analyse der Flugasche ergab z. B. eine Quarzanteil von 40 %, wobei zwischen 30 und 60 % davon einen Durchmesser von unter 20 µm aufwies, so daß für die Beschäftigten die Gefahr der Silikose gegeben war.[602] Vom Schwebstaub als Träger anderer toxischer Stoffe muß hier abgesehen werden, da diesbezüglich keine Untersuchungen vorgenommen wurden.

Zur Bindung der Staubablagerungen hatte die Brabag Grünflächen auf dem Betriebsgelände angelegt. Diese Anlagen mußten jährlich erneuert werden, „da die Rasenflächen bereits nach einem Jahr so stark mit Flugasche zugedeckt sind, daß selbst bei den Gräsern ein weiteres Wachstum unmöglich ist und dieselben nach Auftragen von neuem Mutterboden neu angesät werden müssen.“[603]

Die Auseinandersetzungen um Luftverschmutzung waren für den gesamten mitteldeutschen Raum kennzeichnend, weswegen sich die Werke untereinander in Verbindung setzten, um Abhilfemaßnahmen zu diskutieren oder Erfahrungen in Rechtsstreitigkeiten auszutauschen usw. Insbesondere das gigantische Leunawerk bei Halle war seit Jahren in große Auseinandersetzungen verwickelt, die auch zu einem langwierigen und kostspieligen Rechtsstreit geführt hatten. Vor dem Landgericht Halle hatten die Leuna-Werke mit dem Einwand der „Ortsüblichkeit“ gewonnen. Dieses Argument hatte in der Geschichte der umweltrelevanten Auseinandersetzungen bereits eine lange Tradition. Nach § 906 BGB mußte eine Beeinträchtigung, die „nach den

601 SStA Leipzig, Brabag Nr. 41, Bl. 3.

602 SStA Leipzig, Brabag Nr. 41, Bl. 2f.

603 SStA Leipzig, Brabag Nr. 41, Bl. 4.

örtlichen Verhältnissen gewöhnlich ist" hingenommen werden.[604] Allerdings hatten die Sachverständigengutachten bescheinigt, daß die Werke alle Möglichkeiten genutzt hatten, um die Rauchschäden zu begrenzen. Tatsächlich hatten die Leuna-Werke bereits 1920 begonnen, z. B. Elektrofilter einzubauen. Die Weiterentwicklung dieser Vorrichtungen durch die Firma Lurgi erfolgte großenteils hier.[605] In welchem Maße die Leuna-Werke 1933 Vorkehrungen getroffen hatten, muß hier offen bleiben. Sicher ist jedoch, daß die Vertreter der ASW 1938 selbstkritisch einschätzten, daß sie sich mit diesem Stand nicht messen konnten. Selbst wenn sie mit dem Einwand der „Ortsüblichkeit" durchdringen könnten, wäre die ASW „wegen des Übermaßes der Raucheinwirkungen trotzdem schadenersatzpflichtig".[606]

Insbesondere wegen der Flurschäden, die durch Schwefeldioxid hervorgerufen wurden, war seit 1937 die Erhöhung der Schlote des Kesselhauses II auf 66 m in Angriff genommen worden. Die Erhöhung der Schornsteine war beim Auftreten von Umweltschäden schon lange eine beliebte Maßnahme, um kritische Stimmen zum Schweigen zu bringen.[607] Von der Vorstellung der Luft als schier unerschöpflichem Reservoir getragen und weit kostengünstiger als tatsächliche Vermeidung von schädlichen Abgasen, bot sich diese Maßnahme an und wurde weltweit zur unmittelbaren Schadensbegrenzung eingesetzt.[608] Dieses Vorgehen konnte die eigentlichen

604 Beispiele für eine daran orientierte Rechtsprechung sind z. B. zu finden in: F. J. Brüggemeier,/Th. Rommelspacher, Blauer Himmel über der Ruhr. Geschichte der Umwelt im Ruhrgebiet 1840-1990, Essen 1992, u. a. S.17, S. 36

605 SStA Leipzig, ASW Espenhain Nr. 131.

606 Ebenda. Im Übrigen hatten auch die Leuna-Werke Schadenersatz von mehreren 100 000 RM zu zahlen, da sich vor einer Weiterführung des Rechtsstreits vor höheren Instanzen der Reichsnährstand einschaltete und einen Vergleich herbeiführte. Allerdings waren damit alle Schäden, die sich aus dem Betrieb der Anlagen ergaben, abgegolten, es sei denn, daß außergewöhnliche Schäden eingetreten wären, die durch ein besonderes Versagen im Betrieb hervorgerufen worden wären.

607 Gerade in Sachsen waren die Probleme des Hüttenrauches schon seit der Mitte des 19. Jahrhunderts bekannt und wurden im wesentlichen auf diese Art „gelöst", siehe A. Andersen, R. Ott, E. Schramm, Der Freiberger Hüttenrauch 1849-1865. Umweltauswirkungen, ihre Wahrnehmung und Verarbeitung, in: Technikgeschichte 53, 1986, S. 170ff.

608 Sachsen hatte mit der 1899 errichteten Halsbrücker Esse von 144 m zeitweilig auch die höchste der Welt: G. Spelsberg: Rauchplage. Hundert Jahre saurer Regen, Aachen 1984, S. 172.

Probleme nicht lösen. Die engere Umgebung wurde zwar entlastet, aber die Konflikte lokal und temporär verlagert, indem das Schadensgebiet weiter ausgedehnt wurde und statt der akut wahrnehmbaren Schäden unterschwellige chronische Schädigungen auftraten, die sich schwerer nachweisen ließen und erst nach einem längeren Zeitraum zu sichtbaren Schäden führte. Das Wissen um diesen Zusammenhang ist bereits sehr alt.[609] Die Sachverständigen in Rauchschädenfragen lehnten hohe Essen mehrheitlich ab. Dennoch wurden bis in die jüngste Vergangenheit hohe Schornsteine als Mittel der Luftreinhaltung gepriesen.[610] Das sich auch die Anwohner betroffener Gebiete teilweise dieses Argument zu eigen machten[611], erscheint verständlich. Hohe Schornsteine entlasteten zumindest die engere Umgebung. Bei den Planungen für neu zu errichtende Siedlungen in der Nähe großer Industrieanlagen wurde zumindest in den 30er Jahren mit Rücksicht auf die vorherrschenden Winde und dem Abstand vom Werk durchaus in Betracht gezogen, daß in größerer Entfernung die Belastung größer sein konnte als unmittelbar im „Windschatten" des Betriebes.

Seit längerem war bei der ASW auch die Ausstattung mit Elektrofiltern in Erwägung gezogen, der hohen Kosten wegen aber nicht ausgeführt worden. Nach längeren Verhandlungen mit der Amtshauptmannschaft erklärte sich die

---

609 So der Fabrikinspektor für den Regierungsbezirk Oppeln, Dr. Friedrich Adolf Bernoulli 1878: „Durch 100 und mehr Meter hohe Essen die Gase in höhere Luftschichten zu leiten, um sie zu diffundieren und dadurch unschädlich zu machen, erfüllt nach den Erfahrungen, die man namentlich in Swansea (Süd-Wales) gemacht hat, wie ich aus eigener Anschauung bestätigen kann, durchaus nicht den Zweck. Die nächste Umgebung der Hütten wird durch solche Essen zwar vor den Einwirkungen der schwefligen Säure bewahrt, dafür aber wird die Verheerung weiter und weiter getragen, so daß nach einer Reihe von Jahren namentlich die in der Richtung der regenbringenden Winde liegenden Ländereien auf meilenweite Entfernungen verwüstet werden. Bei zunehmender Entfernung von der Hütte ist der Nachweis der Schädigung durch die Hüttenanlage dem Besitzer des Grund und Bodens behufs Erlangung von Schadenersatz auf gerichtlichem Wege nahezu unmöglich, da der Devastationsprozeß zu allmählich vor sich geht. Aus diesem Grunde dürfte es Sache der zuständigen Behörden sein, im öffentlichen Interesse dem Schaden bei Erteilung der Genehmigung durch die Bedingung vorzubeugen, daß die bei dem Röstprozeß sich entwickelnde schweflige Säure durch geeignete Vorkehrungen möglichst vollständig absorbiert werde", zit. nach: Der Schutz gegen Flurschädigungen durch gewerbliche Einwirkungen. Drei Beiträge, Berlin 1896, S. 40.

610 F.-J. Brüggemeier/Th. Rommelspacher, Blauer Himmel ... , a. a. O., S. 67.

611 A. Andersen, R. Ott, Ingenieurwissenschaftliche Risikoperzeption in der Phase der Hochindustrialisierung, Bremerhaven 1995, S. 125.

ASW am 8.1.1938 dazu bereit, „nach Errichtung der 4 neuen Kessel auch allmählich das Kesselhaus II mit Eltfiltern auszurüsten, sobald die betrieblichen Verhältnisse dies gestatten und die Finanzierung dieses Bauvorhabens gesichert erscheint. Über den Zeitpunkt des Bauvorhabens könne wir, solange die Erweiterung um 4 Kessel nicht durchgeführt ist, keinerlei Angaben machen.“[612] Infolge der Materialbewirtschaftung war es allerdings nicht möglich, die für den Filtereinbau notwendige Eisenzuteilung von 2500 t zu erhalten. Nach zähen Verhandlungen diesmal seitens der ASW war zwar die Genehmigung für die Hälfte davon bis 1941 erteilt worden, aber ohne Dringlichkeitsstufe, so daß bis 1942 unter Verschärfung der Rohstoffsituation davon kein Gebrauch gemacht werden konnte. Durch die Veränderung des Rohstoffbewirtschaftungssystems 1942 wurden teilweise bereits zugeteilte Kontingente ohnehin storniert.[613] Die ASW sprach deshalb Mutschmann persönlich an, bei der Beschaffung zu helfen.[614] Obwohl keine gesicherten Erkenntnisse über die Ausstattung der Kesselhäuser mit Filtern für die folgenden Jahre vorliegen, kann angenommen werden, daß bei den Materialbeschränkungen und der bevorzugten Belieferung der kriegswichtigen Unternehmen die geplante Ausstattung mit Filtern nicht vorgenommen wurde. Insbesondere ab 1943, als Produktion um jeden Preis gefordert wurde, sind umweltschützerische und Arbeitsschutzmaßnahmen nur noch schwer vorstellbar. Dies würde sich mit den Ergebnissen Brüggemeiers zum Ruhrgebiet decken, der festgestellt hat, daß der Einbau von Elektrofiltern in Elektrizitätswerk am Harkortsee ebenso an der Materialzuteilung scheiterte.[615]

Die Situation verschärfte sich natürlich mit der Produktionsaufnahme des Werkes Espenhain. In den 40er Jahren traten hier erstmals größere Beeinträchtigungen auf. Das Dorf Mölbis, das in der DDR die zweifelhafte Karriere als schmutzigstes Dorf machte, ist erstmals in dieser Zeit betroffen. Im August 1943 erkannte das Werk bei 93 Obstgärten Schäden in Höhe von 20-80 % an. Die Summe belief sich auf über 2000,- RM. Dazu kamen noch Entschädigungen für landwirtschaftliche Produkte von ca. 1600,- DM. Dabei stellte die Werksverwaltung in einem Schreiben an die Hauptverwaltung fest: „daß die Ursache der Flurschäden unseres Erachtens ohne Zweifel auf Einwirkung durch Abgase und Flugasche unseres Werkes zurückzuführen ist“. 1944 beliefen sich die Ausgaben für Schadenersatz bereits auf

612 SStA Leipzig, ASW Böhlen Nr. 1125.

613 W. Birkenfeld, Der synthetische Treibstoff ... , a. a. O., S. 168.

614 SStA Leipzig, ASW Böhlen Nr. 793.

615 F. J. Brüggemeier/ Th. Rommelspacher, Blauer Himmel ... , a. a. O., S. 58f.

ca. 10000,- RM.[616] Nachdrücklich wurde von den Werken immer wieder gefordert, die Neupflanzung von Obstgehölzen oder den Anbau von empfindlichen Kulturen zu unterlassen. Auch diese Forderung war in anderen industriellen Ballungsgebieten bereits umgesetzt worden, so hatte das Reichsgericht in einem Urteil von 1937 einem Landwirt bei Oberhausen darauf verwiesen, daß er die Pflicht habe, „seinen Betrieb denOrtsverhältnissen entsprechend einzurichten und eine Art der Bewirtschaftung zu wählen, die gegenüber den schädlichen Zuführungen möglichst wenig empfindlich ist."[617]

Aufgrund des wirtschaftlichen Stellenwertes, den die Kohlehydrierung in Deutschland während des Krieges einnahm, ist es nicht verwunderlich daß sich die Bombenangriffe der Alliierten auf die Zerstörung dieser Anlagen richteten. Allein das Böhlener Werk war zwischen Mai 1944 und März 1945 Ziel von 13 Luftangriffen. Die dabei bewirkten Umweltschäden sind sicher nie gemessen worden. Dabei hatten bereits die Angriffe 1944 weitgehende Schäden verursacht, insbesondere in den Tankanlagen und Rohrleitungen. Bei den Angriffen vom 20.2.45 und 2.3.45 wurde Böhlen besonders schwer getroffen, so daß alle Anlagen nicht mehr betriebsfähig waren. Das Espenhainer Werk, das 1943 erst im Anlaufen und bei Beginn der Luftangriffe am 12.5.44 noch nicht fertiggestellt war, wurde achtmal bombardiert, wobei nach dem Angriff vom 7.4.45 ebenfalls alle Anlagen ausgefallen waren.[618] Der jeweils nach kurzer Reparaturzeit wieder aufgenommene Betrieb kann sich ebenfalls nur auf die unbedingt zur Produktion notwendigen Anlagen beschränkt haben. Phenol- und Schwefelgewinnung, die zu einer unmittelbaren Entlastung der Umwelt geführt hätten, konnten zunächst nicht betrieben werden.

Wurden in den o. g. Auseinandersetzungen in der Hauptsache Schwefeldioxid und Flugasche als Schadensverursacher diskutiert, so entspricht das im Wesentlichen den damals auch in der Wissenschaft als problematisch erkannten Stoffen. Darüber hinaus gab es aber auch schon Diskussionen um die Wirkung von anderen Stoffen, die sehr modern anmuten. So ist man dazu geneigt anzunehmen, die Analyse des Treibhauseffektes sei erst für die zweite Hälfte des 20. Jahrhunderts typisch. Allerdings ist als Folge einer erhöhten CO_2-Konzentration in der Atmosphäre bereits im 19. Jahrhundert unter Wissenschaftlern eine Erhöhung der Temperatur

616 SStA Leipzig, ASW Espenhain Nr. 609.

617 Zit. nach.: F. J. Brüggemeier/Th. Rommelspacher, Blauer Himmel über der Ruhr ... , a. a. O. S. 61.

618 SHStA Dresden, Landesregierung Sachsen, Wirtschaftsministerium Nr. 2485, Bericht an den Aufsichtsrat für die Zeit vom 1.1. bis 30.9.1945.

diskutiert worden.[619] Im Untersuchungszeitraum war das Bewußtsein über diesen Zusammenhang bereits über diesen Kreis hinaus verbreitet. Das beweist ein Artikel in der Deutschen Bergwerkszeitung von 1941. Veröffentlichungen in solchen Fachpublikationen müssen immer als Multiplikatoren für die Verbreitung des zeitgenössischen Wissens angesehen werden. Bergwerksdirektor Harnisch aus Kassel schrieb zu dieser Problematik von einem „seit Jahrtausenden herrschenden biologischen Gleichgewicht zwischen Kohlensäureerzeugung und -verbrauch" das durch die Verbrennung großer Mengen von Kohle empfindlich gestört würde.[620] Allerdings wurden die Folgen der CO_2-Anreicherung ausschließlich positiv gesehen. Harnisch ging sowohl davon aus, daß durch den Temperaturanstieg sich subtropisches Klima „allmählich bis in arktische Gebiete ausbreiten wird", als auch die atmosphärischen Kohlenstoffmengen das Pflanzenwachstum dergestalt anregen würde, daß das Energieproblem durch „großtechnisch betriebene Kraftgärten" gelöst werden könne. Mit dieser Argumentation wollte er Meinungen entgegentreten, die in absehbarer Zeit eine Verknappung an verfügbarer Energie befürchteten. Neben der positiven Wertung des Treibhauseffekts werden auch die anderen erneuerbaren Energien als potentielle Lösung des Energieproblems angesprochen. Sowohl die Nutzung der Erdwärme und der Sonne, als auch die der Gezeiten, des Windes etc. werden für die Zukunft empfohlen. Allerdings spricht hier auch eine stark technokratisch verengte Fortschrittsgläubigkeit heraus, indem als Nahziel gigantische Wasserkraftprojekte befürwortet werden: „Die Politik des Führers wird die Voraussetzung dafür schaffen, daß in einer europäischen Großraumwirtschaft auch große internationale Wasserkraftprojekte, z. B. Staudämme im Kongotal, bei Gibraltar, im Bosporus u. a. der Verwirklichung näher gerückt werden."

---

619 M. Trömel, Quantitative Analyse technischer Wachstumsprozesse: Drei Entwicklungsphasen der Industriegesellschaft im 20. Jahrhundert, in: J. Sieglerschmidt (Hg.). Der Aufbruch ins Schlaraffenland. Stellen die Fünfziger Jahre eine Epochenschwelle im Mensch-Umwelt-Verhältnis dar? Mannheim 1995, (Environmental History Newsletter, Special issue No. 2), S. 24;
siehe auch F.J. Brüggemeier, M. Toyka-Seid (Hg.): Industrie-Natur. Lesebuch zur Geschichte der Umwelt im 19. Jahrhundert, München 1985, wo aus S. A. Arrhenius, Lehrbuch der kosmischen Physik, Bd. 2, Leipzig 1903 zitiert wird (S. 263).

620 Deutsche Bergwerkszeitung Nr. 71 und 72 (1941), zit. nach einer Abschrift in: SStA Leipzig, ASW Espenhain Nr. 659.

6 SCHLUßBETRACHTUNGEN

Die militärische Niederlage Deutschlands im Zweiten Weltkrieg führte zunächst zu einem Abbau der industriellen Kapazitäten. Die enormen Zerstörungen durch den Bombenkrieg seit 1944 konnten nur zögernd wieder behoben werden. Es fehlte an Material und qualifiziertem Personal. Die von der sowjetischen Besatzungsmacht angeordneten Demontagen verringerten das industrielle Potential zusätzlich. Der große Kohlenmangel nach dem Krieg führte jedoch dazu, daß die Produktion schnell wieder in Gang gesetzt wurde. Auch die seit Jahren oder Jahrzehnten stillgelegten Klein- und Kleinstbetriebe förderten wieder Braunkohle. Zeitweise wurde hier eine Situation, ähnlich der um die Jahrhundertwende geschaffen. Diese Tendenz wurde schon vor 1950 umgekehrt. Mit der Einbindung des östlichen Teils Deutschlands in das sozialistische Lager erfolgte wiederum ein massiver Ausbau der Braunkohlenindustrie über Jahrzehnte hinweg.

Nach kurzfristiger Orientierung auf die Erdölverarbeitung, zumindest, was die chemische Verwertung betraf, wurde seit Mitte der 70er Jahre (Ölschock) wieder verstärkt auf die Karbochemie gesetzt. Diese Phase der rücksichtslosen Ausbeutung der Ressourcen war insbesondere an eine völlige Auslastung der vorhandenen Verarbeitungskapazitäten gekoppelt. Die Anlagen wurden auf Verschleiß gefahren, Investitionen zur Modernisierung kaum getätigt. Diese Wirtschaftspolitik führte letztlich zu den auf Seite 9 ausgewiesenen Umweltbelastungen. Diese Probleme wurden in vielfältiger Art von Bürgern reflektiert. Da die Umweltbewegung in der DDR zunehmend kriminalisiert wurde, führte das dazu, daß sie ein konstituierendes Element der Bürgerbewegung wurde, die zum Wendeprozeß in der DDR erheblich beitrug. Die Umweltbewegung erhielt hier eine politische Dimension, wie sie bisher in der Geschichte selten sein dürfte. Eine Analyse der Umweltbedingungen und Umweltbewegung dieses Gebietes in der Zeit von 1945 bis 1989 muß weiterer Forschung vorbehalten bleiben. Dabei wäre zu untersuchen, in welchen Etappen sich die völlige Umstellung auf die Braunkohlenverwertung vollzog und welche Interessengegensätze daraus resultierten, insbesondere jedoch in welcher Weise die Konflikte unter dem neuen politischen System bewältigt wurden.

Die Ergebnisse der vorliegenden Arbeit haben gezeigt, daß eine Wurzel der sich seit den 70er Jahren dramatisch zuspitzenden Situation bereits im Industrialisierungsprozeß selbst liegt. Für das nordwestsächsische Industriegebiet ist dabei festzuhalten, daß sich umweltgeschichtliche Entwicklungsetappen erstaunlich eng an historische Zäsuren koppeln lassen. Sicher muß man beachten, daß sich Umweltveränderungen selten in einem kurzen Zeitraum einstellen, doch es gibt politikgeschichtliche bzw. wirtschaftsgeschichtliche Zäsuren, die entscheidend auf Umweltbedingungen einwirken können. In diesem Fall handelt es sich um den Ersten Weltkrieg und den Machtantritt der Nationalsozialisten.

So konnte nachgewiesen werden, daß neuartige Umweltbelastungen in der Region an die Durchsetzung der chemischen Verarbeitung von Braunkohle zu Heizöl im Interesse der Kriegführung des deutschen Kaiserreiches gekoppelt waren. Dieser Prozeß war außerdem begleitet von einer Entregionalisierung des Besitzes. Zwecksetzung und Zweckrealisierung, die bereits mit dem Eindringen überregionalen Kapitals auseinander zu driften begannen, fielen durch die Priorität der Kriegführung und die damit immer stärker werdenden zentralistischen Interventionen völlig auseinander.

Der Bedarf an Elektroenergie, ebenfalls durch den Ersten Weltkrieg in besonderer Weise gesteigert, führte zu staatlichem Eingreifen in die vorhandenen Strukturen, wobei die Position der Gemeinden erheblich geschwächt wurde. Überhaupt stellt sich die Elektroenergieerzeugung als der wesentlichste Wirtschaftszweig für die Ausprägung einer neuen Umweltqualität heraus. Die Kriegswirtschaft erzeugte eine steigende Nachfrage nach Elektroenergie, der durch Kapazitätserweiterung Rechnung getragen wurde.

Einmal geschaffenen Strukturen wurden nach Kriegsende nicht aufgelöst, sondern wegen der Kriegsfolgen (z. B. Mangelverwaltung, Reparationen) zunächst sogar gefestigt. Es wurden Realitäten geschaffen, die nun ihrerseits Standortbedingungen bildeten. Dies trifft insbesondere wieder für die Elektrizitätswirtschaft zu. Die Tendenz zur Verbundwirtschaft mit der Konsequenz der Stromerzeugung am Ort der Kohlegewinnung führte zu konzentrierten Industrierevieren zunächst noch insularen Charakters mit starken örtlichen Belastungen aller Umweltkompartimente. Beim Tagebau ist die Bodenbeeinträchtigung besonders sinnfällig, so daß die Wahrnehmung dieses Problemkreises zu erheblichen Auseinandersetzungen führte. Daß in diesem Zusammenhang große Interessengegensätze auftraten und mit erbitterten Mitteln ausgetragen wurden, hängt mit der relativen Nähe der so bedeutenden Großstadt Leipzig zusammen. Zum einen war Leipzig als Buch- und Messestadt bereits vor der auf Braunkohle basierenden Industrialisierung ihres Südraumes ein bedeutendes Wirtschaftszentrum und war nicht durch diesen Prozeß gewachsen, hatte also davon kaum Vorteile. Zum anderen trafen die Folgen industrieller Umweltverschmutzung längerfristig große Bevölkerungsgruppen (und relativ unabhängig von ihrer sozialen Stellung). Aus diesen Gründen konnte hier ein großes Protestpotential mobilisiert werden.

Eine weitere für das Untersuchungsgebiet deutliche umweltgeschichtliche Zäsur ist ebenfalls eng an eine politische geknüpft, da sich 1933 grundsätzliche Bedingungen für die Entwicklung dieses Gebietes dadurch veränderten, daß der

Wirtschaftsstandort Mitteldeutschland zu einem hochrangigen Planungsfaktor der nationalsozialistischen Wirtschafts- und Rüstungspolitik wurde. Insofern stellte nicht der Kriegsbeginn 1939, sondern die Machtübernahme der Nationalsozialisten bereits die Weichen.[621] Die nordwestsächsische Braunkohlenindustrie betrifft dies insbesondere seit 1934 (Gründung der Braunkohle-Aktien-Gesellschaft).

Der mit dem Ausbau der chemischen Verwertung eingetretene Industrialisierungsschub, war eng verbunden mit der Verschmelzung des Mitteldeutschen Industriegebietes in ein Ballungszentrum. Bisher insulare Industrieansiedlungen wuchsen zusammen. Der Ausbau bestehender Werke und der Neubau von weiteren Verarbeitungskapazitäten wurden rüstungswirtschaftlichen Zielstellungen untergeordnet. Waren im Ersten Weltkrieg die Standorte der DEA am Südrand des Untersuchungsgebietes und das damals erst geplante „Westkraftwerk“ Sachsens in Böhlen noch Einzelstandorte, erfolgte nun ein völliger Ausbau, an allen dafür geeigneten Standorten mit der Konsequenz, daß auch die Umweltbelastungen flächendeckend hervortraten.

Zeitgleich mit dieser wirtschaftspolitischen Zielstellung änderten sich jedoch auch die Bedingungen auf anderen Gebieten einschneidend. So brachten die Autarkiebestrebungen gleichzeitig einen starken Bedarf an Innovationen mit sich, so z. B. eine Zunahme der praxisbezogenen Forschung des Braunkohle-Forschungsinstitutes in Freiberg. Die Prämisse höchster Sparsamkeit mit jeglichem Rohstoff führte dazu, daß unerwünschte (und oft umweltschädliche) Kuppelprodukte der Produktion in stärkerer Form als bisher als Ausgangsstoff neuer Verfahren genutzt wurden (wie z. B. Phenole). Daraus ergab sich eine relative Verminderung von Umweltproblemen, das nach der neuen Technologie der Anteil von Abfallprodukten verringert werden konnte. Absolut gesehen, nahmen die Probleme jedoch zu, allein schon deshalb, weil die Produktion in einer bisher nicht gekannten Weise ausgedehnt wurde. So war für die Einführung der Treibstoffproduktion auch eine Erhöhung der Elektroenergieerzeugung und dafür wiederum die Ausdehnung der Tagebaue nötig. Jedes neue Verfahren, auch wenn es zur Beseitigung oder Verwertung von Abprodukten verwendet wurde, führte seinerseits wieder zu einem erhöhten Energiebedarf. Nicht erörtert werden konnte hier die Frage, nach den Abprodukten der neuen auf den Kuppelprodukten basierenden Industrien, da diese Problematik nicht weiter verfolgt wurde. Grundsätzlich kann aber festgestellt werden, daß die Umweltprobleme dadurch entweder an das Ende des neuen Produktionsprozesses verlagert wurden oder gar auf das Produkt selbst. Die Motorisierung stellt hier eines der signifikantesten Beispiele dafür

621 Noch 1933 wurde der Benzinvertrag mit der IG Farben geschlossen.

dar, daß in der Konsumtion der Produkte beträchtliche Umweltprobleme auftauchen, die dann auch flächendeckend wirksam werden und später globale Bedeutung erlangen. Im untersuchten Zeitraum ist allerdings diesbezüglich kaum Problemdruck und deshalb auch kein Problembewußtsein festzustellen.

Scharfe Interessengegensätze ergaben sich gerade unter dem Nationalsozialismus aus der Blut-und-Boden-Ideologie und dem rücksichtslosen Industrieausbau im Interesse der Kriegführung. Ob man freilich so weit gehen kann, die NSDAP als „Hitlers Green Party" zu bezeichnen[622] und alle Charakteristika des Nationalsozialismus auf einen agrar- bzw. ökoromantischen Kern zurückzuführen sind[623] soll hier dahingestellt bleiben. Allerdings erhielten unter dem Nationalsozialismus umweltrelevante Interessenkonflikte tatsächlich neue institutionalisierte Bedingungen. So boten der Erlaß des Reichsnaturschutzgesetzes, des Tierschutzgesetzes, des Reichserbhofgesetzes durchaus Möglichkeiten Industrialisierung und Industrialisierungsfolgen einzudämmen. Ein Erfolg diesbezüglicher Interessenartikulation war immer nur in kleinen Dingen nachzuweisen, während der umweltbedrohliche Industrieausbau im nordwestsächsischen Revier im großen Stil durchgeführt wurde. Es ist im Untersuchungsgebiet kein Konflikt bekannt, der grundsätzlich zuungunsten der Industrie ausgegangen wäre. Die auf Reichsebene institutionalisierte Raumplanung ist eine deutliche Reaktion auf diese Konfliktsituation. Doch auch hier dominieren schon in der Zielstellung industrielle und Wehrmachtsinteressen.

Grundsätzlich gibt es über die politischen Systeme hinweg geltende Muster der Konfliktregulierung. An der Wassergesetzgebung wird deutlich, daß menschliche Nutzungsinteressen Maßstab für das Ausmaß waren, in dem Umweltbeeinträchtigungen wahrgenommen worden sind. Veränderungen des bisher gekannten Zustandes machten bisher übliche Nutzungen unmöglich, so daß sich eine beträchtliche Anzahl von Konflikten um Umweltprobleme als konkurrierende Nutzungsinteressen manifestiert, die nur insofern naturbezogen sind, als das Streitobjekt der natürlichen Umwelt zuzuordnen ist. Ohne Zweifel gehören dazu auch die Auseinandersetzungen um Gesundheitsbeeinträchtigungen, da sie ebenfalls Einzel- bzw. Gruppeninteressen artikulieren. Ob man freilich behaupten kann, das es deshalb keine

---

622 A. Bramwell, Blood and Soil. Richard Walther Darré and Hitler's 'Green Party', Buckinghamshire 1985.

623 M.-L. Heuser, Was grün begann endete blutigrot. Von der Naturromantik zu den Reagrarisierungs- und Entvölkerungsplänen der SA und SS, in: Dieter Hassenpflug (Hg.) Industrialismus und Ökoromantik. Geschichte und Perspektiven der Ökologisierung, Wiesbaden 1991, S. 60.

Umweltkonflikte seien, ist fraglich.[624] Immerhin ist die Einschränkung bisher über Jahrhunderte üblicher Nutzungen - etwa des Wassers als Viehtränke, oder des Fischens - ein Indikator für einschneidende Umweltveränderungen und deshalb m. E. objektiv auch dann ein Umweltkonflikt, wenn es subjektiv mehr als Eigentumskonflikt empfunden wurde. Gerade das Fehlen einer wirksamen Emissionsgesetzgebung dürfte verantwortlich dafür sein, daß nur die Nachbarn industrieller Betriebe überhaupt eine Chance hatten, gegen die Verursacher vorzugehen. Das war meist nur auf dem Weg der Zivilrechtsklage möglich, über die eben nur und auch dies nur in begrenztem Maße ein Immissionsschutz eingeklagt werden konnte. Der Erfolg solcher Prozesse war außerdem mehr als fraglich, die Kosten sehr hoch, so daß in praxi meist unterhalb dieser Ebene operiert wurde.

Die einzige Möglichkeit, die Emissionslast zu vermindern, besaßen die jeweiligen staatlichen Genehmigungsbehörden, seien es Gewerbeaufsichtsämter, Bergämter oder Amts- und Kreishauptmannschaften usw. Sie billigten den Verursachern meist Verunreinigungen in bestimmten Umfang zu. Auch diese Behörden agierten nicht nach eigenem Gutdünken. Ihr Spielraum war durch diverse Gesetze und ministerielle Verfügungen festgelegt, die wiederum ein Ausdruck des jeweiligen politischen Machtverhältnisses waren. Wenn man sich die Kriterien betrachtet, die für die Festlegung von Grenzwerte maßgeblich waren, stellt man fest, daß es keineswegs die zeitgenössischen naturwissenschaftlich-technischen Erkenntnisse und Methoden waren, die diese Entscheidungen bedingten, auch wenn sie für die Beurteilung eine Rolle spielten. Letztlich waren die Entscheidungen eher Ausdruck der Grenzwerte gesellschaftlicher Akzeptanz als nachgewiesener Unschädlichkeit, wobei auch die wissenschaftliche Forschung selbst nur im Rahmen des gesellschaftlichen Problembewußtseins agierte. Dabei dominierte im Untersuchungszeitraum eindeutig die ökonomischen und sozialen Fragen vor den ökologischen.

---

624 Vgl. die Kritik Radkaus daß Umweltkonflikte „oft nicht weiter als sozioökonomische Interessenkonflikte“ seien: J. Radkau, Was ist Umweltgeschichte?, in: Ch. Simon (Hg.) Umweltgeschichte heute. Neue Themen und Ansätze der Geschichtswissenschaft - Beiträge für die Umweltwissenschaft, Environmental History Newsletter, Special issue 1/1993 S. 94.

7 ANLAGEN

Braunkohleförderung in Sachsen[625]

Jahr	Werke in Förderung	Fördermenge in t	Beschäftigte
1915	58	6 658 462	3 277
1916	55	6 534 079	2 951
1917	53	6 330 057	3 357
1918	51	6 741 264	3 532
1919	54	6 712 010	8 318
1920	56	7 654 851	11 246
1921	57	8 178 262	11 169
1922	54	9 052 473	9 841
1923	51	8 214 186	9 985
1924	48	8 958 490	6 486
1925	43	9 918 874	6 230
1926	36	10 053 534	5 849
1927	31	10 753 874	5 239
1928	28	11 937 407	5 437
1929	27	12 967 953	6 091
1930	22	11 555 148	4 791
1931	21	11 383 730	4 032
1932	19	10 534 239	3 909
1933	19	10 899 803	4 286
1934	20	11 583 976	7 383
1935	20	12 565 385	7 426
1936	20	15 805 833	8 041
1937	20	17 327 924	9 145
1938	19	15 366 108	9 178
1939	- *1*	-	-
1940	16	23 501 353	13 318
1941	17	26 420 182	13 959
1942	17	30 030 200	16 555 *2*
1943	25	38 830 823	20 378 *3*

1 Erfaßt unter Oberberamtsbezirk Halle
2 Zusätzlich 1878 „Ostarbeiter" und 3101 Kriegsgefangene
3 Zusätzlich 2583 „Ostarbeiter" und 5489 Kriegsgefangene und Militärinternierte

625 Quelle: W. Fischer. Statistik der Montanproduktion Deutschlands 1915 - 1985, St. Katharinen 1995, Tab 91.

Jahresergebnis sächsischer Braunkohlenwerke 1944[626]

	Böhlen	Espenhain	Hirschfelde
Rohkohlenförderung in t	6 700 080	3 677 889	5 207 715
Brikettherstellung in t	2 184 690	2 731 572	1 177 339
Teererzeugung in t	183 168	246 399	45 734
Leichtölerzeugung in t	33 314	50 540	7 276
Gaserzeugung in m³	120 325 000	-	7 043 400
Stromerzeugung in kWh	722 332 000	1 420 077 000	91 068 900
Beschäftige	4 879	4 263	2 082
Heizöl in t	-	78 797	25 842

626 SHStA Dresden, Landesregierung Sachsen, Wirtschaftsministerium Nr. 2485.

Jahresproduktion des Werkes Böhlen der ASW 1921 bis 1945[627]

Jahr	Abraum-bewegung in m³	Rohkohle in t	Brikett in t	Dampf in t	Elektro-energie in kWh	Teer und Öl in t	Koks in t	Phenolat-lauge in t	Gas in m³
1921	860 472	0	0	0	0	0	0	0	0
1922	2 168 553	0	0	0	0	0	0	0	0
1923	2 549 801	0	0	0	0	0	0	0	0
1924	1 249 483	3 916	0	0	0	0	0	0	0
1925	2 214 026	50 292	2 517	0	0	0	0	0	0
1926	3 196 935	412 085	91 991	264 730	17 737 560	0	0	0	0
1927	1 558 520	638 550	99 109	787 476	108 742 320	0	0	0	0
1928	2 901 105	1 348 319	206 941	2 060 373	306 084 600	0	0	0	0
1929	4 699 537	1 942 715	336 244	3 068 720	457 405 440	0	0	0	0
1930	4 095 979	1 941 369	263 138	3 332 200	527 314 280	0	0	0	0
1931	4 703 914	2 216 374	298 855	3 691 994	598 659 180	0	0	0	0
1932	5 651 570	2 427 942	347 475	4 296 375	700 539 360	0	0	0	0
1933	6 238 862	2 491 383	352 245	4 327 651	712 289 280	0	0	0	0
1934	6 521 961	2 509 612	399 725	4 139 293	668 557 080	0	0	0	0
1935	7 293 920	2 673 136	423 497	4 304 098	683 560 560	0	0	0	0
1936	8 827 274	4 418 432	1 713 113	5 880 290	787 404 840	150 166	674 007	0	0
1937	7 200 145	3 366 724	1 811 939	5 741 597	965 338 440	185 171	820 061	0	0
1938	10 625 543	3 080 049	1 923 524	7 353 141	1 092 087 080	208 641	906 948	0	0
1939	11 076 765	3 949 581	2 058 034	8 230 016	1 233 497 520	217 817	927 401	0	0
1940	14 295 949	5 148 487	2 545 264	9 341 565	1 363 511 760	271 157	1 083 369	12 503	14 380 414
1941	17 288 608	5 815 417	2 700 705	10 017 963	1 421 344 320	295 251	1 120 387	18 022	77 102 786
1942	16 964 519	6 737 778	2 878 140	10 253 287	1 440 998 040	295 818	1 128 408	20 808	88 790 071
1943	18 223 052	7 911 677	3 087 865	9 586 785	1 309 341 000	306 710	1 138 765	25 306	103 183 098
1944	14 594 335	6 700 080	2 184 690	6 294 541	721 761 960	216 482	759 942	20 191	120 324 504
1945	5 465 599	3 274 757	956 273	3 487 538	339 753 286	77 780	315 289	5 651	72 916 109

627 SStA Leipzig, ASW Böhlen Nr. 1187, Bl. 5.

8 QUELLEN- UND LITERATURVERZEICHNIS

8.1 Quellen

8.1.1 Ungedruckte Quellen

Sächsisches Hauptstaatsarchiv Dresden (SHStA Dresden)

- Akten des Landtags

  Untersuchungsausschuß für Böhlen und Hirschfelde
- Außenministerium

  Nr. 6633, 6650, 6685, 7267.
- Finanzministerium

  Nr. F 2310, F2311, F 2511, F 2539, F 2541, F 2546, F 2547.
- Kreishauptmannschaft Leipzig (KH Leipzig)

  Nr. 4149, 4150, 4151, 4158, 4161, 4162, 4172, 4200, 4201, 4202, 4205, 4206, 4207, 4228, 4229, 4234, 4235.
- Landesregierung Sachsen, Wirtschaftsministerium

  Nr. 2485
- Ministerium des Inneren (MdI)

  Nr. F 880/1, F 880/2, F 968, 2913, 11109, F 11132, F13528, 13530 , 13531, 13532, 13533, 13534, 13535, 13536, 13537,13538, 15804, 15833/2, 16234/92, 17554, 17555, 17561, 17583.
- Ministerium für Volksbildung

  Nr. 16090
- Oberlandesgericht Dresden (OLG Dresden)

  Nr. W 742, W476, W 479.
- Wirtschaftsministerium

  Nr. 880/2, 1232, 1236

Sächsisches Staatsarchiv Leipzig (SStA Leipzig)

- Aktiengesellschaft Sächsische Werke, Braunkohlen- und Großkraftwerk Böhlen (ASW Böhlen)

  Nr. 150, 183, 200, 203, 235, 307, 509, 562, 562, 589, 594, 598, 692, 793, 903, 936, 950, 962, 1125, 1141, 1150, 1187.

- Aktiengesellschaft Sächsische Werke, Braunkohlenwerk Espenhain (ASW Espenhain)

  Nr. 7, 16, 17, 95, 131, 134, 136, 201, 202, 211, 237, 285, 576, 577, 609, 614, 644, 659, 157, 202, 211, 237, 299.

- Amtshauptmannschaft Borna (AH Borna)

  Nr. 2407, 2477, 3877, 3893, 3912, 5312, 5430, 5433, 5435, 5473, 5514, 5515, 5526, 5548, 5554, 5827, 6070, 6939, 6951, 7094, 7351, 7352, 7356, 7357, 7358, 7359, 7369, 7372, 7373, 7589, 7590, 7591, 8211, 8220, 8221.

- Amtshauptmannschaft Leipzig (AH Leipzig)

  Nr. 55, 56/2, 83, 1406, 1641/1, 2809, 2856, 3085, 3087, 3963, 3965, 3970, 3087, 4356, 4904.

- Braunkohle- und Benzin- Aktiengesellschaft Böhlen (Brabag Böhlen)

  Nr. 4, 38, 41, 49, 50, 56, 96, 139.

- Braunkohlenwerk Thräna (BKW Thräna)

  Nr. 10, 12, 22, 37, 47, 66.

- Braunkohlenwerke Borna AG (BKW Borna)

  Nr. 26, 29, 33, 38, 39, 103, 106, 109, 110, 239, 243, 391, 427, 436, 441, 445, 453, 454, 475.

- Grube Rositz der Deutschen Erdöl AG (Rositzer BKW)

  Nr. 154, 155, 205.

- Grundherrschaft Rötha mit Trachenau (GH Rötha)

  Nr. 2465, 2825, 2833, 2835, 2849, 2851, 2852, 2884, 2896.

- Landgericht Leipzig

  Nr. 3299.

- Leipziger Braunkohlenwerke AG Kulkwitz

  Nr. 150, 153, 154.

- Ramsdorfer Braunkohlenwerke AG (Ramsdorfer BKW)

Nr. 18, 19.

- Regiser Braunkohlenwerke (Regiser BKW)

  Nr. 1.

- Stadt Regis-Breitingen

  Nr. 257, 258, 261, 262, 320, 321.

- VEB Braunkohlenwerk Regis

  Nr. 256.

Stadtarchiv Borna (StA Borna)

- Stadtverwaltung Borna

  Nr. 19 vorläufige Registratur (1326).

Stadtarchiv Dresden (StA Dresden)

- Privatakten, Vereine und Vereinigungen, Sächsischer Heimatschutz

  Nr. 1, 2.

8.1.2 Gedruckte Quellen

A. Bebel: Die Frau und der Sozialismus, 57. Aufl., Berlin 1953.

L. Brühl: Gefährdung der Fischerei durch Öl und Teerverunreinigung der Gewässer, in: Fischereizeitung 27/1927.

W. Fischer (Hg.): Statistik der Bergbauproduktion Deutschlands 1850 - 1917, St. Katharinen 1989.

W. Fischer (Hg.): Statistik der Montanproduktion Deutschlands 1915 - 1985, St. Katharinen 1995.

A. Fruböse: Die Bedeutung der verunreinigten Luft für die menschliche Gesundheit mit besonderer Berücksichtigung der Großstädte und Industriebezirke, Berlin 1927.

H. Just: Entphenolung von Schwelwässern und Phenolgewinnung bei der Aktiengesellschaft Sächsische Werke, in: Braunkohle 40/1941.

H. Klose, A. Vollbach: Das Reichsnaturschutzgesetz vom 26. Juni 1935 und die Naturschutzverordnung vom 18. März 1936, Berlin 1939.

H. Ott: Statistik der öffentlichen Energieversorgung Deutschlands 1890 - 1913, St. Katharinen 1986.

Priesemuth: Gegenwartsfragen der deutschen Treibstoffwirtschaft, Diss., Barth 1938.

H. Ritter: Neue Stadtbaukunst Leipzig, Berlin, Leipzig, Wien 1927.

J. Schroeder: Die Einwirkungen der schwefligen Säure auf die Pflanzen, in: Tharandter Forstliches Jahrbuch Bde. 22(1872), 23 (1873).

A. Seifert: Die Versteppung Deutschlands Kulturwasserbau und Heimatschutz, Sonderdruck aus der Zeitschrift „Deutsche Technik" o. O. o. J.

A. Seifert: Im Zeitalter des Lebendigen. Natur, Heimat, Technik, Dresden, Planegg 1941.

P. Steinmann, G. Surbeck: Beiträge zur Toxikologie der Fische, in: Zeitschrift für Hydrologie H. 1/1920.

A. Stöckhardt: Untersuchungen über die schädlichen Einwirkungen des Hütten- und Steinkohlenrauches auf das Wachstum der Pflanzen, insbesondere Fichte und Tanne,
in: Tharandter Forstliches Jahrbuch Bd. 21(1871).

J. Stoklasa, Die Beschädigung der Vegetation durch Rauchgase und Fabrikexhalationen, Berlin, Wien 1923.

W. Treue: Hitlers Denkschrift zum Vierjahresplan 1936, in: Vierteljahreshefte für Zeitgeschichte 3/1953.

A. Wieler, Untersuchungen über die Einwirkungen schwefliger Säure auf die Pflanzen, Berlin 1905.

H. Wislicenus, Grundsätzliches zur technischen Abgas - und Rauchschädensfrage und zu den Zeitschriften Angewandte Chemie und Die Chemische Fabrik, Berlin 1933.

H. Wislicenus: Resistenz der Fichte gegen saure Rauchgase bei ruhender und bei tätiger Assimilation, in: Tharandter Forstliches Jahrbuch Bd. 48 (1898).

H. Wislicenus: Waldsterben im 19. Jahrhundert. Sammlung von Abhandlungen über Abgase und Rauchschäden unter Mitwirkung von Fachleuten, Berlin 1908-16, Reprint, Düsseldorf 1985.

25 Jahre städtische Elektrizitätswerke Leipzig 1905-1930, Leipzig 1930.

Allgemeine Bergpolizeivorschriften für das Land Sachsen vom 27. September 1929, Freiberg o. J.

Bericht über den Flächennutzungsplan für das Bornaer Braunkohlengebiet zur 4. Sitzung des Hauptausschusses für die Aufstellung des Siedlungs- und Wirtschaftsplanes für das westsächsische Braunkohlengebiet, am 6. Juni 1928.

Bürgerbund, was er ist und will, 4. Aufl., Leipzig o. J. (1920).

Das sächsische Enteignungsgesetz vom 24. Juni 1902 nebst der Ausführungsverordnung vom 24. November 1902 und den sonst gültigen besonderen enteignungsrechtlichen Bestimmungen, Leipzig, 1930.

Denkmalpflege, Heimatschutz, Naturschutz. Erfolge, Berichte, Wünsche, Dresden 1936.

Der Schutz gegen Flurschädigungen durch gewerbliche Einwirkungen. Drei Beiträge, Berlin 1896.

Die neue Berggesetzgebung in Sachsen, ein Nachtrag zur Handausgabe des Allgemeinen Berggesetzes für das Königreich Sachsen vom 31. August 1910. Mit Anmerkungen von Dr. G. H. Wahle, Leipzig 1919.

Die Raumnot der Reichsmessestadt Leipzig. Denkschrift des Oberbürgermeisters von Leipzig, Freyberg, o. O. 1941.

Gewerbeordnung für das Deutsche Reich nebst den wichtigsten arbeitsrechtlichen und gewerbepolizeilichen Nebengesetzen und Verordnungen, München 1930.

Handbuch für den deutschen Braunkohlenbergbau, 2 Bde. Halle 1927, 1935.

Landesplanung im engeren mitteldeutschen Industriebezirk. Ihre Grundlagen, Aufgaben und Ergebnisse, Merseburg 1932.

Landesplanung und Landesgerenzen in Mitteldeutschland, Merseburg 1928.

Leipziger Wirtschaftshandbuch, 3 Bde., Leipzig 1927 - 1930.

Niekammers Landwirtschaftliche Adreßbücher, Bd. IX Freistaat Sachsen, Leipzig 1925.

Rauchbekämpfung im Ruhrkohlenbezirk. Bisherige Tätigkeit des Ausschusses für Rauchbekämpfung beim Siedlungsverband Ruhrkohlenbezirk, Essen 1928.

Umweltbericht, für den Freistaat Sachsen, Dresden 1991.

Zeitschriften/Periodika

Angewandte Chemie, Jgg. 1933, 1934.

Braunkohlen- und Brikettindustrie. Spezial-Fachzeitschrift für die Interessen der gesamten Braunkohlen-Industrie und deren Nebenzweigen, Jg. 1922.

Die Landesplanung im westsächsischen Braunkohlegebiet, Mitteilungen Folge 1-3, 1929-1931.

Gesetz- und Verordnungsblatt für das Königreich (den Freistaat) Sachsen, 1909 - 1943.

Gesundheitsingenieur, Jgg. 1928, 1929, 1936.

Heimatschutz. Mitteilungen des Deutschen Bundes Heimatschutz, 1925/26.

Jahrbuch für das Berg-und Hüttenwesen im Königreiche (Freistaat) Sachsen, 1880 - 1938.

Landesverein Sächsischer Heimatschutz, Mitteilungen, 1911 - 1940.

Leipziger Bürgerbund, Jgg. 1-2, (1924 - 1926).

Nationalsozialistisches Mitteilungsblatt des Gauamtes für Kommunalpolitik Sachsen, H.15/1936.

Öl und Kohle, Jgg. 1942, 1943.

Rauch und Staub. Zeitschrift für ihre Bekämpfung und Verwertung, für Feuerungstechnik, Luftreinigung, Staubgewinnung, Gewerbehygiene und Abfallstoffbeseitigung, Jgg. 1924 - 1933.

Raumforschung und Raumordnung. Monatsschrift der Reichsarbeitsgemeinschaft für Raumforschung, Jgg. 1936/37 - 1940.

Reichsgesetzblatt, Teil I, 1934 - 1945.

Sächsisches Verwaltungsblatt I ,1936.

Sächsische Zeitung vom 19./20.08.1995; 21.08.1995; 30.01.1996.

Staub. Veröffentlichungen der Staubbekämpfungsstelle beim Verbande der deutschen gewerblichen Berufsgenossenschaften und Umschau über das Schrifttum,
Jgg. 1936 - 1943.

Tätigkeitsbericht des Leipziger Bürgerbundes, auf das Jahr ..., erstattet von der Geschäftsleitung, Leipzig 1924 - 1927.

Verhandlungen des sächsischen Landtages (der Sächsischen Volkskammer), 1919 - 1928.

Weißelsterverband. Jahresbericht, 1937 - 1940.

Zeitschrift des Königlich Sächsischen Statistischen Bureaus, 1900.

Zeitschrift des Sächsischen statistischen Landesamtes, 1915 - 1936.

8.2 Literatur

W. Abelshauser (Hg.): Umweltgeschichte. Umweltverträgliches Wirtschaften in historischer Perspektive, Geschichte und Gesellschaft Sonderh. 15, Göttingen 1994.

K. Ackermann: Die Herausbildung der Stadtplanung in Leipzig und ihre Entwicklung bis zum ersten Generalbebauungsplan 1929 unter Beachtung der Verkehrsplanung, in: Leipzig. Aus Vergangenheit und Gegenwart. Beiträge zur Stadtgeschichte, Leipzig 1988.

H. Allhorn: Kohlenverwendung und Umweltschutz, Heidelberg 1984.

A. Andersen: Arbeiterschutz in Deutschland im 19. und frühen 20. Jahrhundert. Gewerbeordnung als Korrektiv der Wirtschaftsfreiheit: Behördliche Wahrnehmungen von Arbeitsrisiken, in: Archiv für Sozialgeschichte 31/1991.

A. Andersen: Umweltgeschichte. Forschungsstand und Perspektiven, in: Archiv für Sozialgeschichte 33/1993.

A. Andersen (Hg.): Umweltgeschichte. Das Beispiel Hamburg, Hamburg 1990.

A. Andersen: Zum Heft Umweltgeschichte, Werkstatt Geschichte 3/1992.

A. Andersen, R. Ott: Ingenieurwissenschaftliche Risikoperzeption in der Phase der Hochindustrialisierung, Bremerhaven 1995.

A. Andersen, R. Ott, E. Schramm: Der Freiberger Hüttenrauch 1849 - 1865. Umweltauswirkungen, ihre Wahrnehmung und Verarbeitung, in: Technikgeschichte Bd. 53 (1986).

T. Arnold: „Wir sind mit Wupperwasser getauft ...“ Ein Beitrag zur Umweltgeschichte des Wuppertals, Wuppertal 1987.

G. Aubin: Entwicklung und Bedeutung der mitteldeutschen Industrie, Halberstadt 1924.

H. Aubin, W. Zorn (Hg.): Handbuch der deutschen Wirtschafts- und Sozialgeschichte, Stuttgart 1976.

M. Bachmann (Hg.): Der silberne Boden - Bergbau und Kunst in Sachsen, Stuttgart, Leipzig 1990.

K. Bachsleitner, F. Conrad, R. Engelke: „In der Nähe solcher Fabriken erstirbt fast jede Vegetation“ Die chemische Industrie um die Jahrhundertwende - Auseinandersetzung um Folgen und Risiken, in: Geschichte lernen. Geschichtsunterricht heute, 41/1994.

I. Bammel: Die Entwicklung des mitteldeutschen Braunkohlenbergbaus von 1918 bis 1939, Diss., Köln 1953.

H. Barthel: Die Veränderungen der Landschaft durch den Braunkohlenbergbau, in: Zeitschrift für den Erdkundeunterricht 1/1956.

H. Barthel: Über die vom Braunkohlenbergbau und der braunkohlenveredelnden Industrie ausgelösten Veränderungen und Folgewirkungen in der physisch- geographischen Sphäre der Kulturlandschaft zwischen Zeitz und Weißenfels, Leipzig 1960.

H. Barthel: Braunkohlenbergbau und Landschaftsdynamik. Ein Beitrag zur Beeinflussung der Kulturlandschaft in Braunkohlenrevieren am Beispiel des Zeitz-Meuselwitzer Reviers, Gotha 1962.

P. Barthel: Die Landesstromversorgung in Sachsen, Dresden 1923.

A. Barthelmeß: Landschaft, Lebensraum des Menschen. Probleme von Landschaftsschutz und Landschaftspflege geschichtlich dargestellt und dokumentiert, Freiburg, München 1988.

A. Barthelmeß: Wald, Umwelt des Menschen. Dokumente zu einer Problemgeschichte von Naturschutz, Landschaftspflege und Humanökologie, Freiburg, München 1972.

H. Baumgärtl: Bergbau und Absolutismus. Der sächsische Bergbau in der zweiten Hälfte des 18. Jahrhunderts und Maßnahmen zu seiner Verbesserung nach dem Siebenjährigen Krieg, in: Freiberger Forschungshefte D44, 1963.

G. Bayerl: Materialien zur Geschichte der Umweltproblematik, in: Freimuth Duve: Technologie und Politik, Bd.16, Reinbeck 1980.

W.-D. Beer: Untersuchungen über die toxischen Wirkungen von Phenolen, Diss., Leipzig 1957.

H. Behrens, G. Neumann, A. Schikora (Hg.): Wirtschaftsgeschichte und Umwelt. Hans Mottek zum Gedenken, Marburg 1996.

H. Behrens, H. Paucke (Hg.): Umweltgeschichte: Wissenschaft und Praxis Umweltgeschichte und Umweltzukunft, Marburg 1994.

H. Behrens u.a.: Umweltgeschichte und Umweltzukunft Schwerpunkt: Umweltbewegungs- und Umweltforschungsgeschichte, Marburg 1993.

H. Behrens u.a.: Wurzeln der Umweltbewegung. „Die Gesellschaft für Natur und Umwelt" (GNU) im Kulturbund der DDR, Marburg 1993.

H.-J. Bellmann, O. Wagenbreth: Zur Geologie und Geschichte des Braunkohlenbergbaus südlich von Leipzig, in: Sächsische Heimatblätter 20/1974.

K. Bergmann: Agrarromantik und Großstadtfeindlichkeit, Meisenheim 1970.

J. Bergmann u.a.: Regionen im historischen Vergleich. Studien zu Deutschland im 19. und 20. Jahrhundert, Opladen 1989.

A. Berkner: Braunkohlenbergbau, Landschaftsdynamik und territoriale Folgewirkungen in der DDR, in: Petermanns Geographische Mitteilungen 3/1989.

R. Bertl: Der Einfluß der Schall- und Staubemission durch Braunkohlentagebaue auf Lästigkeitsreaktionen und Gesundheit von Menschen in benachbarten Siedlungen - ein Beitrag zur umwelthygienischen Ursache - Wirkungsforschung und zur Raumplanung in einer Bergbaulandschaft, Diss. Freiberg, 1991.

W. Birkenfeld: Der synthetische Treibstoff 1933 - 1936. Ein Beitrag zur nationalsozialistischen Wirtschafts- und Rüstungspolitik, Göttingen 1964.

U. Bischoff u. a.: Soziale Brüche und ökologische Konflikte in einer ländlichen Industrieregion: Der Südraum Leipzig, UFZ-Berichte, Leipzig-Halle 1995.

J. Bohl: Historisch ökonomisch-geographische Untersuchungen zur räumlichen und chronologischen Entwicklung des Braunkohlenbergbaues in der Amtshauptmannschaft Borna und Teilen des ehemaligen Altenburger Ostkreises im Zeitraum von 1880 bis 1930, Diss., Halle 1987.

K. Borchardt: Grundriß der deutschen Wirtschaftsgeschichte, 2. Aufl., Göttingen 1985.

K. Bracher, M. Funke, H.-A. Jacobsen (Hg.): Deutschland 1933 - 1945. Neue Studien zur nationalsozialistischen Herrschaft, 2. erg. Aufl., Bonn 1993.

K. Bracher, M. Funke, H.-A. Jacobsen (Hg.): Nationalsozialistische Diktatur 1933 - 1945. Eine Bilanz, Bonn 1986.

W. Bramke, U. Heß (Hg.): Sachsen und Mitteldeutschland. Politische, wirtschaftliche und soziale Wandlungen im 20. Jahrhundert, Weimar, Köln, Wien 1995.

W. Bramke: Die Industrieregion Sachsen 1800 - 1945. Eine sozialgeschichtliche Studie, in: R. Schulze: (Hg.), Strukturwandel in alten Industrieregionen - Historische Voraussetzungen und Verlaufsmuster im historischen Vergleich, Essen 1993.

W. Bramke u.a.: Sachsens Wirtschaft im Wechsel politischer Systeme im 20. Jahrhundert. Strukturelle Entwicklung und soziale Problemfelder vom Ausgang des Ersten Weltkrieges bis in die frühen 60er Jahre, Leipzig 1992.

A. Bramwell: Blood and soil. Richard Walther Darre and Hitler's 'Green Party', Buckinghamshire 1985.

H. Braußе, K. Illge, R. Thiele: Rötha in alten Ansichten, Zaltbommel 1992.

P. Brimblecombe, C. Pfister (Eds.): The Silent Countdown. Essays in European Environmental History, Berlin, Heidelberg, New York u.a. 1990.

M. Broszat, K.-D. Henke, H. Woller (Hg.): Von Stalingrad zur Währungsunion. Zur Sozialgeschichte des Umbruchs in Deutschland, 3. Aufl., München 1990.

G. Bruche: Elektrizitätsversorgung und Staatsfunktion, Frankfurt/M, New York 1977.

F.-J. Brüggemeier: Leben vor Ort. Ruhrbergleute und Ruhrbergbau 1889 - 1919, München 1983.

F.-J. Brüggemeier, M. Toyka-Seid (Hg.): Industrie-Natur. Lesebuch zur Geschichte der Umwelt im 19. Jahrhundert, München 1985

F.-J. Brüggemeier, T. Rommelspacher: Umwelt, in: W. Köllmann u. a.(Hg.): Das Ruhrgebiet im Industriezeitalter. Geschichte und Entwicklung, Bd. 2, Düsseldorf 1990.

F.-J. Brüggemeier, T. Rommelspacher (Hg.): Besiegte Natur. Geschichte der Umwelt im 19. und 20. Jahrhundert, 2. Aufl., München 1989.

F.-J. Brüggemeier, T. Rommelspacher: Blauer Himmel über der Ruhr. Geschichte der Umwelt im Ruhrgebiet 1840 - 1990, Essen 1992.

C. Buchheim, M. Hutter, H. James (Hg.): Zerrissene Zwischenkriegszeit. Wirtschaftshistorische Beiträge. Knut Borchardt zum 65. Geburtstag, Baden-Baden 1994.

J. Calließ, R. Lob: Handbuch der Umwelt- und Friedenserziehung, 2 Bde., Düsseldorf 1987 - 1988.

J. Calließ, J. Rüsen, M. Striegnitz (Hg.): Mensch und Umwelt in der Geschichte, Pfaffenweiler 1986

B. Campell: Ökologie des Menschen. Unsere Stellung zur Natur von der Vorzeit bis heute, München 1985.

F. Carsten: Geschichte der preußischen Junker, Frankfurt/M. 1988.

W. Coblenz: Die sächsische Heimatschutzgesetzgebung - Vorgeschichte und Wirkung, in: Mitteilungen des Landesvereins Sächsischer Heimatschutz 2/1994.

K. Crasselt: Die geschichtliche Entwicklung der öffentlichen Elektroenergieversorgung, Diss., 1928.

H. Czihak: Zur Geschichte der Konzentration und Zentralisation des Kapitals und der Produktion im Braunkohlenbergbau von 1902 bis 1939, Diss., Berlin 1963.

K. Czock (Hg.): Geschichte Sachsens, Weimar 1989.

H. Däßler (Hg.): Einfluß von Luftverunreinigungen auf die Vegetation. Ursachen - Wirkungen - Gegenmaßnahmen, Jena 1976.

G. Dehne: Deutsche Großkraftversorgung, Berlin 1925.

G. Dehne: Die deutsche Energiewirtschaft, Stuttgart 1926.

H.-L. Dienel: Herrschaft über die Natur. Naturvorstellungen deutscher Ingenieure 1871 - 1914, Stuttgart 1992.

U. Dirlmeier, G. Fouquet (Hg.): Menschen, Dinge und Umwelt in der Geschichte. Neue Fragen der Geschichtswissenschaft an die Vergangenheit, St. Katharinen 1989.

Dr. Buschik, H. Ulbricht: Die Leipziger Tieflandsbucht, Meißen 1906.

Dr. Leiske (Hg.): Leipzig und Mitteldeutschland. Denkschrift für Rat und Stadtverordnete zu Leipzig, Leipzig 1928.

D. Eichholz: Geschichte der deutschen Kriegswirtschaft 1939 - 1945, 2 Bde., Berlin 1984.

C. Engeli: Landesplanung in Berlin-Brandenburg, Stuttgart 1986.

R. Engelke: „Flußverunreinigung" Problemwahrnehmung, Erklärungsversuche und Lösungsansätze am Beispiel der Mainverschmutzung, in: Geschichte lernen. Geschichtsunterricht heute 47/1995.

F. Etzold: Die Braunkohlenformation Nordwestsachsens, Leipzig 1912.

G. Feldman, K. Tenfelde (Hg): Arbeiter, Unternehmer und Staat im Bergbau Industrielle Bezirke im internationalen Vergleich, München 1989.

G. Feldman: Vom Weltkrieg zur Weltwirtschaftskrise, Göttingen 1984.

R. Fischer: Der Braunkohlenbergbau im Bornaer Revier, Diss., Borna-Leipzig 1910.

R. Fischer: Die Wirkung der Wassergesetze als Schutz der Benutzung der Gewässer unter besonderer Berücksichtigung des preußischen und sächsischen Gesetzes, Diss., Dresden 1937.

W. Fischer (Hg.): Die Geschichte der Stromversorgung, Frankfurt/M 1992.

C. Flavin, N. Lenssen: Strategien der Energiepolitik. Blaupausen für nachhaltige Technologien, Schwalbach/Ts. 1994.

R. Forberger: Die industrielle Revolution in Sachsen, 2 Bde., Berlin 1982.

Förderverein für Handwerk und Denkmalpflege (Hg.): Schlösser um Leipzig, Leipzig 1982.

F. Forstmeier, H.-E. Volkmann: Wirtschaft und Rüstung am Vorabend des Zweiten Weltkrieges, Düsseldorf 1975.

U. Förstner (Hg.): Schadstoffe im Wasser: Metalle, Phenole, Algenbürtige Stoffe, Bd. 2, Boppard 1982.

B. Fritsch: Mensch - Umwelt - Wissen. Evolutionsgeschichtliche Aspekte des Umweltproblems, Zürich 1994.

K. Fritzsche: Politische Romantik und Gegenrevolution. Fluchtwege in der Krise der bürgerlichen Gesellschaft. Das Beispiel des Tat- Kreises, Frankfurt/M 1976.

O. Fritzsche: Rüben und Stöhna im Landkreis Borna. Aus Vergangenheit und Gegenwart, Böhlen 1956.

H. Gebauer: Die Volkswirtschaft im Königreich Sachsen. Historisch, geographisch und statistisch dargestellt, 3 Bde., Dresden 1893.

R. Glaser, E. Vincelli, S. Militzer: Klima-, Witterungs- und Wettervorstellungen als Ideen- und Naturwissenschaftshistorie - Ein Beitrag zum Problem der historischen Klimawahrnehmung, in: Würzburger Geographische Arbeiten 87/1993.

R. Glaser: Thermische Klimaentwicklung in Mitteleuropa seit dem Jahr 1000, Geowissenschaften 8-9/1995.

B. Gläser: Einführung in die Humanökologie, Berlin 1983.

E. Graefe: Die Braunkohlenteerindustrie, Halle 1922.

D. Graf (Hg.): Ökonomie und Ökologie der Naturnutzung. Ausgewählte Probleme, Jena 1984.

R. Grahmann, Ergebnisse achtzehnjähriger Grundwasserbeobachtungen in Nordwestsachsen, Sonderdruck aus : Braunkohle H. 24 u. 26/1935.

J. Gramke: Raumordnung in Deutschland in den Jahren 1871 - 1933. Kritische Darstellung der rechtlichen und tatsächlichen Maßnahmen im Kaiserreich und in der Weimarer Republik, die den Raum wirksam beeinflußt haben, Diss., Düsseldorf 1972.

G. Gröning, J. Wolschke: Naturschutz und Ökologie im Nationalsozialismus, in: Die alte Stadt. Zeitschrift für Stadtgeschichte, Stadtsoziologie und Denkmalpflege Bd. 1/1983.

G. Gröning, J. Wolschke-Buhlmann: Die Liebe zur Landschaft, Teil 1: Natur in Bewegung, München 1986.

W. Grosse: Die volkswirtschaftliche Bedeutung der sächsisch-thüringischen Braunkohlenteer- und Montanwachsindustrie. Halle 1923.

F. Grundmann: Agrarpolitik im „Dritten Reich“. Anspruch und Wirklichkeit des Reichserbhofgesetzes, Hamburg 1979.

P. Guth, B. Sikora, N. Vogel: Leipziger Landschaften Die Auen. Die Insel. Die Kohle, Rudolstadt 1990.

K. Hansen, R. Rürup: Moderne Technikgeschichte, Köln 1975.

G. Hardach: Deutschland in der Weltwirtschaft 1870 - 1970. Eine Einführung in die Sozial- und Wirtschaftsgeschichte, Frankfurt/M u.a. 1977.

K. Hartewich: Das unberechenbare Jahrzehnt. Bergarbeiter und ihre Familien im Ruhrgebiet 1914 - 1924, München 1993.

W. Hartung: Konservative Zivilisationskritik und regionale Identität am Beispiel der Niedersächsischen Heimatbewegung 1895 bis 1919. Zur Geschichte der deutschen Heimatbewegung, Diss., Hannover 1989.

D. Hassenpflug: Die Natur der Industrie, Frankfurt/M 1990.

D. Hassenpflug (Hg.): Industrialismus und Ökoromantik. Geschichte und Perspektiven der Ökologisierung, Wiesbaden 1991.

D. Hassenpflug: Sozialökologie, Opladen 1993.

R. Henneking: Chemische Industrie und Umwelt. Konflikte und Umweltbelastungen durch die chemische Industrie am Beispiel der schwerchemischen, Farben- und Düngemittelindustrie der Rheinprovinz 1800 - 1914, Stuttgart 1992.

G. Henrich: Forstschäden durch Grundwasserentnahme und Bergbaumaßnahmen, Bonn 1981.

K. Herber: Der Einfluß der Autarkiebestrebungen des faschistischen deutschen Staates auf die chemische Forschung und Lehre sowie auf einige Zweige der chemischen Industrie in den Jahren 1933 bis 1945. Dargestellt anhand der chemischen Fachzeitschriften, Diss., Leipzig 1987.

L. Herbst: Der totale Krieg und die Ordnung der Wirtschaft. Die Kriegswirtschaft im Spannungsfeld von Politik, Ideologie und Propaganda, Stuttgart 1982.

W. Hermann: Das Kapital im mitteldeutschen Braunkohlenbergbau, Diss., Leipzig 1930.

B. Herrmann (Hg.): Umwelt in der Geschichte. Beiträge zur Umweltgeschichte, Göttingen 1989.

M. Hettling u. a. (Hg.): Was ist Gesellschaftsgeschichte? Positionen, Themen, Analysen, (Hans-Ulrich Wehler zum 60. Geburtstag), München 1991.

M.-L. Heuser: Was grün begann, endete blutigrot. Von der Naturromantik zu den Reagrarisierungs- und Entvölkerungsplänen der SA und SS, in: D. Hassenpflug (Hg.) Industrialismus und Ökoromantik. Geschichte und Perspektiven der ÖkologisierungWiesbaden 1991.

H. Hoffacker: Entstehung der Raumplanung. Konservative Gesellschaftsreform und das Ruhrgebiet 1918 - 1933, Essen 1989.

W. Hofmann: Mitteldeutschland in der Geschichte der deutschen Raumplanung. Zwischen Wörlitz und Mosigkau, Dessau 1992.

R. Holzapfel: Der Braunkohlenbergbau im Bezirk Leipzig, sein Einfluß auf die sozialistische Landwirtschaft unter Beachtung der Entwicklung einer territorialen Bedingungen entsprechenden Bergbaufolgelandschaft, Diss., Halle 1979.

C. Honegger (Hg.): M. Bloch, F. Braudel, L. Levbre u.a., Schrift und Materie der Geschichte. Vorschläge zur systematischen Aneignung historischer Prozesse, Frankfurt/M 1977.

F. Hönsch: Der Leipziger Südraum - eine Region im Wandel, in: Geographische Rundschau 10/1992.

F. Hönsch: Die Harth und der Braunkohlentagebau Böhlen, in: Sächsische Heimatblätter 2/1966.

F. Hönsch: Der Industriekomplex Böhlen - eine ökonomisch-geographische Untersuchung unter besonderer Berücksichtigung der historisch-geographischen Entwicklung, Diss., Potsdam 1968.

A. Hubrig: Die mitteldeutsche Braunkohlenindustrie, Diss., Halle 1925.

R. Hudemann, G.-H. Soutou (Hg.): Eliten in Deutschland und Frankreich im 19. und 20. Jahrhundert Strukturen und Beziehungen, Bd. 1, München 1994.

T. Hughes: Das „technologische Momentum“ in der Geschichte. Zur Entwicklung des Hydrierverfahrens in Deutschland 1898 - 1933, in: K. Hausen, R. Rürup: Moderne Technikgeschichte, Köln 1975.

W. Isenberg, G. Mölich (Hg.): Historische Umweltforschung. Wissenschaftliche Neuorientierung - Aktuelle Fragestellungen, Berg. Gladbach 1991.

W. Istel: Entwicklungslinien einer Reichsgsetzgebung für die Landesplanung bis 1945, in: Beiträge zur Raumforschung, Raumordnung und Landesplanung, Duisburg 1985.

H. Jäger: Einführung in die Umweltgeschichte, Darmstadt 1994.

H. James: Deutschland in der Weltwirtschaftskrise 1929 - 1936, Darmstadt 1988.

W. Jansen u.a.: Phenol- seine Entdeckung, Strukturaufklärung und großindustrielle Herstellung. Eine historisch-problemorientierte Unterrichtskonzeption, Köln 1990.

G. Jaritz, V. Winiwarter (Hg.): Umweltbewältigung. Die historische Perspektive, Bielefeld 1994.

J. Just: Wer sind wir? Sächsischer Heimatschutz seit 1897, in: Mitteilungen des Landesvereins Sächsischer Heimatschutz 1/1991.

J. Just: Der Landesverein Sächsischer Heimatschutz im Jahr 1945, in: Mitteilungen des Landesvereins Sächsischer Heimatschutz 2/1995.

F. Karl: Deutsches Immissionsschutzrecht seit 1870. Ein rechtsgeschichtlicher Überblick, in: Technikgeschichte 47/1980.

H. Kellenbenz (Hg.): Wirtschaftsentwicklung und Umweltbeeinflussung (14.-20. Jahrhundert). Berichte der 9. Arbeitstagung der Gesellschaft für Sozial- und Wirtschaftsgeschichte, Wiesbaden 1982.

H. Kiesewetter: Industrielle Revolution in Sachsen 1815 - 1914, Frankfurt/M 1989.

H. Kiesewetter: Industrialisierung und Landwirtschaft. Sachsens Stellung im regionalen Industrialisierungsprozeß Deutschlands im 19. Jahrhundert, Köln, Wien 1988.

G. Klein: Handbuch für den deutschen Braunkohlenbergbau, 2 Bde., Halle 1927,1935.

A. Kleinebeckel: Unternehmen Braunkohle. Geschichte eines Rohstoffs, eines Reviers, einer Industrie im Rheinland, Köln 1985.

C. Kleßmann: Polnische Bergarbeiter im Ruhrgebiet 1870 - 1914. Soziale Integration und nationale Subkultur einer Minderheit in der deutschen Industriegesellschaft, Göttingen 1978.

G. Klingenberg: Das Großkraftwerk Zschornewitz (Golpa), Zeitschrift des VDI 44/1919.

E. Klueting (Hg.): Antimodernismus und Reform. Zur Geschichte der deutschen Heimatschutzbewegung, Darmstadt 1991.

T. Kluge, E. Schramm: Wassernöte. Umwelt- und Sozialgeschichte des Trinkwassers, Aachen 1986.

N. Knoth: Ich war Bergmann, was wird aus mir. Die Niederlausitzer Braunkohlenregion aus umwelthistorische Sicht, in: Werkstatt Geschichte 3/1992.

N. Knoth: Umwelt. Auf den Spuren einer Erfahrung im sozialistischen Revier, in: Jürgen Kocka (Hg.): Historische DDR-Forschung. Aufsätze und Studien, Berlin 1993.

E. Kolb (Hg.): Vom Kaiserreich zur Weimarer Republik, Köln 1972.

H. Konrad, A. Andersen (Hg.): Ökologie, technischer Wandel und Arbeiterbewegung, Wien 1990.

R. Kornprobst: Leben und Kampf im nordwestsächsischen Braunkohlerevier in der Zeit der relativen Stabilisierung des Kapitalismus (1924 - 1927), Diss., Leipzig 1964.

R. Kötzschke, H. Kretzschmar: Sächsische Geschichte, 2 Bde.Dresden 1935.

K. Kreeb: Ökologie und menschliche Umwelt. Geschichte, Bedeutung, Zukunftsaspekte, Stuttgart 1979.

E. Kroker: Bruchbau kontra Vollversatz. Mechanisierung, Wirtschaftlichkeit und Umweltverträglichkeit im Ruhrbergbau zwischen 1930 und 1950, in: Der Anschnitt 5-6/1990.

U. Krolzig: Umweltkrise - Folge des Christentums? 2. Aufl., Stuttgart, Berlin 1980.

U. Krüger: ELDIR und ASW - Etappen der sächsischen Elektroenergieversorgung, in: Energietechnik 2/1991.

A. Kube: Pour le merite und Hakenkreuz. Hermann Göring im Dritten Reich, München, Wien 1986.

D. Landes: Der entfesselte Prometheus. Technologischer Wandel und industrielle Entwicklung in Westeuropa von 1750 bis zur Gegenwart, München 1983.

M. Laschke: Wirtschaftsgeschichte und Umwelt in aktueller und historischer Sicht. Festliches Kolloquium zu Ehren von Hans Mottek am 25. September 1975 in Berlin, in: Jahrbuch für Wirtschaftsgeschichte 2/1976.

G. Lehmann: Das Mitteldeutsche Braunkohlensyndikat in Leipzig, Diss., Greifswald 1930.

P. Leidinger: Historische Ökologie und historisches Lernen im historisch-politischen Unterricht, Paderborn 1986.

W. Lepenies: Historisierung der Natur und Entmoralisierung der Wissenschaften seit dem 18. Jahrhundert, in: Natur und Geschichte, München, Wien 1983.

U. Linse: Ökopax und Anarchie. Eine Geschichte der ökologischen Bewegungen in Deutschland, München 1986.

U. Linse, u. a.: Von der Bittschrift zur Platzbesetzung. Konflikte um technische Großprojekte: Laufenburg, Walchensee, Wyhl, Wackersdorf, Berlin, Bonn 1988.

M. Lohmann (Hg.): Gefährdete Zukunft - Prognosen angloamerikanischer Wissenschaftler, München 1970.

H. Lübbe, E. Ströker (Hg.): Ökologische Probleme im kulturellen Wandel, München, Paderborn 1986.

K.-H. Ludwig: Technik und Ingenieure im Dritten Reich, Düsseldorf 1974.

V. Meinberg (Hg): Umweltstrafrecht in der Praxis, Freiburg 1988.

C. Meinel, P. Voswinckel: Medizin, Naturwissenschaft, Technik und Nationalsozialismus. Kontinuitäten und Diskontinuitäten, Stuttgart 1994.

H. Meyer: Die Geschichte des Meuselwitzer Braunkohlenbergbaus, in: Braunkohle 10 /1913/14.

K. Meyer: Raumforschung. 25 Jahre Raumforschung in Deutschland, Bremen 1960.

I. Mieck: „Aerem corrumpere non licet". Luftverunreinigung und Immissionsschutz in Preußen bis zur Gewerbeordnung 1869, in: Technikgeschichte Bd. 34 (1967).

H. Mommsen, U. Borsdorf: Glück auf, Kameraden! Die Bergarbeiter und ihre Organisationen in Deutschland, Köln 1979.

G. Moschke: Der Weg zur ersten Berufskrankheitenverordnung in Deutschland vom 12. Mai 1925, Diss. B, Magdeburg 1984.

H. Mottek: Wirtschaftsgeschichte und Umwelt, in: Jahrbuch für Wirtschaftsgeschichte II/1974.

H. Mottek: Zu einigen Grundfragen der Mensch-Umwelt-Problematik, in: Wirtschaftswissenschaften 1/1972.

W. Mrass: Die Organisation des staatlichen Naturschutzes und der Landschaftspflege im deutschen Reich und in der Bundesrepublik Deutschland seit 1935, gemessen an der Aufgabenstellung in einer modernen Industriegesellschaft, Stuttgart 1970.

P. Musiolek u.a.: Zu Problemen von Gesellschaft und Umwelt in den vorkapitalistischen Produktionsweisen, in: Jahrbuch für Wirtschaftsgeschichte 4/1983.

G. Naumann: Sächsische Geschichte in Daten, 2. überarb. Aufl., München, Berlin 1994.

E. Neef: Studien zur Landschaftsgeographie von Sachsen, Diss., Dresden 1934.

A. Nietfeld: Reichsautobahn und Landschaftspflege, Berlin 1985.

D. Osterroth: Soda, Teer und Schwefelsäure. Der Weg zur Großchemie, Hamburg 1985.

G. Pach: Kohle vertreibt die Gemeinden, in: Mitteilungen des Landesverbandes Sächsischer Heimatschutz 3/1995.

S. Pach: Einige Aspekte der Herausbildung und der Rolle des Staatseigentums an Produktionsmitteln im Imperialismus - Dargestellt an der Entstehung und Rolle der Aktiengesellschaft Sächsische Werke, Diss., Freiberg 1974.

H. Paucke: Chancen für Umweltpolitik und Umweltforschung. Zur Situation in der ehemaligen DDR, Marburg 1994.

C. Pfister: Ansätze und Ergebnisse historische Umweltforschung: Ökologische und soziale Dimensionen der Tragfähigkeit am Beispiel von Solarenergie-Gesellschaften des schweizerischen 18. und 19. Jahrhunderts, in: Schweizerische Gesellschaft für Wirtschafts- und Sozialgeschichte, Lausanne 1988.

C. Pfister (Hg.): Das 1950er Syndrom. Der Weg in die Konsumgesellschaft, Bern, Stuttgart, Wien 1995.

C. Pfister: Klimageschichte der Schweiz 1525 - 1860. Das Klima der Schweiz und seine Bedeutung in der Geschichte von Bevölkerung und Landwirtschaft, 3. Aufl., Bern, Stuttgart 1988.

K. Pietzsch: Die Braunkohlen Deutschlands, Handbuch der Geologie und der Bodenschätze Deutschlands, III. Abtlg., 1. Bd., Berlin 1925.

K. Pietzsch: Geologie von Sachsen, Berlin 1963.

G. Plumpe: Die I.G. Farbenindustrie AG. Wirtschaft, Technik und Politik 1904 - 1945, Berlin 1990.

H. Pohl (Hg.): Industrie und Umwelt. Referate und Diskussionsbeiträge der 16. öffentlichen Vortragsveranstaltung der Gesellschaft für Unternehmensgeschichte am 15.5.1991 in Mannheim, in: Zeitschrift für Unternehmensgeschichte Beih. 69/1993.

K. Prescher: Das Sächsische Bergschadenrecht unter besonderer Berücksichtigung der bergschadensrechtlichen Verhältnisse im Lugau-Oelsnitzer Steinkohlenrevier, Diss., Borna-Leipzig 1930.

M. Prinz, R. Zitelmann (Hg.): Nationalsozialismus und Modernisierung, Darmstadt 1991.

J. Radkau, I. Schäfer: Holz, ein Naturstoff in der Technikgeschichte, Hamburg 1987.

J. Radkau: Technik in Deutschland Vom 18. Jahrhundert bis zur Gegenwart, Frankfurt/M 1989.

E. Rammler, F. Böhme, G. Krumbiegel: Einige Kapitel aus den ersten 30 Jahren der Braunkohlenbrikettierung unter besonderer Berücksichtigung des Pressenbaus. I.Teil: Über die von 1858 - 1888 errichteten Braunkohlenbrikettfabriken, in: Freiberger Forschungshefte D 125, 1980.

E. Rammler, H. Schönherr: Zur Entwicklung der Braunkohlenbrikettierung in der Zeit von 1889 - 1918, Leipzig 1983.

E. Rammler, E. Wächtler: Zur Entwicklung der Braunkohlenbrikettierung in der Zeit der Weimarer Republik (1918 - 1932). in: Freiberger Forschungshefte D169 / 1985.

E. Rammler, E. Wächtler: Zur Entwicklung der Braunkohlenbrikettierung in der Zeit von 1889 bis 1918, in: Freiberger Forschungshefte D153, 1983.

E. Rammler u.a.: Hallesche Pioniere der Braunkohlenbrikettierung, in: Freiberger Forschungshefte D132, 1981.

H. Rast: Der älteste Leipziger Braunkohlenbergbau, dargestellt unter Berücksichtigung der Ergebnisse von Grundgrabungen für das neue Anatomische Institut der Karl-Marx-Universität, in: WZ KMU math. - naturwissenschftl. Reihe 4 /1954/55.

M. Renneberg, M. Walker (Eds.): Science, Technology and National Socialism, Cambridge 1994.

G. Richter: Entwicklung der Landesplanung und Raumordnung in Sachsen. Von ihren Anfängen bis zur Auflösung der Länderstruktur im Jahre 1952, Dresden 1994.

M. Ringleb: Umweltnutzung und regionale Entwicklung, Diss., Kassel 1991.

H. Ritter: Leipzig, Berlin 1927.

G. Röllig: Die Wirtschaft Sachsens. Eine geographische Studie, Diss., Leipzig 1928.

M. Rössler, S. Schleiermacher Hg.: Der „Generalplan Ost". Hauptlinien der nationalsozialistischen Planungs- und Vernichtungspolitik, Berlin 1993.

M. Salewski, I. Stölken-Fitschen: Moderne Zeiten. Technik und Zeitgeist im 19. und 20. Jahrhundert, Stuttgart 1994.

H. Scheel: Gesellschaft und Umwelt. Hans Mottek zum 65. Geburtstag, Berlin 1976.

H. Schieck: Die Behandlung der Sozialisierungsfrage in den Monaten nach dem Staatsumsturz, in: E. Kolb, Vom Kaiserreich zur Weimarer Republik, Köln 1972.

J. Schmid: Das verlorene Gleichgewicht. Eine Kulturökologie der Gegenwart, Stuttgart, Berlin, Köln 1992.

G. Schmidt: Geruchsbelästigung durch die Braunkohlengroßindustrie im Leipziger Bezirk in Abhängigkeit von der Wetterlage, in: WZ KMU math. naturw. Reihe 5 /1955/56.

W. Schmidt (Hg.):Von „Abwasser" bis „Wandern". Ein Wegweiser zur Umweltgeschichte, Hamburg 1986

D. Scholz: Die industrielle Agglomeration im Raum Halle-Leipzig zwischen 1850 und 1945 und die Entstehung des Ballungsgebietes, in: Hallesches Jahrbuch für Geowissenschaften, Bd. 2, Leipzig 1977.

D. Scholz: Die Industrie im Ballungsgebiet Halle - Leipzig. Ein Beitrag zu den industriegeographischen Grundlagen gebietsplanerischer Probleme in Ballungsgebieten, Diss., Leipzig 1965.

D. Scholz: Die Siedlungen des Leipziger Landes, in: Wissenschaftliche Veröffentlichungen des Instituts für Länderkunde, Bd.21/22, Leipzig 1964.

B. Schöne: Die sächsische Landwirtschaft bis zum Jahre 1925 sowie Einrichtung und Tätigkeit des Landeskulturrates Sachsen, Dresden 1925.

E. Schramm: Historische Umweltforschung und Sozialgeschichte des 19. und 20. Jahrhunderts, in: Archiv für Sozialgeschichte 27/1987.

E. Schramm (Hg.): Ökologie-Lesebuch. Ausgewählte Texte zur Entwicklung ökologischen Denkens. Vom Beginn der Neuzeit bis zum „ Club of Rome" (1971), Frankfurt/M 1984.

L. Schua, R. Schua: Wasser, Lebenselement und Umwelt. Die Geschichte des Gewässerschutzes in ihrem Entwicklungsgang dargestellt und dokumentiert, Freiburg, München 1981.

E. Schulze: 7500 Jahre Landwirtschaft in Deutschland. Von den Bandkeramikern bis zur Wiedervereinigung. Ein kurzer Abriß der Agrargeschichte, Leipzig 1995.

H. Schulze: Weimar. Deutschland 1917-1933, Berlin 1982.

E. Schwandke: 100 Jahre technischer Fortschritt, Würzburg 1991.

J. Seidemann: Der Einfluß des Bergbaus in Nordwestsachsen auf die landwirtschaftlichen Erträge insbesondere durch Wiederzufüllung der Tagebaue und durch Rauchschäden, Diss., Leipzig 1952.

R. P. Sieferle: Die Grenzen der Umweltgeschichte, in: Gaia. Ökologische Perspektiven in Natur-, Geistes- und Wirtschaftswissenschaften 2/1993.

R. P. Sieferle: Der unterirdische Wald. Energiekrise und industrielle Revolution, München 1982.

R. P. Sieferle, Die Krise der menschlichen Natur, Frankfurt/M 1989.

R. P. Sieferle: Fortschrittsfeinde? Opposition gegen Technik und Industrie von der Romantik bis zur Gegenwart, München 1984.

R. Sieferle (Hg.): Fortschritte der Naturzerstörung, Frankfurt/M 1988.

J. Sieglerschmidt (Hg.): Der Aufbruch ins Schlaraffenland. Stellen die Fünfziger Jahre eine Epochenschwelle im Mensch-Umweltverhältnis dar? Mannheim 1995.

C. Simon (Hg.): Umweltgeschichte heute. Neue Themen und Ansätze der Geschichtswissenschaft - Beiträge für die Umwelt-Wissenschaft., Environmental History Newsletter, Special Issue No. 1, Mannheim 1993.

W. Sinkwitz: Die mitteldeutsche Braunkohlenlandschaft, Diss., Leipzig, 1935.

G. Spelsberg: Rauchplage. Hundert Jahre saurer Regen, Aachen 1984.

F. Spiegelberg: Reinhaltung der Luft im Wandel der Zeit, Düsseldorf 1984.

E. Stelzner: Leben und Kampf der Bergarbeiter des Braunkohlenreviers Borna zu Beginn der revolutionären Nachkriegskrise 1919 - 20, Diss., Freiberg 1968.

A. Sterbling: Modernisierung und Soziologisches Denken. Analysen und Betrachtungen, Hamburg 1991.

H. Stratmann: Wirkungen von Luftverunreinigungen auf die Vegetation Bewertung der Luftanalyse auf der Grundlage weiterentwickelter Dosis-Wirkungsbeziehungen für Schwefeldioxid und Ozon zur Ursachenaufklärung der neuartigen Waldschäden, Essen 1984.

W. Strenz u.a.: Zu den Beziehungen zwischen Gesellschaft und Umwelt von der Industriellen Revolution bis zum Übergang zum Imperialismus, in: Jahrbuch für Wirtschaftsgeschichte I/1984.

K. Tenfelde, Sozialgeschichte der Bergarbeiterschaft an der Ruhr im 19. Jahrhundert, Bonn-Bad Godesberg, 1977.

K. Tenfelde (Hg.): Sozialgeschichte des Bergbaus im 19. und 20. Jahrhundert. Beiträge des Internationalen Kongresses zur Bergbaugeschichte, Bochum, Bundesrepublik Deutschland 3.-7. September 1989, München 1992.

H.-U. Thamer: Verführung und Gewalt. Deutschland 1933 - 1945, Berlin 1986.

A. Thau: Leitfaden der Braunkohlenchemie, Halle 1949.

R. Toyka (Hg.): Bitterfeld Braunkohlebrachen. Probleme-Chancen-Visionen, München 1993.

U. Troitzsch, G. Wohlauf: Technikgeschichte. Historische Beiträge und neuere Aufsätze, Frankfurt/M 1980.

U. Troitzsch: Historische Umweltforschung: Einleitende Bemerkungen über Forschungsstand und Forschungsaufgaben, in: Technikgeschichte Bd. 48/1981.

G. Uhlig (Hg.): Südraum Leipzig, eine Region im Wandel. Ergebnisse der 3. Regionalkonferenz und des Teamwettbewerbs 1994, Leipzig 1994.

J. Umlauf: Zur Entwicklungsgeschichte der Landesplanung und Raumordnung, Hannover 1986.

B. v. Borries: Umweltgeschichte. Vergessene Einsichten und neuartige Herausforderungen, in: Geschichte lernen 4/1988.

F. v. Hammerstein: Die Entwicklung der Landwirtschaft in Nordwestsachsen und ihre Beziehungen zum Braunkohlenbergbau, Diss., Leipzig 1933.

G. Valentin: Die Gründung der Braunkohle-Benzin-AG (Brabag) und die Förderung ihrer Entwicklung. Staatsmonopolistische Maßnahmen der deutschen Finanzoligarchie zur Vorbereitung und Durchführung des 2. Weltkrieges, Diss., Halle 1963.

O. Vent: Die Großstromversorgung Deutschlands, Essen 1926.

G. von Geldern-Crispendorf: Die deutschen Industriegebiete, ihr Werden, ihre Struktur, Karlsruhe 1933.

R. Walther: Siedlung und Verkehr im Großstadtraum Leipzig, Diss., Leipzig 1943.

P. Wehling: Die Moderne als Sozialmythos. Zur Kritik sozialwissenschaftlicher Modernisierungstheorien, Frankfurt/New York 1992.

H. Weinitzschke: Naturschutz gestern-heute-morgen, Leipzig, Jena, Berlin 1980.

F. Welsch: Geschichte der chemischen Industrie. Abriß der Entwicklung ausgewählter Zweige der chemischen Industrie von 1800 bis zur Gegenwart, Berlin 1981.

M. Wettengel: Staat und Naturschutz 1906 - 1945. Zur Geschichte der staatlichen Stelle für Naturdenkmalpflege in Preußen und der Reichsstelle für Naturschutz, in: Historische Zeitschrift Bd. 257/1993.

K.-G. Wey: Umweltpolitik in Deutschland. Kurze Geschichte des Umweltschutzes in Deutschlands seit 1900, Opladen 1982.

H. Wilsdorf: Zur Theorie und Praxis der Braunkohlenverwertung um 1800, in: Freiberger Forschungshefte A60, 1957.

R. Wolf: Der Stand der Technik. Geschichte, Strukturelemente und Funktion der Verrechtlichung technischer Risiken am Beispiel des Immissionsschutzes, Opladen 1986.

H. Woll: Die Wirtschaftslehre des deutschen Faschismus, München, Wien 1988.

D. Worster: The Two Cultures Revisited: Environmental History and Environmental Sciences, in: Environment and History 1/1996.

D. Worster: Nature's Economy. A History of Ecological Ideas, Studies in Environment and History, Cambridge, London , New York 1985.

D. Worster (Ed.): The Ends of the Earth. Perspectives on Modern Environmental History, Cambridge, 1988.

F. Wünsch: Strukturveränderungen in der sächsischen Landwirtschaft seit der Mitte des 19. Jahrhunderts, Bleicherode 1936.

J. Young: Umweltproblem Bergbau. Strategien gegen die Ausbeutung der Erde, Schwalbach/Ts. 1993.

W. Zängl: Das Jahrhundertgeschäft mit dem Strom. Der Weg in die Monopolisierung der deutschen Energiewirtschaft, in: Zeitschrift für politische Ökologie 40/1995.

W. Zängl: Deutschlands Strom Die Politik der Elektrifizierung von 1966 bis heute, Frankfurt/M., New York 1989.

A. Ziehmann: Die Entwicklung des Abraumbetriebes im deutschen Braunkohlenbergbau unter besonderer Berücksichtigung des mitteldeutschen Braunkohlenbergbaus, Diss., Leipzig 1935.

S. Zimmermann: Die Geschichte des Kombinatsbetriebes „Otto Grotewohl" Böhlen im VEB Petrolchemischen Kombinat Schwedt, Diss., Freiberg 1970.

G. Zirnstein: Ökologie und Umwelt in der Geschichte Marburg 1994.

W. Zollitsch: Arbeiter zwischen Weltwirtschaftskrise und Nationalsozialismus. Ein Beitrag zur Sozialgeschichte der Jahre 1928 bis 1936, Göttingen 1990.

W. Zorn: Ansätze und Erscheinungsformen des Umweltschutzes aus sozial- und wirtschaftshistorischer Sicht, in : J. Schneider u. a.: Wirtschaftskräfte und Wirtschaftswege Bd. 4, Stuttgart 1978.

100 Jahre Braunkohlenbrikettierung, Halle 1958.

Aktionsprogramm ländlicher Raum als Beitrag zur landschaftsgestalterischen agrarökonomischen und dörflich-siedlungsstrukturellen Erneuerung für einen ländlichen Raum mit Zukunft. Dorfentwicklung, Land und Forstwirtschaft in Braunkohlelandschaften. Bereich Delitzsch, Bereich Borna, Bereich Oberlausitz, Dresden 1993.

Ausgewählte geoekologische Entwicklungsbedingungen Nordwestsachsens (ehemaliger Bezirk Leipzig), Leipzig 1991.

Das Bornaer Pleißenland. Zerstörung und Neuanfang, Leipzig 1994.

Das Deutsche Reich und der zweite Weltkrieg, Bd.1: Ursachen und Voraussetzungen der deutschen Kriegspolitik, Stuttgart 1979.

Das Umweltlexikon, 3. Aufl., Köln 1993.

Deutsche Verwaltungsgeschichte, Bd.4: Das Reich als Republik und in der Zeit des Nationalsozialismus, Stuttgart 1985.

Deutsche Verwaltungsgeschichte, Bd. 4: Das Reich als Republik und in der Zeit des Nationalsozialismus, Stuttgart 1985.

Die ZEIT, 7.1.1994.

Environment and History, Cambridge 1995 - 1996.

Environmental History Newsletter Jgg. 1-4.

Handlungsstrategien für den Leipziger Raum - Visionen, Innovationen, Praktikabilität. Workshop am UFZ Leipzig-Halle GmbH in Zusammenarbeit mit der Friedrich- Ebert-Stiftung und der Universität Bremen, 5. und 6. Juni 1994, Leipzig 1994.

Historische Sachzeugen der Kraftwerks- und Energietechnik in Sachsen, hrsg. von der Technischen Universität Dresden - Kustodie, Dresden 1994.

Megawatt. Das Veag- Mitarbeitermagazin 2/1994.

Neues Archiv für sächsische Geschichte 64. Bd. 1993,Weimar 1994.

Ökologisches Sanierungskonzept für den Kreis Borna. Erfassung, Bewertung und zusammenhängende Darstellung des Ausgangszustandes, Borna 1990.

Problemlandschaft Südraum Leipzig, Kulturlandschaft Südraum Leipzig, Leipzig o.J.

Problemlandschaft Südraum Leipzig. Ansätze zur Entwicklung einer Kulturregion, Expose, o.O. 1992.

Raumordnung und Landesplanung im 20. Jahrhundert. Forschungsberichte des Ausschusses „Historische Raumforschung" der Akademie für Raumforschung und Landesplanung, Hannover 1971.

Schadstoffemissionen bei der Energiegewinnung. Ausmaß, Überwachung, Wirkungen, Bonn 1991.

Wasser, Abwasser, Abfall. Lexikon von A-Z, 2. Aufl., Stuttgart 1980.

Zeitlupe. Leipziger Monatszeitung für Ökologie, Kultur, Politik, Wirtschaft 2/1995.

8.3 Abkürzungsverzeichnis

AH	Amtshauptmannschaft
ASW	Aktiengesellschaft Sächsische Werke
AfS	Archiv für Sozialgeschichte
BKW	Braunkohlenwerk(e)
Brabag	Braunkohle-Benzin-Aktiengesellschaft
DEA	Deutsche Erdöl-Aktiengesellschaft
Debriv	Deutscher Braunkohlen-Industrie-Verein
Derop	Deutsche Vertriebsgesellschaft für russische Ölprodukte AG
DNVP	Deutschnationale Volkspartei
DVP	Deutsche Volkspartei
GH	Grundherrschaft
GVBl.	Gesetz- und Verordnungsblatt
HZ	Historische Zeitschrift
JBBHW	Jahrbuch für das Berg- und Hüttenwesen
JBfWG	Jahrbuch für Wirtschaftsgeschichte
KH	Kreishauptmannschaft
KPD	Kommunistische Partei Deutschlands

LNN	Leipziger Neueste Nachrichten
MdI	Ministerium des Inneren
NSDAP	Nationalsozialistische Deutsche Arbeiterpartei
SHStA	Sächisches Hauptstaatsarchiv
SPD	Sozialdemokratische Partei Deutschlands
SStA	Sächsisches Staatsarchiv
StA	Stadtarchiv
SZ	Sächsische Zeitung
RGBl.	Reichsgesetzblatt
RWMBl.	Reichswirtschaftsministerialblatt
UFZ	Umweltforschungszentrum Halle-Leipzig
VDI	Verein Deutscher Ingenieure
VEB	Volkseigener Betrieb
VSI	Verband Sächsischer Industrieller
WZ KMU	Wissenschaftliche Zeitschrift der Karl- Marx-Universität Leipzig
ZSStLA	Zeitschrift des Sächsischen statistischen Landesamtes

Peter Lang · Europäischer Verlag der Wissenschaften

Archiv und Geschichte im Ostseeraum

Festschrift für Sten Körner

Herausgegeben von Robert Bohn, Hain Rebas und Tryggve Siltberg

Frankfurt/M., Berlin, Bern, New York, Paris, Wien, 1997.
343 S., zahlr. Abb., 6 Tab.
Studia septemtrionalia. Bd. 3
ISBN 3-631-31231-8 · br. DM 89.–*

In dieser Festschrift werden in 29 Beiträgen einzelne Kapitel aus der Geschichte des Ostseeraumes und Nordeuropas von der Wikingerzeit bis in die Gegenwart abgehandelt. Darüber hinaus werden die archivalische und forschungspolitische Situation dargestellt und Möglichkeiten einer interdisziplinären und internationalen Ostseeraumforschung aufgezeigt.

Aus dem Inhalt: Geschichte des Ostseeraumes von der Wikingerzeit bis in die Gegenwart sowie Darstellung der gegenwärtigen Archivsituation und forschungspolitischer Perspektiven

Frankfurt/M · Berlin · Bern · New York · Paris · Wien
Auslieferung: Verlag Peter Lang AG
Jupiterstr. 15, CH-3000 Bern 15
Telefax (004131) 9402131
*inklusive Mehrwertsteuer
Preisänderungen vorbehalten